石油地质实验原理及分析方法

Principles and Analytic Methods of Petroleum Geology Experiments

主编　申家年　冯进来

哈爾濱工業大學出版社

内容简介

本书较完整地介绍了一般石油地质实验原理、分析方法及测试过程，包括常规储层物性、矿物成分、原油物理性质、有机地化分析、地层水分析等内容。为充分体现分析测试过程的通用性和可对比性，在内容组织上特别加强了国家标准和行业标准的介绍。

本书可用于石油勘探开发相关专业的本科生和研究生作为石油地质实验课程的教材，也适合于石油地质专业技术人员作为了解一般地质实验技术的参考书。

图书在版编目(CIP)数据

石油地质实验原理及分析方法/申家年，冯进来主编.—哈尔滨：哈尔滨工业大学出版社，2012.8

ISBN 978-7-5603-3566-7

Ⅰ.①石… Ⅱ.①申…②冯… Ⅲ.①石油天然气地质-实验 Ⅳ.①P618.130.2-33

中国版本图书馆 CIP 数据核字(2012)第 056070 号

策划编辑 赵 静
责任编辑 刘 瑶
出版发行 哈尔滨工业大学出版社
社　　址 哈尔滨市南岗区复华四道街 10 号 邮编 150006
传　　真 0451-86414749
网　　址 http://hitpress.hit.edu.cn
印　　刷 哈尔滨工业大学印刷厂
开　　本 787mm×1092mm 1/16 印张 15 插页 1 字数 352 千字
版　　次 2012 年 8 月第 1 版 2012 年 8 月第 1 次印刷
书　　号 ISBN 978-7-5603-3566-7
定　　价 30.00 元

前　言

石油勘探是一项十分复杂的系统工程，其中包括多种重要勘探技术，如地震技术、测井技术、钻井技术、油气层测试技术及石油地质实验技术等。不同的技术测试的对象不同，在勘探中解决的地质问题也不同。石油地质实验技术以钻井揭示的（或地表的）岩石、油、气、沥青为主要测试对象，测定其物理和化学组成为主要目的，为勘探的其他测试技术提供支撑，同时也为其他理论分析技术，如盆地模拟技术、烃源岩评价技术、油藏描述技术等提供基础数据体。因此，石油地质实验是油气勘探中的主要基础之一，油气地质理论的发展和完善也离不开石油地质实验技术的进步和创新。

我国石油地质实验技术是随着我国石油工业的发展而发展起来的。据不完全统计，现有的测试项目可多达几百项，并且仍在不断增加。

本教材所涉及的内容只是石油地质实验技术的概貌。作为未来中国石油勘探的实践者甚至决策者无疑需要了解或掌握石油地质实验技术的概貌，这样才能在实践中做到心中有数，达到合理、灵活地利用实验资源。

本书是在原校内教材的基础上，经过多年逐步丰富而成。作为国内第一本石油地质实验技术教材，本书在注重基本原理的同时，还特别强调了国家及石油天然气行业规范的体现。

由于内容涉及甚广，为尽量避免谬误，特别请大庆油田有限责任公司勘探开发研究院地球化学实验室方伟主任对第 5 章、第 6 章进行了审阅，地质实验室万传彪副主任对全书并重点对第 2 章进行了审阅，中心实验室张秋主任对第 3、4、8 章进行了审阅，另外地球化学实验室的邹玉良高级工程师就红外及热分析部分，地质实验室的王殿斌、焦玉国高级工程师分别就扫描电镜分析部分和 X 射线衍射分析部分，进行了把关。

最后向所有为本书提供无私帮助的技术专家们表示衷心的谢意。

本书共 8 章，第 1 章介绍了石油地质实验室的发展历程和现状；第 2 章介绍了岩石中矿物成分分析的基本方法；第 3 章介绍了岩石孔、渗、饱等物性测试方法；第 4 章介绍了原油的密度、黏度、凝点、含蜡量等常规物理、化学属性参数测定；第 5 章和第 6 章属于油气地球化学分析化验内容；第 7 章介绍了荧光图像显微镜分析；第 8 章介绍了油田水分析。其中第 1 章，第 2 章第 2.1、2.2 节，第 3 章第 3.4、3.5、3.6 节，第 4 章，第 5 章，第 6 章第 6.4、6.5 节，第 7 章由东北石油大学申家年编写；第 2 章第 2.3、2.4、2.5 节，第 3 章第3.1、3.2、3.3、3.7 节，第 6 章第 6.8、6.9 节，第 8 章由东北石油大学冯进来编写；第 6 章第6.1、6.2、6.3、6.6、6.7 节由大庆油田堪探开发研究院李如一编写。全书由申家年审定。

由于石油地质实验技术的构成本身就十分复杂，涉及的学科门类多，教材编写难度大，加之编者水平有限，难免存在不当之处，敬请读者多提宝贵意见。

编　者

2012 年 2 月 1 日

目　录

第1章　石油地质实验技术概况

石油地质实验技术是油气勘探技术群的重要组成部分。它为油气勘探中生油岩评价、储集岩评价和油气藏评价提供基础数据。随着石油地质实验技术的发展,分析测试项目的增加,测试数据精度的提高,数据库的建立和广泛应用,对提高石油地质综合研究的水平有着十分重要的作用。

1.1　发展历程

石油地质实验技术作为石油地质的一部分,它的发展既依赖于石油勘探的进程,又依赖于地质思想的演变,也依赖于其他领域测试技术的进步。

我国石油地质实验技术的发展大体经历了以下5个阶段:①20世纪70年代以前,石油地质实验技术主要是常规的古生物、岩矿鉴定,简单的岩石物性(如孔、渗、饱、粒度、碳酸盐等)和油气水性质分析,以及以经典化学分离和分析为主的有机地球化学分析(如有机碳、硫、沥青等),仪器简单,方法也不复杂,只能提供有限的地质实验参数。这与当时全国各盆地的地层层序尚未建立,沉积环境、相带不清,加之以构造圈闭为主的勘探思想密切相关。②20世纪70年代,特别是70年代后期,石油地质实验技术随着全球油气勘探形式的需要和新仪器的产生,发生了较大变化,国内开始引进新型仪器,明显地扩大了测试范围,许多新的测试内容和项目出现,特别是色谱仪的广泛应用,为现代石油地质实验技术的发展奠定了基础,一批常规项目得以发展和完善,但仍以经典方法为主。③20世纪80年代初期,国外石油地质实验技术发展很快,大量的新测试仪器涌进实验室。美国、法国、西德、日本等国先后成立了以现代分析测试仪器为主的有机地球化学实验室,在生油岩的评价上迈出了一大步。与此同时,随着改革开放,我国在科学院系统、石油部系统、地质部系统也都相继引进了大型配套的现代分析测试仪器,组建了几个相当规模的实验室,从而在分析流程、分析项目、分析内容、样品制备、样品测试、数据处理解释等方面都有了新的进步,已经从常规常量分析发展到微区微量分析。但这个阶段还是以生油岩与油气的地球化学测试发展为重点,有力地促进了石油地球化学的发展,使烃源岩的评价水平有较大的提高。④20世纪80年代后期,石油地质实验室的方向和测试内容明显地由烃源岩评价转向储集岩评价为主,测试的内容扩大到生、储、盖层和油气水性质的全面测试。随着科学技术的进步,并且又增加了许多新型仪器,多机联用、计算机处理技术都有全面的提高,特别是针对新的勘探领域、新的地质问题,相应发展起来许多新的方法,涉及油气生成、运移、聚集、保存和油田开发等各个领域。⑤近几年来,我国石油地质实验技术正以研究领域为核心,逐渐配套、走向标准化系列化。绝大多数石油地质实验分析项目都有了国家或行业规范。许多大型实验室也进行了国家实验室认可和国家计量认证。

1.2 主要装备、技术及其应用进展

1.2.1 主要装备

目前,油气勘探地质实验分析仪器主要有3个系列:

(1) 以气相、液相色谱、红外、紫外、元素、原子吸收、等离子光谱分析仪器组成的成分分析仪器系列。

(2) 以生物、实体、偏光、荧光、阴极发光显微镜、扫描电镜、激光共聚焦显微镜等组成的实验观察鉴定系列。

(3) 以色谱-质谱、同位素质谱、电子探针、X-衍射、色谱-质谱-质谱(GC-MS-MS)等组成的大型分析仪器系列。

当前又出现了以激光拉曼光谱、多组分显微荧光探针(FAMM)、环境扫描电镜(ESEM)、全自动全时标同位素定年系统、核磁共振等大型先进仪器,在油气勘探中发挥越来越大的作用。

1.2.2 技术现状

1. 有机地化方面

有机地球化学实验室主要负责与油气生成有关的各类实验,基本分析项目和流程如图1.1所示。

(1) 岩石超临界抽提技术。传统的方法都是用液态氯仿进行抽提,近年来开发了超临界抽提方法。具有高扩散性和低黏滞性的超临界状态的CO_2流体作为萃取介质,使混合物快速、有效地发生物相分离,抽提能力加强,抽提信息增加,尤其对煤成烃和碳酸盐岩成烃机理研究具有重要作用。

(2) 烃源岩模拟实验技术。根据烃源岩油气生成模拟实验模拟地质体的实际情况,并对所得的一系列气态、液态和残留物进行分析鉴定,可以连续、系统、定量地研究油气生成的过程、机理及演化模式,研究有机质成烃过程,恢复原始有机碳,计算总生油量、初次运移量和运移系数,并测定生油岩的活化能。

(3) 有机岩石学分析测试技术。将全岩光片及干酪根进行透射光、反射光、荧光、元素及同位素分析,确定有机质的显微组成、丰度、类型及成熟度。它为烃源岩的类型划分及生烃能力尤其是高成熟烃源岩的评价提供了有利的手段。

(4) 岩石热解技术。它能对烃源岩的有机质丰度、成熟度及储集层的含油气性进行快速评价。

(5) 色谱-质谱-质谱分析技术。色谱与质谱的联用及双质谱技术,极大地提高了生物标志化合物的检测灵敏度和精度,为油气源的对比及运移方向的确认提供了有力的证据。

(6) 有机质同位素分析技术,特别是从全碳同位素发展到单体烃碳同位素及当前的

氢同位素分析技术，对油、气、源对比、形成环境分析及烃类运移聚集过程的研究起着重要作用。

（7）显微红外光谱分析。它为有机质显微组成的化学成分和结构的分析、演化程度及生烃潜力的评价提供了有效手段。

（8）化探分析技术。酸解烃、吸附烃及水中烃类物质等的分析技术为油气远景评价及初期勘探提供了信息。

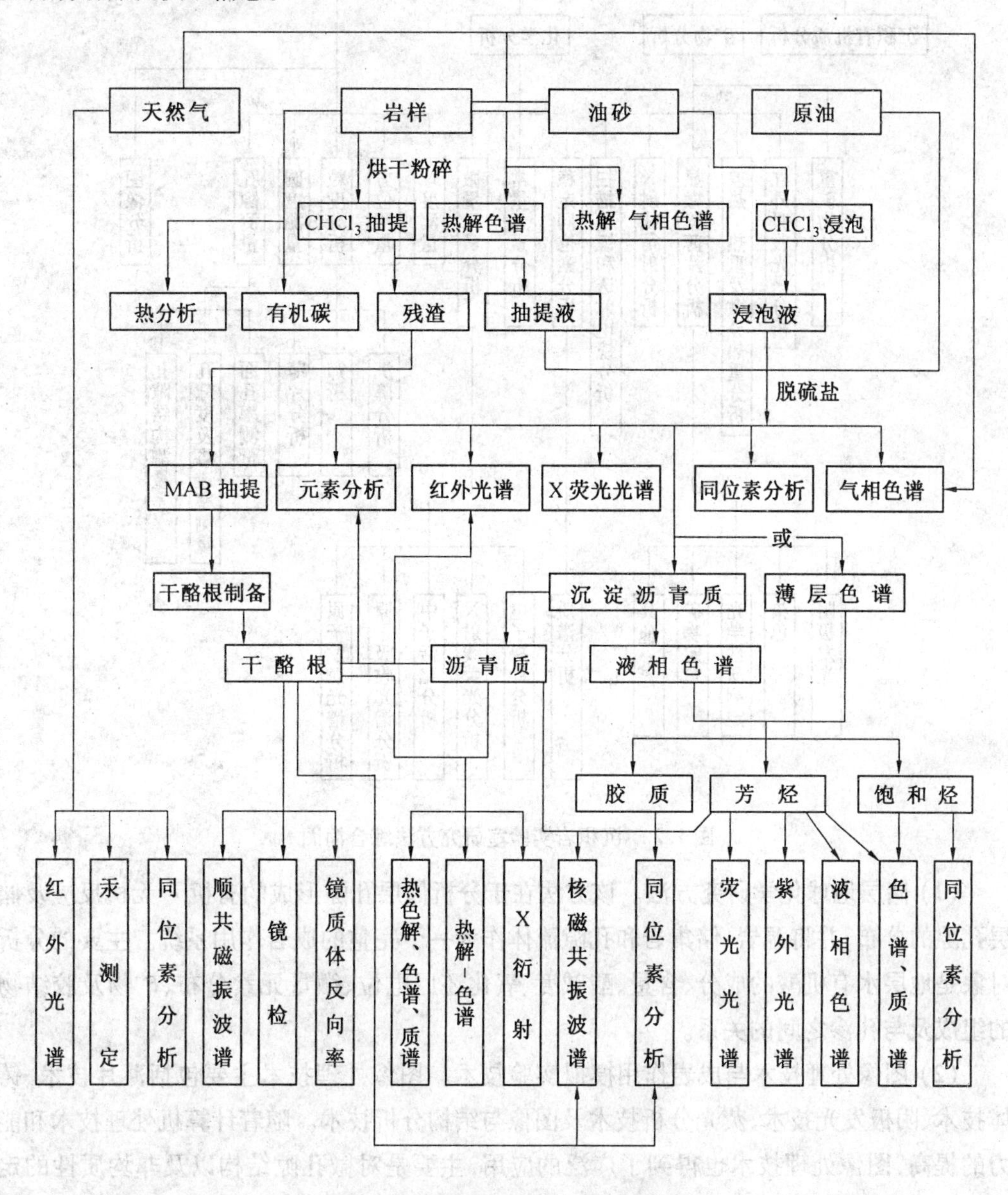

图 1.1　有机地球化学分析流程图

2. 沉积及储盖层方面

在世界范围内，无论是油气的生成还是储集，几乎都是在沉积岩中，因此沉积岩实验研究技术是石油地质室验的重要组成之一，其基本分析项目和流程如图 1.2 所示。

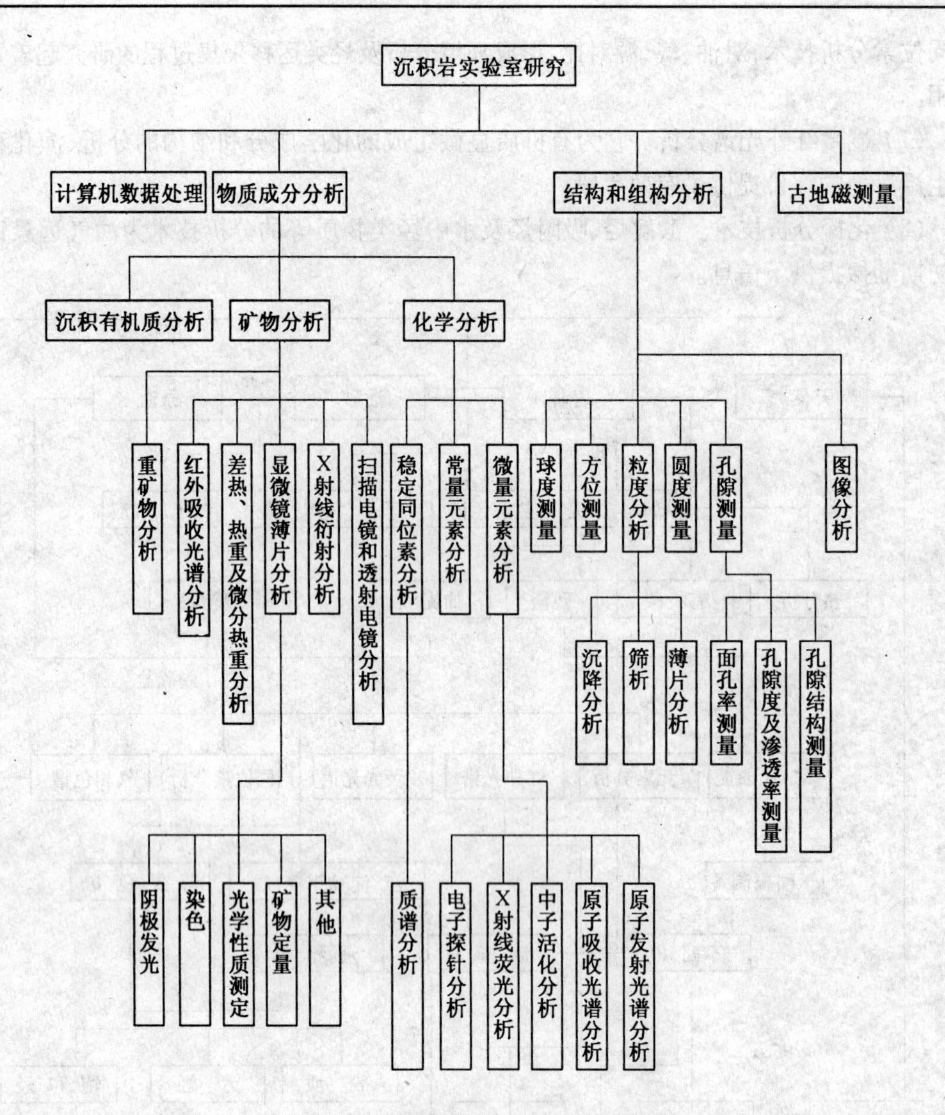

图1.2 沉积岩实验室研究方法综合简图

(1) 储层地球化学研究方法。该方法在于分析储层孔隙形成的有机－无机反应及储层孔隙的分布，并将源岩、储集岩和孔隙流体作为一个完整的成岩作用系统。主要的分析对象是地层水有机酸的成分、含量、酸碱度、氧化还原电位、微量元素分布、矿物及胶结物的组成及与孔渗之间的关系。

(2) 图像处理技术与成岩作用模拟实验技术。图像处理技术主要包括薄片技术、铸体技术、阴极发光技术、荧光分析技术及图像与结构分析技术。随着计算机处理技术和能力的提高，图像处理技术也得到了广泛的应用，主要是对微孔隙结构以及非均质性的定性、定量分析与计算。成岩作用模拟实验技术是各种针对成岩作用的模拟实验技术，它用于进行深度、温度、压力及介质条件之间的关系研究；用于对岩石的硅质胶结作用、碳酸盐岩的次生成岩作用、矿物的转化与交代的分析，对了解沉积环境、成岩作用及孔隙演化趋势均具有重要作用。

(3) 油藏地球化学及油藏注入史研究。研究的主要立足点在于 3 项分析技术:① 薄层色谱 - 氢火焰离子检测技术(TIC - FID),其结果是在油藏地球化学剖面上可以清晰地看到各小层原油族组成的细微变化,有助于准确辨识残余油的边界或油水界面位置;② 岩石热解气相色谱分析技术(PY - GC),用于快速识别烃源岩和储层中的烃类化合物,可以确定不同的含油气组成与含量,确定岩石含油性质及含油级别;③ 包裹体分析技术,包括包裹体显微测温、成分分析、流体压力的估算,据此认识烃类向储集层运移聚集的过程,以研究油藏注入史。

(4) 油气层保护研究中的分析实验技术。它用于分析研究储层岩石学特征,从微观形态及微区成分上对储层岩石进行岩石矿物成分及结构分析、胶结物特征及充填作用分析、孔隙及喉道连通性分析等,并进行室内模拟,从而实现对地层敏感性的评价和损害机理的确认。在油气田开发过程中,特别是在注水、注气开发中,通过这些实验技术可以观察到黏土矿物变化、水 - 岩反应形成新矿物等各种现象,进而提出油气层保护措施。

(5) 成岩矿物的同位素分析技术。它包括同位素年代学,用于了解烃类形成的先后次序,判断油气藏的形成时间、成藏速度以及烃类运移方向。对成岩元素如碳、氧同位素分析,可以了解全球海平面的变化,以及沉积环境及地层纵向变化的进行。

(6) 储集层、盖层的物性分析。它主要包括热对流成岩模拟实验技术,模拟地层压力下的孔隙度、渗透率测试技术,视密度、洗油等测试技术和储盖层微孔结构(压汞法、吸附法、扩散系数、比表面) 的测试及评价技术。

1.1.3　分析测试技术的应用进展

1. 同位素分析测试技术

碳同位素能提供有关沉积有机质母质类型的许多信息,在油气源对比中具有重要意义。以往的研究受分析技术的限制,只能分析烃类或干酪根的全碳同位素值或某一类化合物如饱和烃、芳烃、沥青质、非烃等的碳同位素值;单体烃碳同位素测定也局限于天然气的甲烷及其同系物。由于油气运移过程中的物质分异及同位素分馏作用可能发生,影响了上述碳同位素的示踪效果。随着气相色谱与同位素质谱联机技术的诞生和应用,实现了单体烃同位素的分析并得到了快速发展。单体烃碳同位素的分析在油气源对比及油气运移中的作用越来越大,它大大提高了油气类型划分、油气运移研究和油气源对比工作的精度。烃类气体的单体烃碳同位素可以较好地给出天然气的成因类型、成熟度、运移演化及气源对比的信息。烷烃气系列分子碳同位素值随着分子碳数的递增呈规律性变化,有机的、同源同期的甲烷及其同系物(包括原生煤型气和油型气) 构成正碳同位素系列($\delta^{13}C_1 < \delta^{13}C_2 < \delta^{13}C_3 < \delta^{13}C_4$),而无机成因气构成负碳同位素系列;相同或相近成熟度烃源岩形成的煤成气甲烷及其同系物的$\delta^{13}C$值比油型气的对应值高。应用煤成气和油型气的回归方程计算($\delta^{13}C_1$ - Ro 的关系) 可以很好地区分天然气的成因类型。在模拟实验过程中,实验室用不同的模拟方法制备出气态烃。利用 GC - IRMS 联用仪所配多孔聚合毛细色谱柱,采用新的在线分析技术,使热模拟气的单体烃碳同位素在线分析逐步成为现实。在气态烃的碳同位素组成特征上,热解模拟试验模拟并重现了地下情况。液态烃碳、

氢同位素分析,包括轻烃、凝析油的单体烃同位素分析,也已取得长足的进步。原油中的碳同位素主要受制于母质的同位素继承效应,因此在油源对比中碳同位素分析成为有效的工具。液态烃包括轻烃、凝析油中的氢同位素分析也取得进展,单体烃氢同位素分析技术成为当前油气领域研究的新课题,可以应用 δD 同位素组成来判别烃类的成因,讨论成烃母质及其形成环境。

2. 轻烃分析测试技术

轻烃指纹分析包括天然气、原油以及烃源岩的轻烃分析。轻烃成因的研究和轻烃指纹参数的开发应用依赖于轻烃测试技术的发展。许多年来,测试技术工作者付出了极大的努力来完善轻烃分析技术,天然气和原油中的轻烃分析技术日趋完善,岩石轻烃分析技术经测试科技工作者的不懈努力已有突破,现基本能满足油-气-源岩三位一体对比分类研究的需要。

(1) 天然气轻烃指纹分析。综合利用轻烃鉴别技术进行气-气对比及气-岩对比,可以解决天然气的来源的问题。天然气特别是干气,通过低温或吸附方法进行轻烃浓缩,从中获得或多或少的轻烃,从而获得比通常的天然气烃组成更多的科学信息。由于天然气生气母质性质的不同,其生成轻烃的性质和参数有别。采用一些指数,如甲基环已烷指数、庚烷值与异庚烷值、C_7 烃(nC_7、MCC_6、$DMCC_5$)的结构组成三角图、C_5 ~ C_7 脂族烃组成三角图等,可以反映天然气的母质类型、成熟度,并追踪气源。

(2) 原油轻烃指纹分析。根据原油轻烃分析资料对原油进行分类,可进行烃类运移研究及油层的连通性比对研究。利用正庚烷值与异庚烷值作图推断生油岩或原油的热成熟度和干酪根类型,也可用于油源追踪。原油轻烃指纹分析方法主要包括"原油切割"、"全油色谱"。"PTV 切割反吹"原油轻烃分析,分析流程短、保护毛细柱、干扰少、分析重复性好,在油气地球化学研究中将会成为主要技术方法。

(3) 岩石轻烃指纹分析。在实现了天然气轻烃分析和原油轻烃分析以后,地化学者希望获得岩石轻烃分析数据以达到进行油-气-岩三位一体对比分类的目的,并在此基础上进行油气运移分析和油源追踪研究。国内外已开展的岩石轻烃测试技术主要是气体洗提法或热蒸发法,方法操作简便,但方法重现性、代表性较差。我国已有研究单位采用自有专利技术提出了新的岩石轻烃测试技术方法,用特殊有机溶剂快速抽提,能获得 C_5 以上的烃类物质信息,其中 C_5 ~ C_{10} 之间可分离出100多个烃类物质,能很好地满足油气地质研究的需要。

3. 含氮、氧化合物分析测试技术

原油或岩石抽提沥青中烷基苯酚和含氮化合物(主要是咔唑类化合物)含量的变化能提供反映油气运移、聚集及成藏历史的重要信息。含氮有机化合物是原油及生油岩中的一种非烃组成,其含量一般仅占原油的0.1% ~ 2.0%,大部分以芳香杂环化合物形式存在,并普遍带有脂肪性的侧链。原油的含氮有机化合物主要有两类,即含吡咯环结构的中性氮系列和含吡啶结构的碱性氮系列化合物。其中中性氮化合物往往比较稳定,其结构和组成是研究二次运移的指标。在原油及生油岩样品中检测到的中性氮化合物主要有咔唑、苯并咔唑和二苯并咔唑3个系列,由于烷基取代位置的差异,使各异构体极性产生差异,在原油运移过程中各异构体被矿物吸附程度不同,因此可以根据样品中咔唑类化合物的绝对含量的变化推测原油可能的运移途径。由于烷基苯酚和中性含氮化合物在原油中是一类具有极性的微量组分,因而常规的分离分析流程复杂,难度大。经过对含氮化合物的分离分析方法的研究,目前已建立了一套分析含氮化合物的新方法,鉴定出40余种中性含氮类化合物,它们在油气运移研究中具有特殊意义。

4. 包裹体分析测试技术

流体包裹体热力学研究是一门新兴的分支学科。它利用流体热力学原理测定和分析岩石、矿物中所含流体介质的性质,并对与油气藏关系密切的液态烃、气态烃、液态烃-盐水、气态烃-液态烃等包裹体相图进行研究,从而认识古流体性质,了解流体运移和聚集的时间、深度、相态、通道、方向,计算包裹体捕获时的热动力学条件,分析不同时期的温度场、地压场、水动力场、地应力场等,获得储层埋藏史和热演化史,绘制不同时期包裹体的流体势等值线分布图,确定烃类运移方向、聚集地带,为确定油气勘探靶区提供依据,为研究油气生成、运移聚集提供依据。

(1) 包裹体均一温度与油气热成熟度。传统的确定有机质成熟度的工具,如镜质体反射率测定,有时因各种不同的地质因素或样品的限制而无法进行。Tobin(2000年)详细研究了镜质体反射率与包裹体均一温度之间的关系,研究了镜质体反射率的对数与包裹体均一温度之间良好的线性关系,提出了一种热成熟度值估算的新方法。该方法概括了流体包裹体群的样品选择准则,提出了样品均一化温度与镜质体反射率数据的经验关系。其优点是不受常规有机质成熟度技术的限制,如有机质循环、干酪根风化、钻井污染、烃污染、油饱和度或样品数量的限制,可作为成熟度研究的独立质量控制技术,也可作为有机质方法难以应用时的热成熟度确定工具使用(如早古生代地层,贫有机质的碳酸盐岩或钙质砂岩)。分析的均一化温度与镜质体反射率的相关系数 R^2 为0.96,绝对误差为±0.12% Ro。

(2) 流体包裹体地层学(FIS)分析技术。油田开发中确定油水界面和识别水动力障具有重要作用。Barclay(2000年)在研究北海Magnus油田时运用流体包裹体地层学(FIS)分析新技术,在对砂岩储集层的流体接触界面及封隔层的识别上取得了较大进展。该方法涉及对极少量的岩屑和钻井岩心样品经清洗和压碎后取出的包裹体成分不经分离而直接对矿物和孔隙中的包裹体成分和含量进行质谱(MS)分析,并重建流体包裹体成分和特性的地层空间结构。在北海Magnus油田中,FIS资料识别了比电阻率测井更为准确的复杂的油水过渡带(由页岩或白云岩造成不同的含水饱和度所引起),指出了含油层位向下进一步延伸;同时通过含烃包裹体的成分和丰度的变化识别出储层中潜在的地层(页岩)和成岩作用(白云岩)障。主要的方法是对钻井岩屑或岩心样品进行清洗抽真空并加温除去 C_1 ~ C_{13} 吸附烃和无机气,但不破坏烃类包裹体,清洗后的样品在真空腔中经研碎后释放出包裹体挥发分,直接进入质谱仪分析。流体包裹体地层学分析方法是一种新的测试技术,可以用于快速提供有机和气相地球化学空间分辨率的资料,并可用于解释油水过渡带(界面)的细微变化和油层的分布样式,还可用于研究储层中流体成分的差异和变化,有助于确定储层的封隔层及流动单元。

(3) 包裹体激光拉曼光谱分析技术。激光拉曼光谱分析是一项非破坏性的快速而高精度的微区分析技术,利用它可以实现对流体包裹体特征及其气、液、固相化学成分的定性、定量全分析。对包裹体中烃类成分进行对比分析,可以确定油气藏各期次烃类流体的成藏贡献;利用储层中含烃包裹体的丰度,可以作为古含油饱和度的标志;分析不同期次包裹体中油、气、水的组分,可以识别古油层并确定油水界面的变迁史。

5. 有机质类型及演化史分析测试技术

判别有机质成熟度的指标主要有光学指标如镜质体反射率(R_0)、孢粉颜色指数 SCI 和多组分显微荧光探针(FAMM) 分析等,有机地化指标如岩石最高热解峰温 T_{max}、饱和烃气相色谱的正构烷奇偶优势、芳烃气相色谱和生物标志化合物的甾萜烷异构化参数等,此外,还包括包裹体显微测温、微量元素地质温度计和固体^{13}C 核磁共振等。

(1) 多组分显微荧光技术。澳大利亚长期从事煤及烃源岩成熟度研究的学者 Wilkins 博士研究出了多组分显微荧光探针(FAMM) 技术。该项技术突出的优点是在缺乏镜质体(海相) 或因镜质体富氢受抑制、Ro 不准的情况下能准确反映烃源岩的热演化程度。与镜质体反射率相比,FAMM 的主要优点是把数据分成两个参数,一个与成熟度有关,另一个与组分的富氢性质有关。这解决了单参数的镜质反射率技术常常会遇到困难,即分散有机质中原生镜质体的识别、崩落和再循环有机质的辨认以及镜质体反射率的受抑制性。因此,FAMM 使研究镜质体反射率出现异常,尤其是与其他组分参数不一致时的一个有效工具。

(2) 显微傅里叶红外技术。近年来,红外光谱技术在有机岩石学及有机地球化学研究中取得了突破性进展。Canz(1987 年)、Kuehn(1984 年) 及 Christy(1987 年) 等利用红外光谱技术研究了干酪根类型、成熟度及生烃潜力等油气勘探所关心的问题;Painter(1985 年) 利用曲线拟合及最优化处理定量地研究了脂肪氢及羟基中的氢。随着傅里叶变换红外光谱仪的迅速发展和普及,新的分析技术逐渐为人们所熟悉和采用。红外光谱技术不仅能反映有机质的组成和类型,也能表征有机质的热演化程度。

6. 黏土矿物伊利石结晶度及其分析测试技术

通过研究黏土矿物的不同类型、含量变化、结晶度等有序度指标可以很好地分析成岩作用过程,尤其是对黏土矿物的成分及结构进行分析,以确定埋藏深度,分析热演化史,揭示油气成熟度,恢复盆地埋藏史。伊利石结晶度分析技术近年来得到较快的发展。伊利石的结晶度(IC 指数) 是划分成岩作用与极低级变质作用,确立低级变质作用程度的主要指标,是当前地质学研究的一大热点。伊利石结晶度的测定,与各实验室所用的实验条件和制样方法密切相关。长期以来,伊利石结晶度指数难以对比,最近通过运用最新的测试手段,按照国际上伊利石结晶度的测试条件,应用于中石化松潘 - 阿坝地区的油气勘探并取得进展。它准确地反映了该勘探区的热演化程度,使我们对该地区三叠系泥质岩的成岩作用与演化阶段有了深入的认识。

石油地质实验技术主要服务于勘探,构成复杂,其技术本身已远远超出了地质学范畴。图 1.3 给出了石油地质实验仪器分析前后处理流程的一个基本面貌。

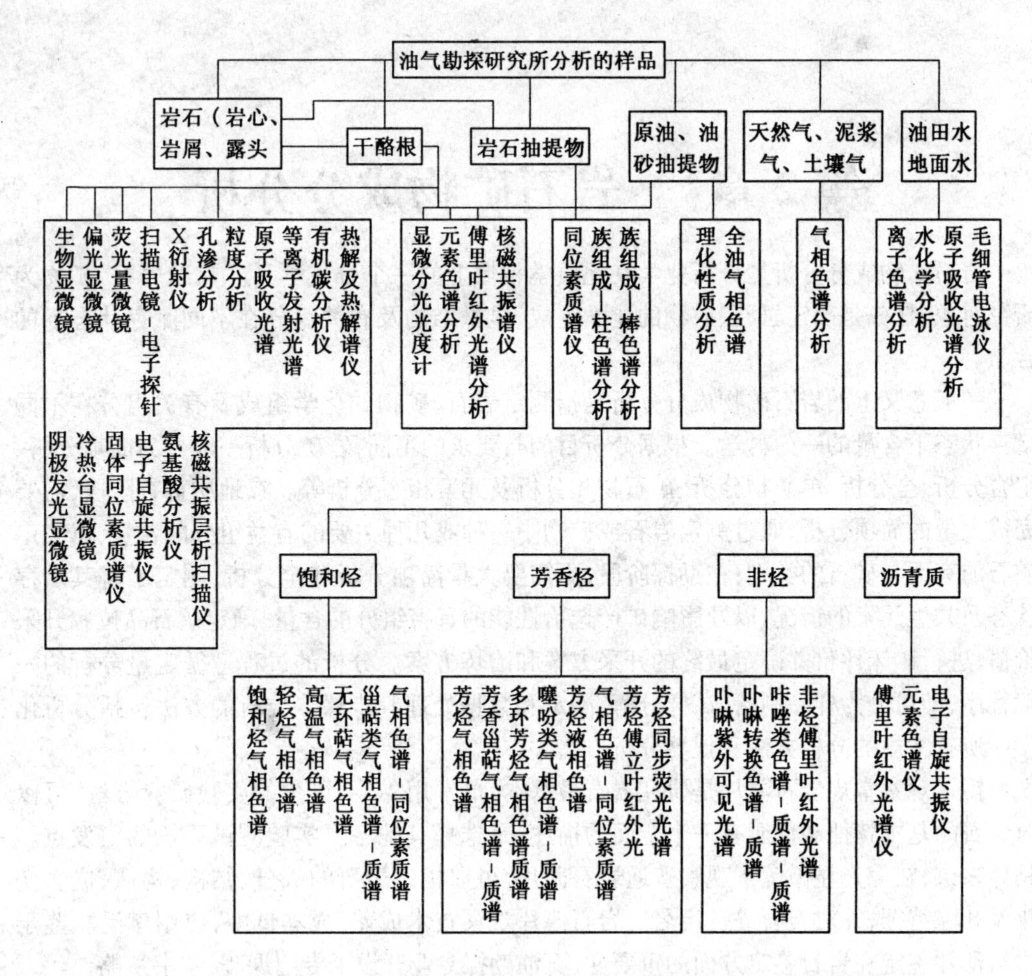

图 1.3　石油地质实验仪器分析前后处理流程示意图

第2章　岩石矿物成分分析

岩石矿物成分分析是分析化学在地质学领域上的一个分支学科。它以岩石、矿物为研究对象,任务是确定岩石、矿物的化学组成、显微结构及有关组分在不同赋存状态下的含量。

一般意义上的岩石矿物成分分析是指测定岩石、矿物的化学组成及有关组分在不同赋存状态下含量的一门科学。根据分析目的与要求的不同,岩矿分析一般分为简项分析、组合分析、全分析、单矿物分析、矿石物相分析及元素相态分析等。在地质普查阶段,需要完成大量的简项分析,通过测定岩石或矿物中一种或几种主要的有益组分的含量,以确定矿石的有无与矿石的类别;在勘探阶段,更需要大量简项分析和全分析,测定了解其赋存状态及共生元素的情况,以及影响矿产选冶性能的有害组分的含量,确定矿石品位和开采价值,进行矿床评价并确定最终的开采方案和冶炼方案。分析的过程遵循定量分析的一般程序,即可分为样品制备、试样分解、测定和数据处理等步骤。分析的方法包括分析化学中所有常规的分析方法和仪器分析方法。

镜下观察常规岩石薄片是研究岩石最基本、最常用、必不可少的实验研究方法,可以对岩石的基本特征和性质有一个全面的描述,是选择其他各类实验测试手段的出发点。具体来讲,在偏光显微镜下观察普通岩石薄片,可以描述岩石的成分、结构、构造、成岩变化及孔隙特征,并对岩石进行定名。岩石薄片观察技术成熟,成本低廉,应用广泛。鉴于岩石薄片鉴定在岩石鉴定方面的重要性,石油勘探专业开设了专门课程,本书从略。

本章主要介绍与岩石矿物成分分析有关的较为成熟的仪器分析方法,包括:X射线衍射分析技术、热分析技术、红外吸收光谱分析技术、扫描电镜技术、阴极射线发光技术,并重点介绍黏土矿物及其他自生矿物的仪器分析实例及其在石油地质中的应用。

2.1　黏土矿物的X射线衍射分析

在石油地质实验室,X射线衍射分析主要用于分析岩石中的黏土矿物的含量和类型。这类矿物由于晶体过小,在光学显微镜下无法识别,更无法定量。X射线衍射分析是岩石中黏土矿物分析最重要的手段。当然,X射线衍射分析不仅仅限于黏土矿物分析,还有更多的用途。

2.1.1　基本概念

1. X射线

光的电磁波理论认为,光波属于电磁波,光谱是电磁波谱的一部分。电磁波谱按波长可分为不同的区域(表2.1)。

表 2.1　各类电磁波谱的波长范围

电磁波名称	波长范围
γ射线	0.000 5 ~ 0.14 nm
X 射线	0.01 ~ 10 nm
远紫外真空紫外区	10 ~ 200 nm
近紫外区	200 ~ 400 nm
可见区	400 ~ 760 nm
近红外区	760 ~ 2.5 μm
中红外区	2.5 ~ 50 μm
远红外区	50 ~ 500 μm
微波	0.5 mm ~ 1 m
无线电波	> 1 m

X 射线是波长为 0.01 ~ 10 nm 的电磁波。常规 X 衍射分析中所使用的波长为 1.541 8 nm。它是 Cu 元素的一条特征 X 射线，是 Cu - Kα 靶在一定条件下被激发产生的（由靶原子电子组态 K 跃迁到 L 而发射的 X 射线标为 Kα）。X 射线能穿透一定厚度的物质，并能使荧光物质发光、照相乳胶感光、气体电离。波长长的 X 射线称为软 X 射线，穿透能力弱；波长短的 X 射线称为硬 X 射线，穿透能力强。X 射线的上述特点使其有着广泛应用，如医院的 CT、车站的安检扫描、金属的无损探伤、晶体的结构分析。

2. X 射线的衍射现象

18 世纪以前，人们观察光的传播现象总结出在均匀介质中光总是沿直线传播的规律。在雨后或薄雾天气，太阳光通过云层的缝隙射到地面，可以看到直射的光线。直线传播的光线在折射率不同的两种介质的界面上会产生反射和折射，这是几何光学赖以建立的基本原理。在用点光源照明的空间放一遮光的物体，在点光源另一侧物体的后面白墙上就有一个几何形状和物体截面相似的阴影。这个实验是光沿直线传播的最好验证。

光有波动性，波能绕过障碍物传播，这就偏离了原来的传播直线。在适当的条件下，光照明物体所产生的几何阴影边缘会出现明暗相间的条纹，在离开边缘一定距离的阴影区内也会出现亮光。这种光在传播过程中绕过障碍物边缘而偏离直线传播的现象，称为光的衍射。光的衍射现象是 17 世纪格利马尔第首先发现的，衍射（Diffraction）这个名字也是他提出来的。

衍射和干涉都是波特有的现象。水波、声波和各种波长的电磁波在一定的条件下都会出现衍射现象。

干涉和衍射并没有本质上的区别。通常干涉是指两束波或多束波的叠加，从而在空间形成波的不同强度的分布。衍射考虑的是将每束波的波前分解成无数个次级子波源，然后将这无数个次级子波源发射的波在空间叠加起来，这也会形成波强度的空间分布图样。干涉和衍射都是基于波场的线性叠加原理。

2.1.2　黏土矿物的结构

黏土矿物属于层状硅酸盐类矿物，这类矿物的特点是硅氧四面体(图2.1)相互以三个顶点相连而形成在平面上多数呈六方网孔状的硅氧层(图2.2)，层内电价未被中和的活性氧原子一般都朝向网层的一侧，此部分的剩余负电价被硅氧层之外的金属阳离子中和，金属阳离子(Mg^{2+}、Al^{3+})和氧(或OH^-)又构成八面体(图2.3)。根据硅氧四面体和八面体结合特点，可分为两种基本构造类型(图2.4)：三层型(或称2∶1型)，由两层四面体夹一层八面体构成，如图2.5中的蒙脱石、伊利石、叶腊石；两层型(或称1∶1型)，由一层四面体加一层八面体构成，如图2.5中的高岭石、图2.6中的滑石。

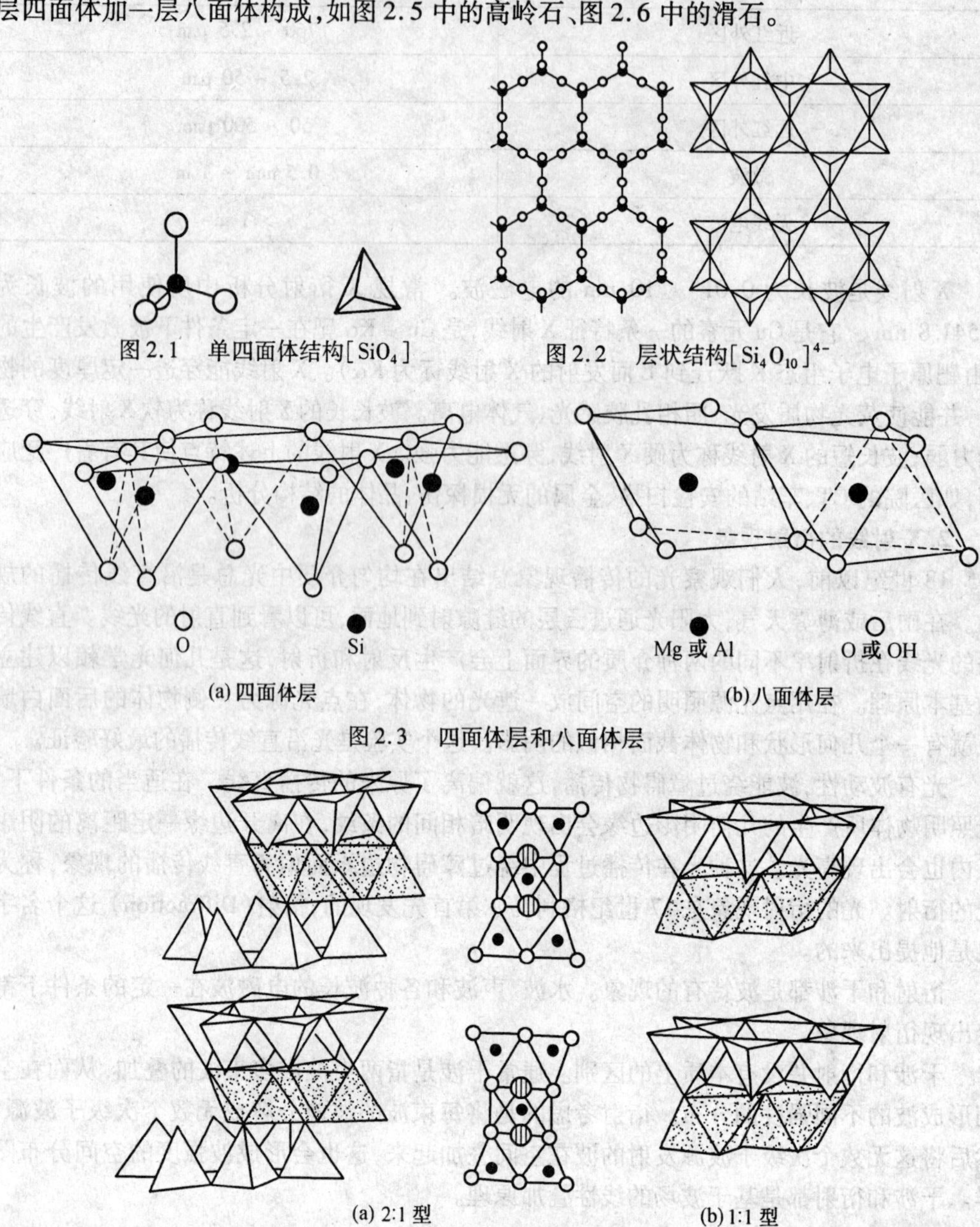

图2.1　单四面体结构[SiO_4]

图2.2　层状结构$[Si_4O_{10}]^{4-}$

图2.3　四面体层和八面体层

图2.4　层状硅酸盐矿物的结构单元层

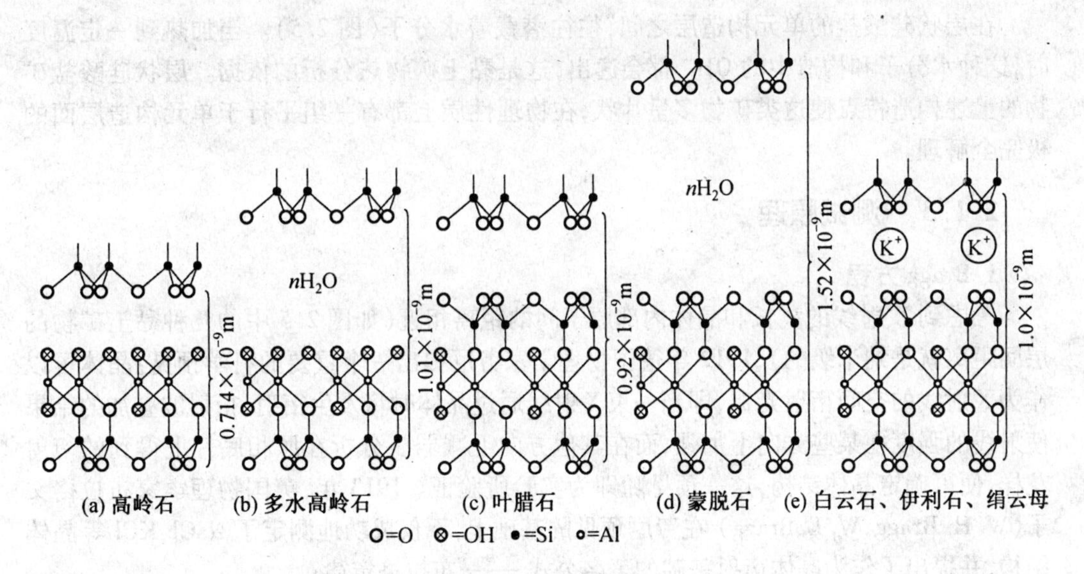

图2.5　常见黏土矿物结构

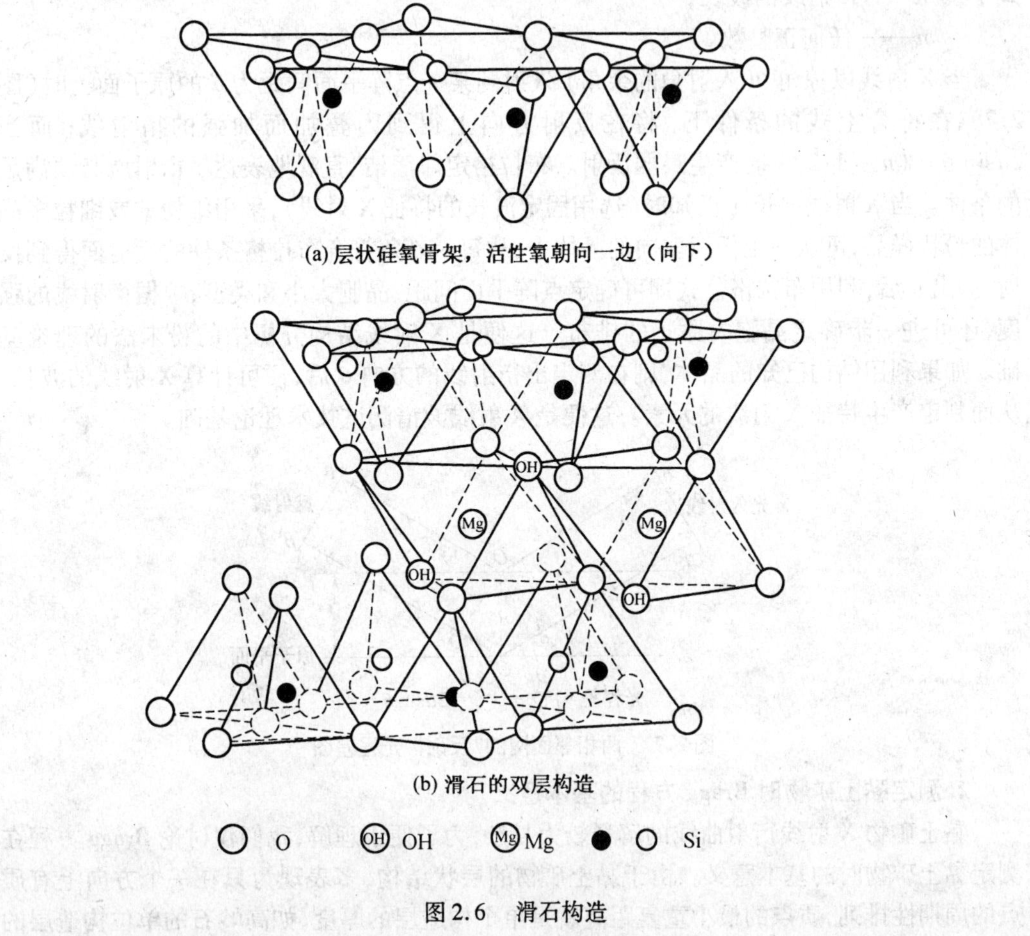

图2.6　滑石构造

在层状硅酸盐的单元构造层之间,往往潜藏着水分子(图 2.5)。当加热到一定温度时,这种水分子和构造中的 OH^- 都会逸出,这是黏土矿物热分析的依据。层状硅酸盐矿物的上述构造特点使这类矿物多呈片状,在物理性质上都有一组平行于单元构造层面的极完全解理。

2.1.3 测试原理

1. Bragg 方程

考虑到 X 射线的波长和晶体内部原子间的距离相近(如图 2.5 中的几种黏土矿物的层间距离就是纳米级的),1912 年德国物理学家劳厄提出一个重要的科学预见:晶体可以作为 X 射线的空间衍射光栅,即当一束 X 射线通过晶体时将发生衍射,衍射波叠加的结果使射线的强度在某些方向上加强,而在其他方向上减弱。分析在照相底片上得到的衍射花样,便可确定晶体结构,这一预见随即为实验所验证。1913 年,英国物理学家布拉格父子(W. H. Bragg, W. L. Bragg) 在劳厄预见的基础上,不仅成功地测定了 NaCl、KCl 等晶体结构,并提出了作为晶体衍射基础的著名公式 —— 布拉格定律:

$$2d\sin\theta = n\lambda \tag{2.1}$$

式中　λ——X 射线的波长;

　　　n——任何正整数。

当 X 射线以掠角 θ(入射角的余角) 入射到某一点阵平面间距为 d 的原子面上时(图 2.7),在符合上式的条件下,将在反射方向上得到因叠加而加强的衍射线;而当 $2d\sin\theta = (n+1/2)\lambda$ 时产生最弱反射。布拉格定律简洁、直观地表达了衍射所必须满足的条件。当 X 射线波长 λ 已知时(选用固定波长的特征 X 射线),采用细粉末或细粒多晶体的粉状样品,可从一堆任意取向的晶体中,从每一 θ 角符合布拉格条件的反射面得到反射,测出 θ 后,利用布拉格公式即可确定点阵平面间距、晶胞大小和类型;根据衍射线的强度,还可进一步确定晶胞内原子的排布。这便是 X 射线结构分析中的粉末法的理论基础。如果利用结构已知的晶体,则在测定出衍射线的方向 θ 后,便可计算 X 射线的波长,从而判定产生特征 X 射线的元素。这便是 X 射线波谱测试技术理论基础。

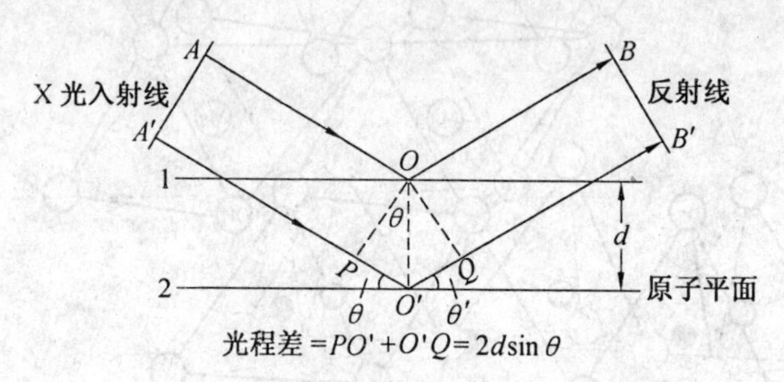

图 2.7　两相邻面网的"反射"光程差图

2. 测定黏土矿物时 Bragg 方程的基本意义

黏土矿物 X 射线衍射曲线的解释较为复杂,为了便于理解,我们仅讨论 Bragg 方程在测定黏土矿物时的基本意义。由于黏土矿物的层状结构,多表现为只在一个方向上有质点的周期性排列,质点的最小重复距离就是单个构造层的厚度,如高岭石的单位构造层的厚度是0.714 nm(图2.5(a))。这就是高岭石的相邻面网的间距 d 值,这两个最近的面网称为高岭石的(001)面,其距离称为 $d_{(001)}$,即高岭石的 $d_{(001)}=0.714$ nm。蒙脱石的 $d_{(001)}$ 约为 1.52 nm(图 2.5)。(001)面是黏土矿物定性定量的最重要依据。

注意式(2.1)的左边 $2d\sin\theta$ 实际上表示了两列光波的光程差(图 2.7)。因此,$2d\sin\theta=n\lambda$ 则表明了光程差等于波长的整数倍时两列波互相加强而产生衍射线这个必要条件,在这里,n 的物理意义是十分明确的,是波长的倍数。

n 既然是整数,那么满足 Bragg 方程 θ 角就不可能是连续的,因此,这种反射有选择性。这与可见光的反射有着巨大的差别。X 射线在晶体上所发生的衍射效应可以表述为晶体的某些晶面对入射的 X 射线会产生对称的选择性反射的物理现象。这里衍射和反射是同义语。

将方程(2.1)两边除以 n,有

$$2(d/n)\sin\theta=\lambda \tag{2.2}$$

再令 $d'=d/n$,又有

$$2d'\sin\theta=\lambda \tag{2.3}$$

实际应用的就是这个方程,所以可直接写成 $2d\sin\theta=\lambda$,一般我们称 θ 为布拉格角,2θ 为衍射角,区分不同衍射角用 $(2\theta)_n$。以高岭石为例加以说明,当 $n=1$ 时,高岭石的(001)面产生了一个衍射,其衍射角 $(2\theta)_1=12.4°$,$d_{(001)}$ 为 0.714 nm;当 $n=2$ 时,高岭石的(001)面产生第二个衍射,这就是(001)面的二级衍射,衍射角 $(2\theta)_2=25.0°$。但此时却可以看成是晶面间距 $d_{(002)}=1/2d_{(001)}$ 的(002)而产生的一级衍射,$d_{(002)}=1/2\ d_{(001)}=0.356$ nm。$n=3,4,5$ 的情况依此类推。在解释 X 射线谱图时,如果碰到 d 值有倍数关系时,多属于这种情况,如表 2.2 中的伊利石。

3. 测试仪器的光学系统

X 射线衍射仪结构原理如图 2.8 所示。当一束波长固定(即单色)X 射线照射样品时,无论是无定向的粉末样品还是定向样品,从统计学的观点看,总有许多面网符合布拉

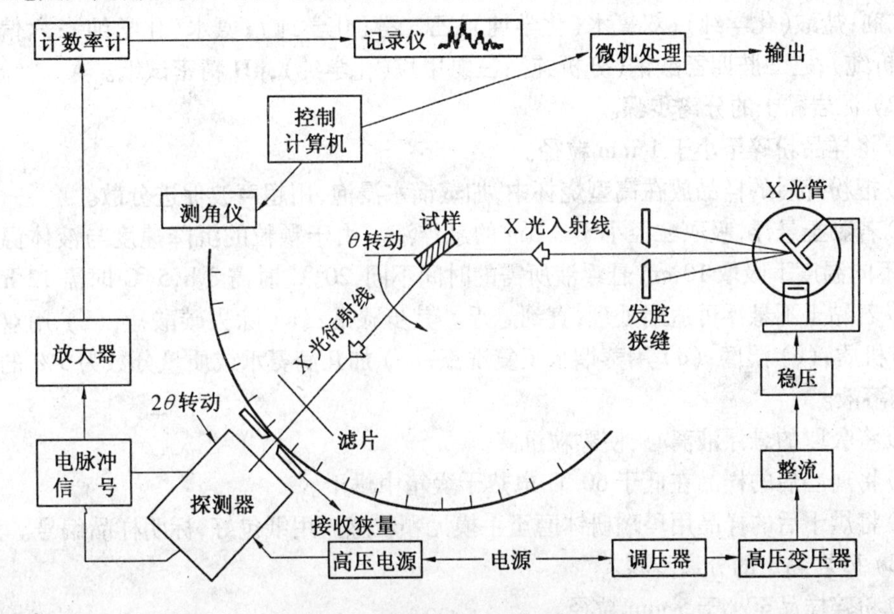

图 2.8　X 射线衍射仪结构原理图

格定律而发生衍射。注意,衍射方向同入射线方向的夹角是入射角的2倍,即2θ。若用一只带测角仪的检测器以入射线同样品的交点为中心旋转,则可接收一系列的衍射线,并可同时测出θ,由θ即可计算出d值而鉴定矿物。

2.1.4 样品的制备

这一部分主要根据SY/T 5163—1995编写。SY/T 5163—1995规定了黏土分离、定向片制备和蒙皂石(S)、伊利石/蒙皂石混层(I/S)、伊利石(I)、高岭石(Kao)、绿泥石(C)和绿泥石/蒙皂石混层(C/S)的定量分析方法,适用于沉积岩黏土矿物X射线衍射定性和定量分析。

1. 黏土矿物的提纯

黏土分离原理是根据斯托克斯法则,采用自然沉降法进行分离。

全岩矿物组分和黏土矿物可用X射线衍射迅速而准确地测定。砂岩中黏土矿物的含量较低,一般为3% ~ 15%。这时,X射线衍射全岩分析难以准确地测定黏土的组成与相对含量,需要把黏土矿物与其他组分分离,分别进行分析。

首先将岩样粉碎,然后抽提至荧光4级以下,洗去原油,用蒸馏水浸泡,最好湿式研磨,并用超声波振荡加速黏土从颗粒上脱落,提取粒径小于2 μm(泥、页岩)或小于5 μm(砂岩)的部分,沉降分离、烘干,计算其占岩样的质量分数。无论是黏土矿物的定性分析还是定量分析,首先都要从岩石中把颗粒细小的黏土矿物分离出来,即完成黏土矿物的提纯。从泥岩中分离黏土矿物的方法与从砂岩中分离黏土矿物的方法略有不同,分离过程一般可分为4个步骤:解离、筛分、清洗、沉降分离。

(1) 设备、器材和试剂。

设备与器材:离心机;碎样机;电热干燥箱;电热水浴锅;超声波清洗器;瓷研钵;铜研钵;玛瑙研钵;高型烧杯;低型烧杯;虹吸管;注射器;标准筛。

试剂:盐酸(化学纯);双氧水(化学纯);乙二醇(化学纯);氨水(化学纯);六偏磷酸钠(分析纯);乙二胺四乙酸钠(分析纯);三氯甲烷(化学纯);pH精密试纸。

(2) 泥岩黏土的分离步骤。

① 将样品粉碎至小于1 mm粒径。

② 把粉碎后的样品放在高型烧杯中,加蒸馏水浸泡,用超声波促进分散。

③ 若黏土悬浮,吸取粒径小于2 μm的悬浮液。由于颗粒的沉降速度与液体温度有关,故不同温度下吸取10 cm悬浮液所需的时间不同,20 ℃时需8 h,5 ℃时需12 h。

④ 若黏土不悬浮可适当处理,直到悬浮。其步骤是:(a) 除去碳酸盐;(b) 用双氧水除去有机质;(c) 湿磨;(d) 用蒸馏水反复洗涤;(e) 加几滴氨水或质量分数为5%的六偏磷酸钠溶液。

⑤ 将吸取的悬浮液离心,使黏粒沉降。

⑥ 将离心后的样品在低于60 ℃电热干燥箱中烘干。

⑦ 将烘干后的样品用玛瑙研钵磨至手摸无颗粒感。用纸包好,标明样品编号。

(3) 砂岩黏土的分离步骤。

① 粉碎样品至小于5 mm粒径。

② 含油砂岩用三氯甲烷抽提至荧光4级以下。

③ 其他步骤参考泥岩黏土分离步骤。

④ 依需要吸取粒径小于2 μm或5 μm的黏粒。

(4) 碳酸盐岩黏土的分离步骤。

① 粉碎样品至小于0.2 mm粒径。

② 除去碳酸盐采用两种方法:(a) 稀酸法,将样品用2% ~ 3% 的盐酸反复处理至无反应。白云石类矿物需在温度低于60 ℃ 的水浴上进行加热处理。(b) 络合法(EDTA),将粉碎的样品用乙二胺四乙酸钠饱和溶液在低于50 ℃ 水浴上或电热干燥箱中处理至无反应。

③ 把除去碳酸盐的样品用蒸馏水反复洗涤,使黏粒悬浮。

④ 其余步骤参考“泥岩黏土的分离步骤”。

2. 定向片制备方法

分离出来的黏土矿物需制成薄片后才能上X射线衍射仪进行测试。分析用的薄片分为定向片和无定向片两种。黏土矿物分析中多使用自然定向片。

(1) 设备、器材和试剂。

设备和器材:离心机;真空泵;超声波清洗器;分析天平(感量0.1 mg);马福炉;载玻片(75.5 mm × 25.5 mm × 1.2 mm);玻璃试管(10 mL);干燥器;抽滤漏斗;抽滤瓶;微孔滤膜(孔径0.45 μm);定性滤纸。

试剂:乙二醇(化学纯);氯化钾(化学纯);盐酸(化学纯);水合联氨(化学纯)。

(2) 自然定向片(N) 制备。

所谓定向片就是样品中的黏土矿物基本上沿(001) 面排列成薄片(膜),其目的在于增强(001) 面对X射线的衍射能力以便获得更清晰的衍射峰;而无定向样品中黏土矿物的取向则是随机的。制备自然定向片有以下3种方法:

① 干样法。将40 mg干样放入10 mL试管中,加入0.7 mL蒸馏水,搅匀,用超声波使黏粒充分分散,迅速将悬浮液倒在载玻片上,风干。

② 悬浮液法。加适量蒸馏水于经离心沉降获得的黏土中,搅匀,吸取0.7 ~ 0.8 mL的悬浮液于载玻片上,风干。

③ 抽滤法。装置如图2.9所示。启动真空泵,将浸泡过的微孔滤膜放在漏斗上。分几次倒入悬浮液,每次倒入的悬浮液10 min内抽完。待黏土膜达30 ~ 40 μm厚时取下滤膜,将滤膜反贴在载玻片上,然后置于培养皿中干燥。

为了更好地区分不同种属的黏土矿物,尚需对黏土矿物样进行各种处理,包括自然定向片的进一步处理(乙二醇饱和、高温加热) 和特殊处理(K^+ 饱和、HCl处理)。这些处理的目的都是将不同黏土矿物中相互重叠的衍射峰分开,既有助于定性也有助于定量。

(3) 自然定向片处理。

① 乙二醇饱和片(EG)。用乙二醇蒸汽在40 ~ 50 ℃ 条件下将自然定向片恒温7 h,冷却至室温。经此处理后蒙脱石的层间域膨胀,$d_{(001)}$ 可达1.8 nm。

② 加热片(550 ℃)。在(550 ±10)℃ 条件下将乙二醇饱和片恒温2 h,自然冷却至室温。经处理后,若伊利石的1.0 nm峰强度下降太大,则应通过实验确定加热温度与恒温时间。

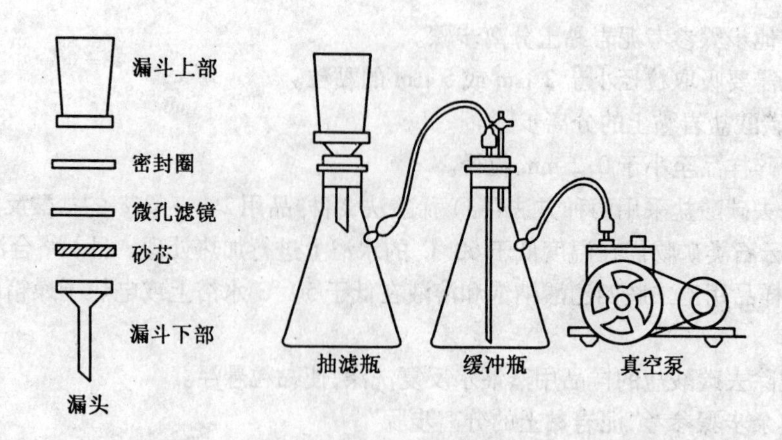

图2.9　抽滤漏头和装置

3. 特殊片制备

(1) 盐酸片(HCl)。加6 mol/L的盐酸于40 ~ 50 mg样品中,在80 ~ 100 ℃水浴上处理15 min,冷却后离心洗涤至无氯离子。制片方法同干样法。经此处理后绿泥石将消失(除去绿泥石),此方法鉴别绿泥石和高岭石。

(2) 钾离子饱和片(KCl)。称40 mg 样品放入试管中,加入1 mol/L的氯化钾溶液7 mL,饱和三次后用蒸馏水洗涤至无氯离子。制片方法同干样法。

2.1.5　一般黏土矿物的定性分析

1. 定性的依据

用X射线衍射曲线鉴定黏土矿物的基本依据是单位构造层所形成的底面(001)的面网间距 $d_{(001)}$ 及次级衍射峰 $d_{(002)}$,$d_{(003)}$,$d_{(004)}$,$d_{(005)}$,$d_{(001)}$ 相当于 d_0,辅助的依据是 $d_{(060)}$。

沉积岩常见黏土矿物的特征衍射峰及其处理前后变化的情况和5条最强衍射线、衍射峰列于表2.2和图2.10、图2.11中。

表2.2　常见黏土矿物的特征衍射峰及其处理前后的变化对比

处理方法	未处理						乙二醇饱和	550 ℃ 加热	HCl处理
d/nm	$d_{(001)}$	$d_{(002)}$	$d_{(003)}$	$d_{(004)}$	$d_{(005)}$	$d_{(006)}$	$d_{(001)}$	$d_{(001)}$	$d_{(001)}$
高岭石	0.72	0.36	0.24	—	—	0.15	0.72	消失	0.72
伊利石	1.00	0.50	0.33	0.25	—	—	1.00	1.00	1.00
蒙脱石	1.2 ~ 1.5	—	0.40 ~ 0.50	0.24 ~ 0.30	—	—	1.80	0.96 ~ 1.00	—
绿泥石	1.42	0.71	0.47	0.35	0.28	0.15	1.42	1.38	消失

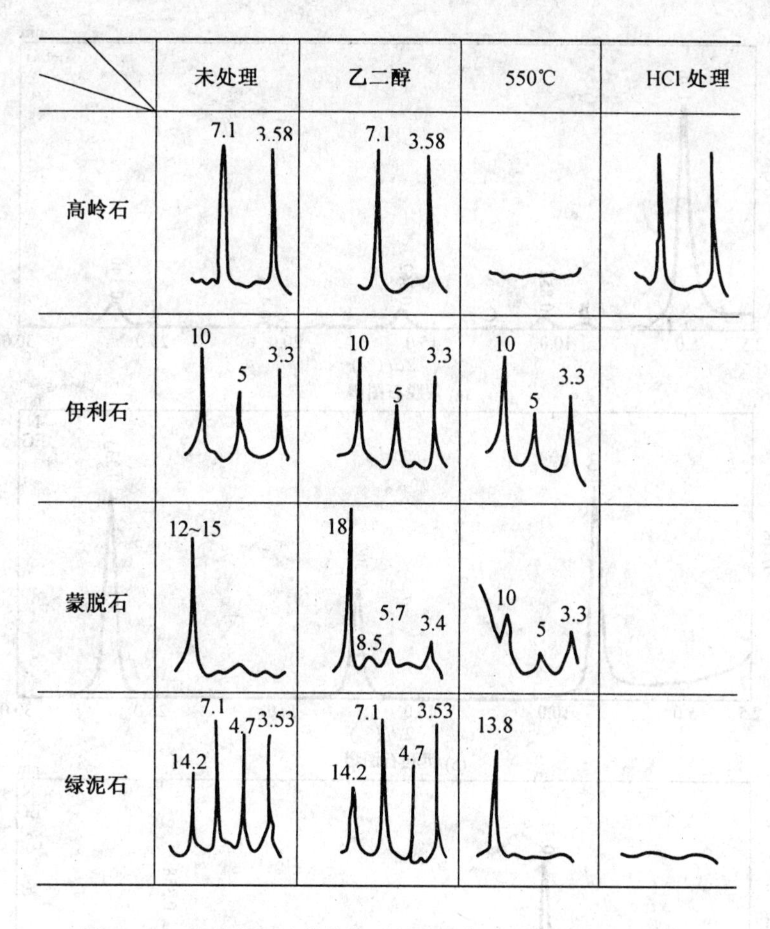

图 2.10　常见黏土矿物的底面特征衍射及其处理前后的变化

2. 定性的方法

根据表 2.1 和图 2.10，在 X 衍射图谱上鉴定常见黏土矿物方法如下：

(1) 在天然样品的衍射曲线上，高岭石的 $d_{(001)}$，$d_{(002)}$ 和绿泥石的 $d_{(002)}$ 和 $d_{(004)}$ 重合；蒙脱石的 $d_{(001)}$ 和绿泥石的 $d_{(001)}$ 可能重合，不能区分。

(2) 利用乙二醇饱和后的衍射图可以立即把蒙脱石鉴别出来。此时如有蒙脱石，则它将吸附乙二醇而膨胀，出现 $d_{(001)}$ 达 1.8 nm 的衍射峰。

(3) 利用样品 550 ℃ 下加热的衍射图可把绿泥石区分出来。这时只有绿泥石才会保留有 $d_{(001)}$ 为 1.38 nm 的衍射峰。

(4) 在上述 3 种情况下若均出现 1.0 nm，0.50 nm 和 0.33 nm 3 个衍射峰，则有伊利石无疑。

(5) 用 HCl 处理后的衍射，则可把高岭石和绿泥石区别开，此时，绿泥石的衍射峰均消失。只有高岭石仍保有 0.71 nm 和 0.36 nm 的衍射峰。

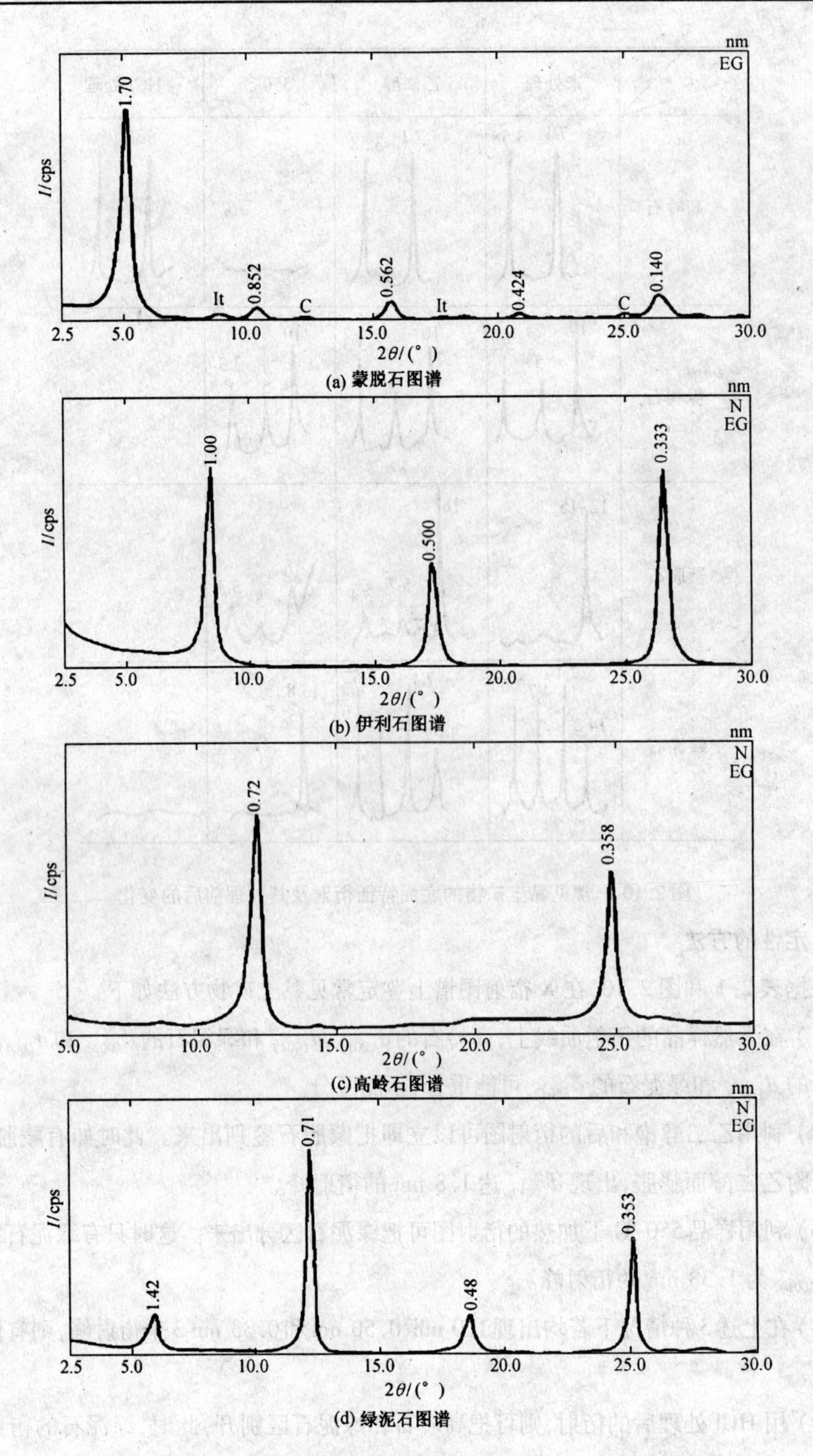

图 2.11　典型黏土矿物的自然定向片、乙二醇饱和片 X 射线衍射图

(SY/T 5163—1995)

2.1.6　半定量分析

由于各种黏土矿物性质差异很大,样品状况和实验条件也有变化,因而使得衍射峰强度与其所代表的含量之间并不是呈简单的比例关系,故根据衍射图一般只能做黏土矿物的半定量分析。尽管如此,半定量黏土矿物数据已能够满足许多地层学和沉积学方面的研究需要了。黏土矿物的半定量方法介绍如下:

(1) 取得乙二醇饱和的黏土定向薄膜衍射图。

(2) 测得底面主衍射峰高和次级衍射峰高。

① 蒙脱石 1.8 nm 峰高记为 h_M;

② 伊利石 1.0 nm 峰高记为 h_I;

③ 高岭石 + 绿泥石(二者重叠)0.7 nm 峰高记为 h_{K-Ch};

④ 绿泥石的 $d_{(004)}$0.353 nm 峰高记为 h_{Ch};

⑤ 高岭石的 $d_{(002)}$0.358 nm 峰高记为 h_K。

(3) 令

$$h_M + 4h_I + 2h_{K-Ch} = h \tag{2.4}$$

用 M,I,K,Ch 分别代表蒙脱石、伊利石、高岭石和绿泥石的质量分数(%),则各矿物的质量分数计算如下:

$$M = \frac{h_M}{h} \times 100\% \tag{2.5}$$

$$I = \frac{4h_I}{h} \times 100\% \tag{2.6}$$

$$K + Ch = \frac{2h_{K-Ch}}{h} \times 100\% \tag{2.7}$$

$$Ch = \frac{h_{Ch}}{h_K + h_{Ch}}(K + Ch) \tag{2.8}$$

$$K = \frac{h_K}{h_K + h_{Ch}}(K + Ch) \tag{2.9}$$

2.1.7　黏土矿物分析及 X 射线衍射分析在石油地质中的应用

X 射线衍射分析法是鉴定矿物尤其是鉴定黏土矿物最基本的也是最重要的方法之一,而黏土矿物资料在石油地质研究中有多方面的应用。

1. 成岩阶段划分

由于不同成岩阶段黏土矿物组成具有不同的组合特征,据此可以对地层的成岩阶段进行划分,这方面有大量文献,也可参考行业规范(SY/T 5477—2003)。如松辽盆地内黏土矿物的演变特征,可将松辽盆地白垩系泥岩划分为早、中、晚 3 个成岩阶段。早成岩阶段以普遍存在蒙皂石为特征,中成岩阶段以普遍存在混合层黏土为标志,晚成岩阶段则以绿泥石的出现为标志。

2. 古环境

国内外许多学者对黏土矿物与沉积环境的关系曾进行过研究与讨论,现代沉积物中黏土矿物组成常常能较好地反映物源区迁流盆地的母岩性质和气候特征。但是对于沉积岩来说,由于成岩作用带来的影响使得用黏土矿物推断古环境时往往比对现代沉积物的研究要困难得多。通过对中国含油气盆地泥岩黏土矿物的研究总结出以下两方面的途径:一是应用泥岩碎屑高岭石含量的变化推断古气候、沉积相带等古环境;二是利用黏土矿物演化序列来判断古水介质性质。运用这两种研究途径均收到了良好效果。

3. 地层划分与对比

古环境等地质条件的变化是利用黏土矿物进行地层划分与对比的基础,尤其是对于缺少古生物化石的层系更显示出黏土矿物资料划分与对比地层的优越性。例如,利用碎屑高岭石的含量对于松辽盆地下白垩统青山口组与姚家组以及青山口组二段与三段之间地层对比则很有效;又如,利用高岭石含量、高岭石/(高岭石+绿泥石)比值、伊利石结晶度、伊利石/蒙皂石间层比及黏土矿物伴生矿物沸石类矿物等诸多参数对于准噶尔盆地二叠一石炭系与上覆三叠一侏罗系地层划分、对比起到重要作用。另外,伊利石结晶度在一定条件下,能够比较准确地反应岩石的变质程度,对于研究浅变质,明确变质界限具有重要的意义。

4. 油层物性

大量研究资料表明,储层中黏土含量、黏土矿物组成及其相对含量、间层矿物类型及间层比、成因、分布、形态及产状等特征,直接影响储层孔隙结构、孔隙度、渗透率、含油饱和度及油井产量。

5. 盖层评价

盖层黏土总的含量、黏土矿物成分、分布特征等指标与盖层性质、盖层好坏均有密切关系。

6. 钻采工程方面

在油气钻井、完井及开发过程中,黏土矿物容易发生应力敏感、水敏、盐敏、速敏、酸敏、碱敏、热敏等现象,导致在钻井过程中含大量黏土矿物的泥页岩层段水化膨胀而垮塌,以及在完井、油层开发中发生阳离子交换、微粒运移、无机盐沉淀、矿物相转变等作用伤害储层。因此,研究黏土矿物特征在油田开发及油气藏保护中也具有重要意义。

7. X 射线衍射技术在石油地质中的其他应用

随着测量技术的发展,X 射线衍射法在造岩矿物、岩组学、类质同象和结晶度的测定等领域发挥的重要作用;在矿物结晶过程中的研究、矿物表面研究、矿物定量相分析和矿物晶体结构测定方面均有新的应用;还是鉴定和识别矿物的可靠方法及宝石鉴定有效方法。

2.2 热分析

热分析是指在温度可控制的条件下测定一种物质的物理性质随温度的变化而对其进行定性和定量分析的技术和方法。目前,热分析方法有十余种。沉积岩研究中常用的是差热分析(DTA)、热重分析(TG)以及微分热重分析(DTG)3 种分析。大多数热分析仪器可同时进行这 3 种分析。

热分析实质上是一类多学科通用的分析测试技术。它所能应用的领域极广,包括无机、有机、化工、冶金、陶瓷、玻璃、医药、食品、塑料、橡胶、土壤、炸药、地质、海洋、电子、能源、建筑、生物及空间技术等。本书只介绍热分析的原理及其在黏土矿物分析中的应用。

2.2.1　差热分析

差热分析是热分析中最基本的分析方法,应用也最广,特别是对黏土矿物、碳酸盐矿物和自生二氧化硅矿物的分析。

1. 基本原理

差热分析是在程序控制温度下测量样品和参比物质之间的温度差与温度关系的一种技术。所绘出的差热曲线记录的是样品与参比物质之间的温度差(Δt)随系统温度或时间的变化关系,即把温差作为温度(或时间)的函数来研究。参比物质是在一定的温度范围内(一般是室温至1 500 ℃)不发生任何物理和化学变化的热稳定物质,常用的有α-Al_2O_3(刚玉粉)、MgO,或者是焙热过的纯高岭土和白云母等。参比物质在加热过程中其温度随系统温度而直线上升,同系统温度一致,如图2.12所示;而样品在加热过程中可能出现放热和吸热反应,其温度可能瞬时升高(放热)或降低(吸热)。若样品温度出现瞬时升降,则其将同参比物质之间出现温差。如图2.12(b)所示,当样品放热时,样品温度高

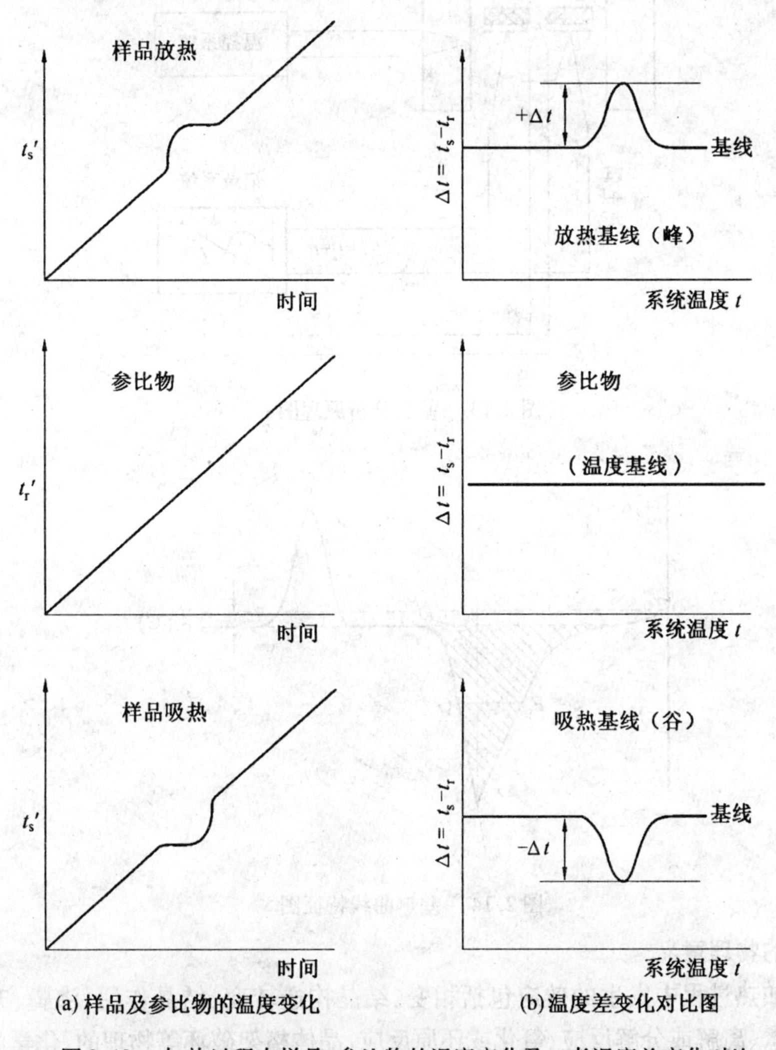

(a)样品及参比物的温度变化　(b)温度差变化对比图

图2.12　加热过程中样品、参比物的温度变化及二者温度差变化对比

于参比物质温度，温差 Δt 为正，差热曲线出现放热峰；当样品发生吸热反应时，样品温度低于参比物质，Δt 为负，差热曲线则出现吸热谷。

2. 仪器结构

差热分析技术的关键是用温差热电偶测出样品与参比物之间的温差 Δt。图 2.13 是差热分析仪的原理图。仪器主要由 3 部分组成：电炉（包括样品架及坩埚）、测温计及温差热电偶，其他还有温度控制器及差热曲线记录仪。现在的仪器中多配有微机数据处理系统。由图 2.13 可知，样品和参比物分别放置于温差热电偶的两个接点上，只要样品温度 t_s 和参比物温度 t_r 有差别，即 $\Delta t = t_s - t_r$，就会有温差电流。温差电流通过电路控制记录笔上下移动，从而给出如图 2.14 所示的差热曲线特征图。

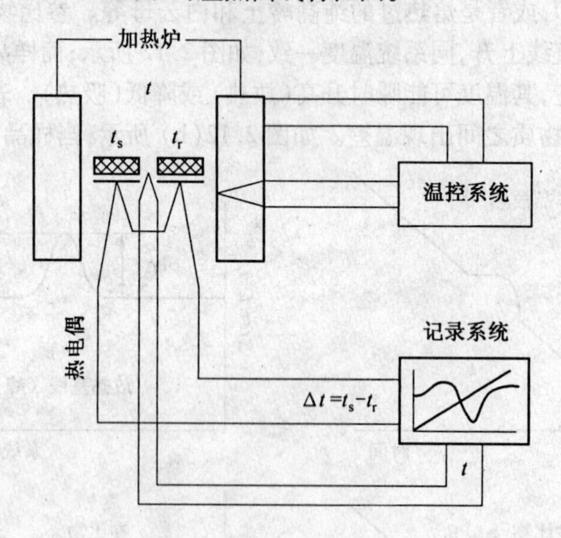

图 2.13　差热分析原理图

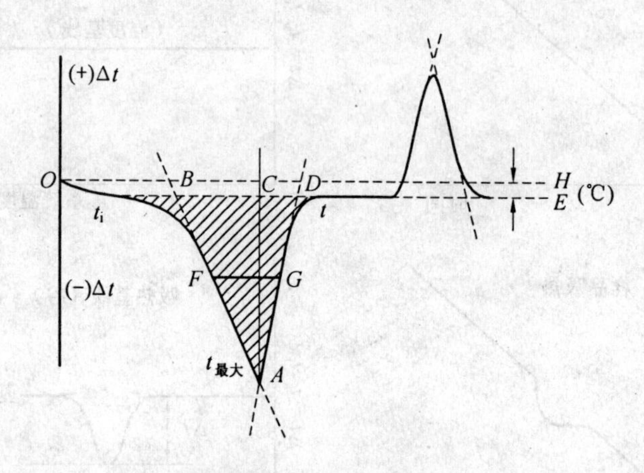

图 2.14　差热曲线特征图

3. 曲线的物理意义

矿物在加热过程中发生的效应包括相变、结晶构造转变、结晶作用、沸腾、升华或气化、熔融、脱水、离解或分解反应、氧化或还原反应、晶体格架破坏等物理的、化学的反应。一般来说，相变、脱水、还原和某些分解反应吸收热量，而结晶作用、氧化和某些分解反应放出热量。

差热分析的记录结果称为差热分析曲线(即DTA曲线,图2.14),图2.14中OH为原始坐标轴并称之为零线,如果所研究物质与参比物质的热学性质不同,则所记录的差热曲线向上或向下偏离零线,这条偏移线称为基线(图2.14中的OE)。理想的基线与零线几乎重合或近乎平行。假如在加热过程中发生吸热或放热效应,其相应产生的温差将使曲线偏离基线向下或向上倾斜,反应结束后又返回基线位置。一般向基线以下偏离者为吸热效应,相应的曲线向下弯曲,称为吸热谷,用(-)表示;由基线向上偏移者为放热效应,其曲线称为放热峰,用(+)表示。差热曲线包括如下几何要素:

(1)热效应的初始温度t_i,即差热曲线开始偏离基线的温度。

(2)热效应的最大温度值$t_{最大}$(或峰温的顶点、极点),对吸热谷来说是最低点,对放热峰来说是最高点,即偏离基线的最大偏离温度。

(3)热效应的最终温度t_f。

(4)热效应的温度范围$t_f - t_i$。

(5)热效应的幅度(峰谷的高或深),图2.14中CA表示偏离基线的最大值,即点A坐标或温差Δt。

(6)热效应的面积S,包含在基线和曲线之间的面积。

(7)热效应的形态指数I,表示对称程度或对称性,$I = CD/CB$。

(8)基线漂移即图2.14中H,E的间距。

(9)热效应峰(或谷)的半高宽FG。

在一般情况下,每种矿物的热效应曲线都有其独自的几何要素,它们和热效应的数量、符号、放热和吸热排列顺序、连续性以及热效应的可逆和不可逆性共同组成差热曲线的特征,这些特征是鉴别不同矿物的依据。

2.2.2　热重分析及微分热重分析

热重分析(TG)是在可调速度的加热或冷却环境中,测量温度改变时,物质质量的变化即是把物质的质量作为温度(有时也用时间)的函数来记录的一种分析方法。

矿物在加热过程中发生质量变化的原因,主要是挥发组分H_2O,CO_2,SO_2等的逸出及一些化学反应。通常氧化反应使质量增加,挥发组分的逸出使质量减少。

热重分析的记录曲线称作热重曲线(TG曲线),纵坐标表示质量,从上向下为减重,横坐标一般为温度t,如图2.15中的b线。

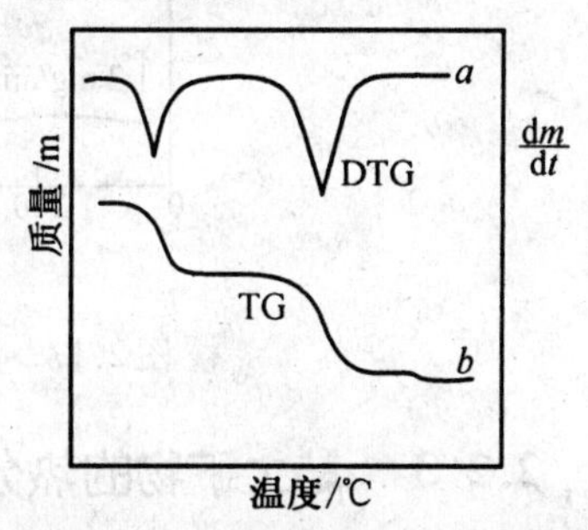

图2.15　热重曲线(TG)、微分热重曲线(DTG)比较

微分热重分析(DTG)指给出热重曲线对温度(有时也对时间)的一阶导数(微商)的分析方法,其记录为微分热重曲线。即微分热重分析测量的是质量随温度或时间的变化率,如图2.15中的a线。DTG曲线有如下优点:

①DTG曲线和DTA曲线都很容易用同一装置获得。

②DTA 曲线热效应的温度范围较宽,这是因为在热效应发生以后,继续对样品加热造成的,而 DTG 曲线则可准确地记录热效应开始和结束的温度,以及质量变化最快的温度,即热效应的顶点。

③ 一些温度范围狭窄的热效应在 DTA 曲线上常无法分开,而被解释成一个单独的热效应。但在 DTG 曲线上,这些热效应可被尖锐的极点分开,因而能更好地判断热效应的数量。

④ 由于 DTG 是 TG 曲线的微商,因而能更准确地反映质量的变化和进行更精确的定量计算。

⑤ 微分热质量法还可用来研究一些差热分析无法研究的组分。如一些有机物的加热分解可使 DTA 分析失败,但其质量变化可由 DTG 记录下来。

目前,由于大多数仪器均采用 DTA - TG - DTG 联合分析技术,因而分析结果中常同时出现 DTA,TG 和 DTG 曲线,使人们更能直观地分析在矿物加热过程中热效应和矿物质量的相关变化,如图 2.16、图 2.17 所示。

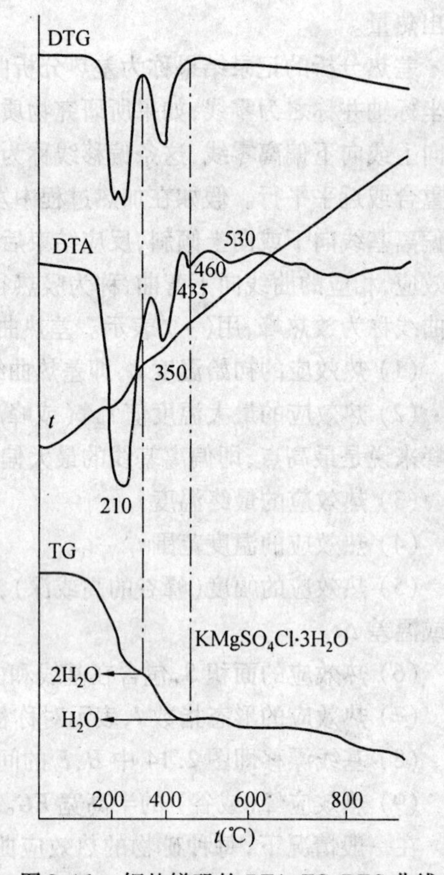

图 2.16 钾盐镁矾的 DTA,TG,DTG 曲线

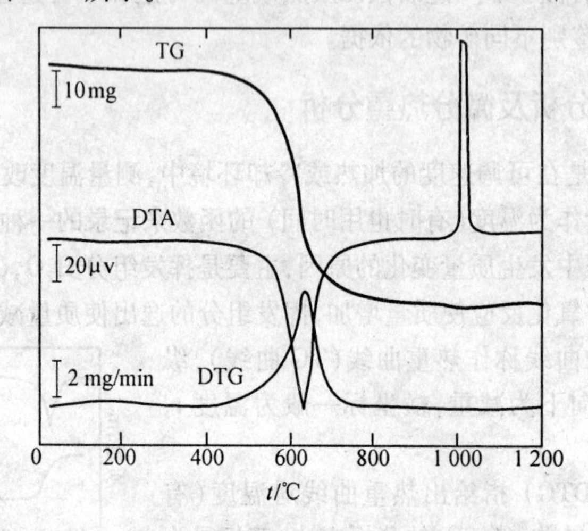

图 2.17 结晶好的高岭石的 TG,DTA,DTG 曲线

2.2.3 黏土矿物的热分析

要求样品是已从岩石中分离出来的、干燥好的黏土矿物,一般用样量数十毫克。由于黏土矿物不十分稳定,在样品受热时很容易产生吸热和放热反应而呈现特征明显的差热

曲线(DTA)、热重曲线(TG)和微分热重分析曲线(DTG),特别是 DTA 曲线更为常用,一般可以迅速地判别出几种常见的黏土矿物。4 种常见黏土矿物的差热曲线示于图 2.18 中。对于常温至 1 000 ℃之间的黏土矿物 DTA 曲线大致解释如下:

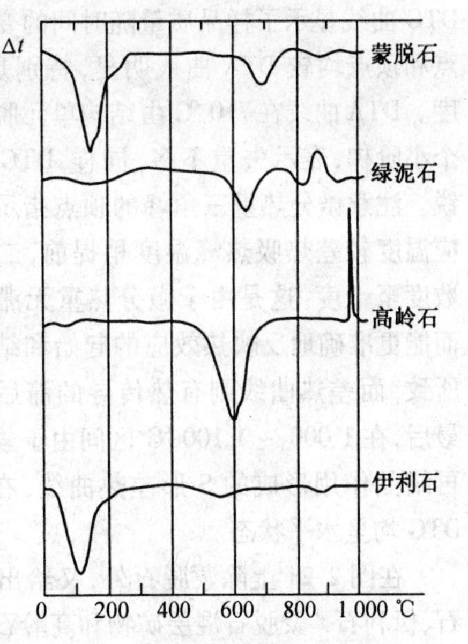

图 2.18　常见黏土矿物的差热曲线

(1) 在 100 ~ 200 ℃之间出现的吸热谷是由表面吸着水、层间水的脱水作用引起的,在蒙脱石和伊利石中表现明显。如图 2.5 中显示,蒙脱石的层间含有数量不定的层间水。

(2) 在 500 ~ 700 ℃之间表现出不同程度的吸热效应,有一吸收峰,是由矿物晶格内部羟基(OH)脱出所引起的,高岭石的(OH)基多数在结构单元层表面(图 2.5),较容易脱出,故该吸热谷温度较低,在 610 ℃左右。相反,绿泥石、蒙脱石的(OH)基则在结构单元层内部,较难脱出,该类吸热谷温度较高,在 660 ℃和 710 ℃左右。伊利中(OH)基结合牢固,这一吸热峰不明显。

(3) 在 900 ~ 1 000 ℃区段,均有一放热峰,高岭石最明显(图 2.19)。这是由黏土矿物分解形成氧化铝的再结晶作用所致。在分解而形成新矿物相氧化铝以前均有一个小的吸热谷,以绿泥石最明显(约 820 ℃),蒙脱石、伊利中次之,高岭石最弱。

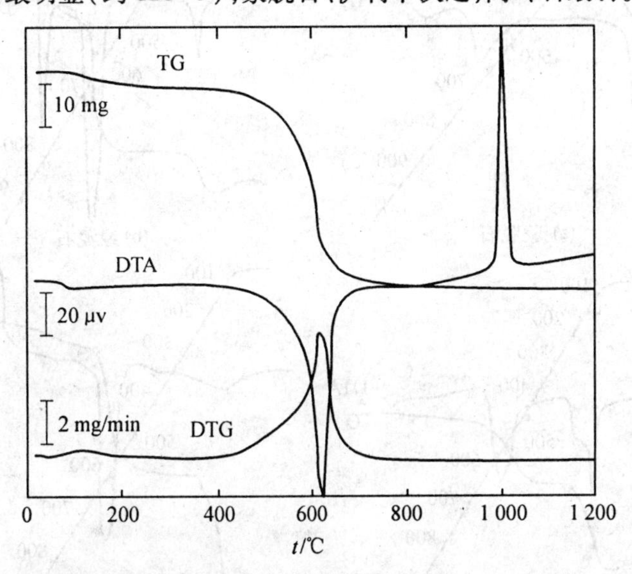

图 2.19　结晶差的高岭石的 TG、DTG 和 DTA 曲线

关于黏土矿物的热重分析曲线(TG)和微分热重曲线(DTG)的解释同其差热分析曲线(DTA)相似,例如图 2.20 中的蒙脱石的 TG 和 DTG 曲线,在其 DTA 曲线上于 200 ℃有一脱水(吸附水)作用形成的吸热谷,蒙脱石脱水而必然失去质量,所以在 TG 曲线上相应地出现了一个质量急剧减小的陡峭的失重阶梯,此后样品又保持恒重。这一效应,在

DTG 曲线显示了样品质量随时间的变化率，由失重到恒重形成一对称的三角峰，峰的起点和顶点均较 DTA 曲线明显，特别是峰顶尖锐，能准确地表示出脱水的起始和结束温度。DTA 曲线在 710 ℃ 由结构单元脱羟基(OH)作用形成的吸热峰，在 TG 曲线上出现一个小阶梯，表示失重不多，同样，DTG 曲线上的微分热重三角峰也较小，但较吸热谷尖锐。注意微分热重三角峰的顶点指示的热效应温度较差热吸热峰温度稍提前，二者相差数度至十度，这是由于微分热重无滞后效应而能更准确地反映热效应的起始和结束时间所致，而差热曲线则有热传导的滞后效应。最后，在 1 000 ~ 1 100 ℃ 区间由于蒙脱石的再结晶作用形成的 S 形差热曲线，在 TG 和 DTG 均呈水平状态。

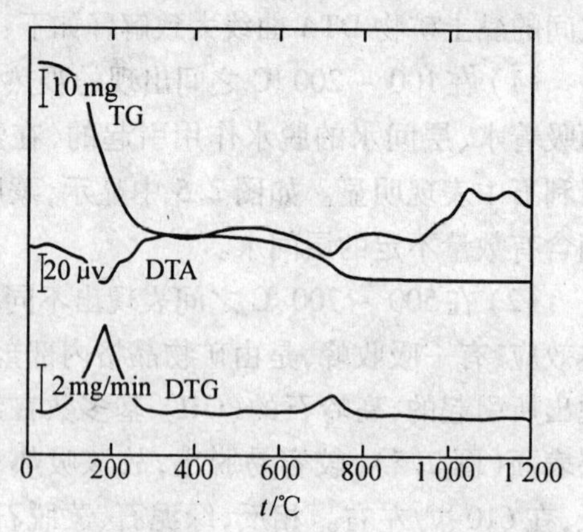

图 2.20　蒙脱石的 TG、DTG 和 DTA 曲线图

在图 2.21 上除蒙脱石外，又给出了绿泥石、伊利石／蒙脱石混层矿物和高岭石的 TG、DTA 曲线，其解释方法和图 2.20 相同。

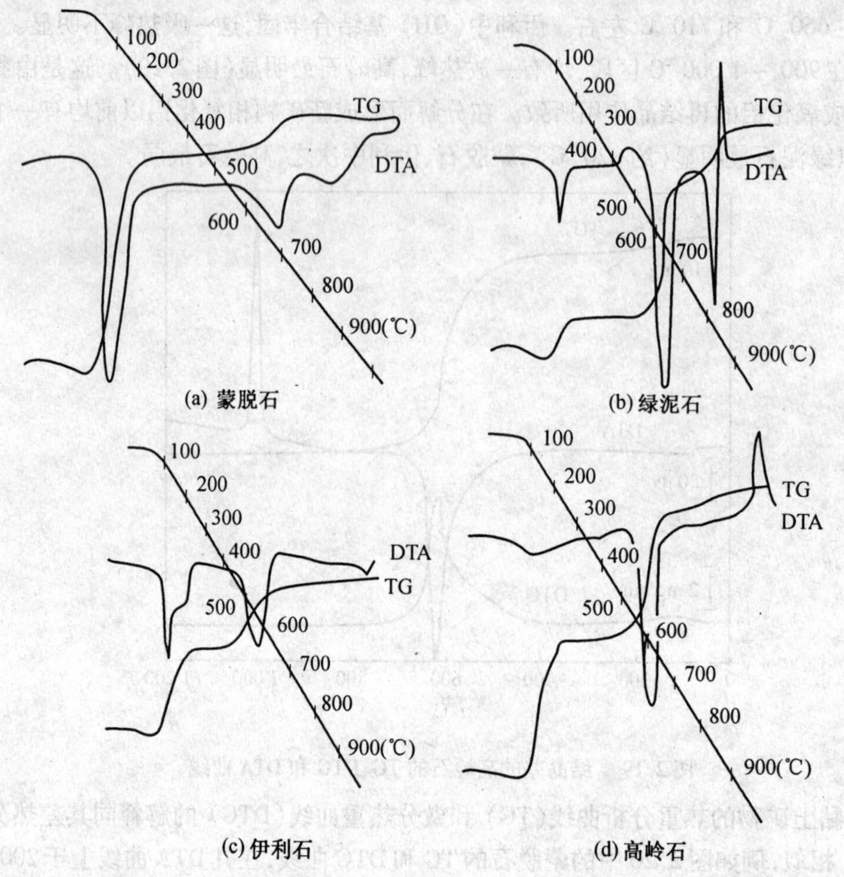

图 2.21　四种黏土矿物 TG、DTA 曲线对比(斜直线代表参比测度)

2.2.4　热分析的其他应用

从热分析技术的应用来看，19 世纪末到 20 世纪初，差热分析法主要用来研究黏土、矿物以及金属合金方面。到 20 世纪中期，热分析技术才应用于化学领域中，起初应用于无机物领域，而后才逐渐扩展到络合物、有机化合物和高分子领域中，现在已成为研究高分子结构与性能关系的一个相当重要的工具。在 20 世纪 70 年代初，人们又开辟了对生物大分子和食品工业方面的研究。

现在，热分析技术已渗透到物理、化学、化工、石油、冶金、地质、建材、纤维、塑料、橡胶、有机、无机、低分子、高分子、食品、地球化学、生物化学等各个领域。所以，有人说热分析技术并不是某一行业或几个行业专用的，几乎所有行业都可以用得上。因为，任何物质从超低温到超高温的程序温度控制下，总有热效应产生，而且还不止一个。这种热效应就成了表征物质变化过程的特征图谱。

需要说明的是，近些年来，热分析技术在石油地质领域的应用少见报道，也没有形成国家或行业规范。但作为一项应用广泛的分析技术，笔者认为在本书中还是有必要介绍的。

2.3　红外吸收光谱

红外光谱分析是现代仪器分析中历史悠久并且还在不断发展的分析技术，对于未知物的定性、定量以及结构分析都是一种非常重要的手段，广泛应用于药物、染料、香料、农药、感光材料、橡胶、高分子合成材料、环境监测、法医鉴定等领域。近年来，由于红外光谱技术的不断发展，红外光谱仪的不断完善，红外光谱和色谱、核磁共振、质谱的连用为红外光谱的应用开辟了更为广阔的途径。

红外吸收光谱又称为分子振动光谱，这是因为分子振动、转动能级跃迁所吸收的电磁波谱正好处于红外区。波长在 0.76 ~ 1 000 μm 间的电磁波称为红外线，这个光谱区间称为红外光区。用从光源发出的连续红外线光谱照射样品，记录样品的吸收曲线而进行定性、定量分析的方法，称为红外分光光度法，样品的红外吸收曲线即红外吸收光谱。

红外吸收光谱法也称为红外分光光度法，其最突出的特点是高度的特征性，除光学异构体外，每种化合物都有自己的红外吸收光谱（特征指纹），因此它是有机物、聚合物和结构复杂的天然或合成产物定性鉴定和测定分子结构最有用的方法之一。红外光谱的优点是：① 使用范围宽，气体、固体、液体，无机、有机大分子样品均可测定；② 操作方便；③ 样品用量少；④ 不破坏样品；⑤ 重现性好。缺点是：① 定量时灵敏度低，准确性差；② 谱带复杂。

2.3.1　基本原理

1. 红外吸收光谱的产生

物质的分子（围绕其质量中心）不停地转动，其内部的原子也在其平衡位置上不断地振动，当这两种运动对其平衡点不对称时，将产生偶极矩使分子极化，偶极矩分子在外界能量激发下可以发生吸收或辐射效应。在物质成分和结构分析中利用的是偶极矩分子的吸收效应，其吸收的电磁波谱正好处于红外区，即当红外光束照射样品时，如果样品中某些化合物的分子振动频率和入射光束中红外光的频率相等则产生共振吸收。因此，当用频率连续变化的红外光来照射样品时,我们就可以观察到:有些区域的红外光被吸收了,通过样品的红外光就弱;另一些区域的红外光没有被吸收,通过样品的红外光就相对较强。如果用频率(波数)或波长做横坐标,用透过率或吸光度做纵坐标,就得到了样品的红外吸收光谱图。

2. 分子的振动形式

物质的分子处在永恒地振动中,分子中的原子或原子团存在两种基本振动形式:伸缩振动和变形(弯曲)振动。伸缩振动又可分为对称伸缩振动和不对称伸缩振动;变形振动是化学键角发生变化的振动,可以分为面内变形振动和面外变形振动,如图 2.22 所示。物质的分子由原子组成,但分子并非有坚硬的刚体,它很像是由弹簧连接起来的一组球。弹簧的强度,相当于分子中各种强度的化学键;球的大小,相当于各种质量不同的原子。因此,振动的频率与化学键的强度、原子(或原子团)的质量有关。

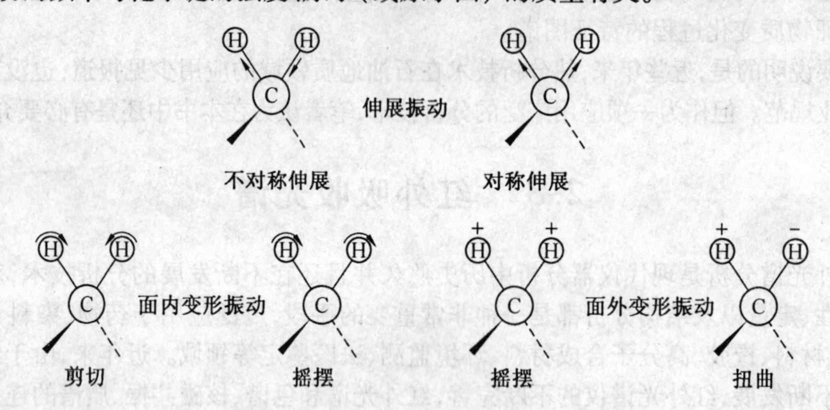

图 2.22　分子振动的 6 种基本形式

3. 分子振动的频率

在双原子单基团且简谐振动的条件下,共振频率由下式决定:

$$\upsilon = \frac{1}{2\pi c}\sqrt{\frac{k}{\dfrac{m_1 m_2}{m_1 + m_2}}} \tag{2.10}$$

式中,υ 为振动频率;c 为光速;m_1,m_2 是由化学键连接的两个原子的质量;k 是化学键的力常数,取值为:单键 4 ~ 6 $N \cdot cm^{-1}$,双键 8 ~ 12 $N \cdot cm^{-1}$,三键 12 ~ 18 $N \cdot cm^{-1}$。振动频率(υ) 通常用 1 cm 长度内的电磁波的个数表示,又称波数,单位是 cm^{-1};有时也用波长表示,单位是 μm。波数和波长的关系是:波长 = 10 000/ 波数。波长与波数的对应关系见表 2.3。

表 2.3　红外光谱分区与频率、波数关系

	近红外区	中红外区	远红外区
波长 /μm	0.76 ~ 2.5	2.5 ~ 50	50 ~ 1 000
波数 /cm^{-1}	13 157 ~ 4 000	4 000 ~ 200	200 ~ 10

由式(2.10) 可以看出:基团的质量越大,红外吸收的频率越低。实际情况也是如此,例如,羟基(O - H) 的伸缩振动频率(υ) 在 3 400 cm^{-1} 附近;而 O - D(D 为氢的同位素,^2H) 的伸缩振动频率却为 2 630 cm^{-1}。此外,基团的化学键越强,红外吸收的频率越高,

例如C—C、C═C、C≡C 这3种碳-碳键的力常数依次增加，虽然它们的质量相同，但其红外吸收光谱的频率却依次增加，分别为C—C:700 ~ 1 500 cm^{-1};C ═ C:1 600 ~ 1 800 cm^{-1}; C≡C :2 000 ~ 2 500 cm^{-1}。

注意，并非所有的分子振动都能产生红外吸收光谱，只有振动引起偶极矩变化才产生红外吸收，并且振动引起的偶极矩变化越大，红外吸收越强。

4. 红外光谱的分区

各种分子振动的红外光谱范围为0.76 ~ 500 μm，其中又可分为近红外0.76 ~ 2.5 μm、中红外2.5 ~ 50 μm和远红外50 ~ 500 μm这3个区（表2.2）。在物质成分和结构分析中使用最多的是中红外区。

5. 朗勃-比尔定律

不同结构的分子或官能团，对不同波长入射光有选择吸收的特性，表现为当有吸收现象发生时，透射光的强度相对于入射光强度变小，变小的程度用吸光度表示。公式(2.11)是吸光度的定义。物质浓度与吸光度关系遵从朗勃-比尔定律，即

$$\lg \frac{I_0}{I} = -\lg T = \varepsilon pc = A \tag{2.11}$$

式中，I_0为入射光强度；I为透射光强度；T为光的透射率；ε为吸收系数；p为样品槽厚度；c为样品质量浓度；A为吸光度。

这是红外光谱定量分析的理论依据。

6. 红外光谱的特征基团频率与分子结构的关系

人们从大量化合物的红外光谱研究中发现：不同的化合物中的同种基团都在一定的波长范围内显示其特征吸收，受分子其余部分的影响较小。通常将这种出现在一定位置，能代表某种基团的存在，且具有较高强度的吸收谱带称为基团的特征吸收带，吸光度最大值所对应的波数称为基团的特征频率。

红外光谱的最大特点是有特征性，这种特征性与化合物的化学键即基团结构有关，吸收峰的位置、强度取决于分子中各基团的振动形式和所处的化学环境（分子的其余部分）。因此，只要掌握了各种基团的振动频率及其位移规律，就可以应用红外光谱来检定化合物中存在的基团及其在分子中的相对位置。

一般而言，红外光谱可分为基频区和指纹区两大区域。

① 基频区（4 000 ~ 1 350 cm^{-1}），又称为特征区或官能团区，其特征吸收峰可作为鉴定基团的依据。

② 指纹区（1 350 ~ 650 cm^{-1}），吸收峰是由各种单键的伸缩振动以及分子骨架中多数基团的弯曲振动所引起。

2.3.2　仪器结构

根据其结构和工作原理的不同，红外吸收光谱仪可分为色散型和傅里叶变换型两大类。

常用的是色散型红外吸收光谱仪，也称双光束红外分光光度计（图2.23）。其原理就是将入射光源通过反光装置分成两路：一路经由参比池进入检测器，作为强度基准；另一路经由样品池进入检测器。两路信号经检测器叠加后再经放大器放大，最后送入计算机或记录仪记录。若经样品池的一路有吸收现象发生，则必记录到一个吸收峰。

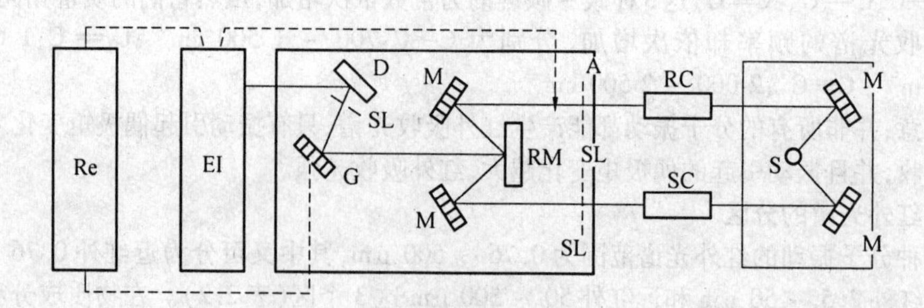

图 2.23 红外光谱仪的结构示意图

S— 光源;M— 反射镜;SC— 样品池;RC— 参比池;A— 衰减器;RM— 旋转镜;
SL— 狭缝;G— 光栅或棱镜;D— 检测器;EI— 电子放大器;Re— 记录仪

2.3.3 试样的制备

1. 气体样品

气体样品是在气体池中进行测定的,先把气体池中的空气抽掉,然后注入被测气体进行测定。

2. 液体样品

测定液体样品时,使用液体池,常用的为可拆卸池,即将样品直接滴于两块盐片之间,形成液体毛细薄膜(液膜法)进行测定。对于某些吸收很强的液体试样,需用溶剂配成浓度较低的溶液再滴入液体池中测定。选择溶剂时要注意溶剂对溶质有较大的溶解度,溶剂在较大波长范围内无吸收,对液体池的盐片无腐蚀性,与溶质不发生反应等。常用的溶剂为二硫化碳、四氯化碳、三氯甲烷、环己烷等。

3. 固体样品

(1) 压片法。把 1 ~ 2 mg 固体样品放在玛瑙研钵中研细,加入 100 ~ 200 mg 磨细干燥的碱金属卤化物(多用 KBr) 粉末,混合均匀后,研磨 3 ~ 5 min,加入压模内。在压片机上边抽真空边加压,制成厚约 1 mm,直径为 10 mm 左右的透明片子,然后进行测定。沉积岩矿物成分测定多使用此法。

(2) 糊状法。将固体样品研成细末,与糊剂(液体石蜡油) 混合成糊状,然后夹在两盐片之间进行测定。用石蜡做糊剂不能用来测定含有饱和碳氢键的样品,可以采用六氯丁二烯代替石蜡油做糊剂。

(3) 薄膜法。把固体样品制成薄膜来测定。薄膜的制备有两种:一种是直接将样品放在盐片上加热,熔融样品涂成薄膜;另一种是先把样品溶于挥发性溶剂中制成溶液,然后滴在盐片上,待溶剂挥发后,样品遗留在盐片上而形成薄膜。

2.3.4 岩石有机质及原油红外光谱分析方法

根据 SY - T 5121—1986(2005) 编写。本标准适用于分析岩石中可溶有机质、原油及其各组分(饱和烃、芳烃、胶质、沥青质),但岩石中不可溶有机质(即干酪根),还可以分析煤、热解产物及液相色谱所分离出来的各馏分等样品中的有机质官能团,如 CH_2,CH_3,C ═ C,NO_2,C—O,OH 等,从而获得有关物质结构的信息。

1. 原理

当一束具有连续波长的红外光照射到某一物质时,该物质分子中的原子或原子团振动的偶极矩发生变化，产生共振而吸收一部分光能，将其透过的光用单色器进行色散，就可以得到红外吸收光谱。根据不同物质的特征吸收光谱定性，根据谱峰强弱定量。

2. 仪器设备、材料和试剂

红外分光光度计，凡横坐标为4 000 ~ 2 000 cm^{-1} 的精度为4，为2 000 ~ 200 cm^{-1} 的精度为2，纵坐标精度不大于1% 透过率的红外分光光度计均可使用；分析天平，感量0.1 mg、0.01 mg；红外快速干燥箱；压片机；小型抛光机；玛瑙研钵；溴化钾晶片；氯仿（分析纯）；溴化钾（分析纯）。

3. 样品制备

(1) 对分析样品的要求。

岩石中可溶有机物、原油及其组分、不溶有机物（即干酪根）应按有关标准获得。可溶有机物及组分应在10 ℃ 以下保存，并于接样后的一个月内进行红外光谱分析。不溶有机物及煤样、沥青质等固状样品，分析前应在80 ℃ 以下烘干。

用于原油对比之油样，经脱水去砂后直接分析。油源对比之原油样需经205 ℃ 切割处理。

(2) 涂片。

凡糊状及半糊状物质采取涂片法分析时，一律采用溴化钾晶片，晶片应平直，无明显划痕，用氯仿溶解样品后均匀涂于晶片中央，待氯仿挥发完（可在低温红外干燥箱中80 ℃以下烘烤）后上架进行红外测定。每分析完一个样品，用氯仿清洗晶片，并在绒布上擦洗干净。若有污染，则必须抛光、除污后方能使用。

(3) 压片。

凡固状物质采用压片法分析时，用感量0.01 mg的天平称样，用感量为0.1 mg的天平称溴化钾，样品与溴化钾之比为1：150。所用溴化钾整体必须无杂质峰及1 630 cm^{-1} 水（无）吸收峰。压出的片子必须透明无明显黑点。

4. 样品测定

测定步骤按仪器说明书操作方法进行。

5. 计算

(1) 基线联结。

采用分段基线法，如图2.24 所示。

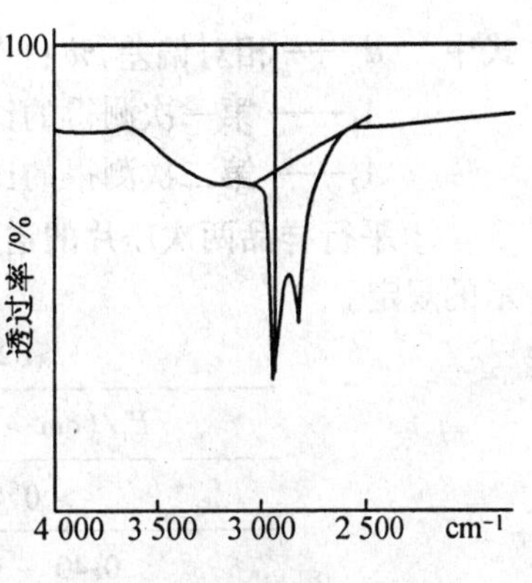

图2.24　基线连接示意图

芳核 C—H、脂肪族烷基的 C—H 伸缩振动吸收峰3 050 cm^{-1}，2 960 cm^{-1}，2 920 cm^{-1}，2 860 cm^{-1} 的前峰及后峰最大透过率处相连。

羰基 C ═ O、羧基 COOH 及芳环中的 —C—C— 振动吸收峰1 740 cm^{-1}，1 700 cm^{-1}，1 650 cm^{-1}，1 600 cm^{-1} 的前峰及后峰最大透过率处相连。

脂族烷基的 C－H 变形振动吸收峰1 460 cm^{-1}，1 380 cm^{-1} 的前峰及后峰最大透过率处相联。

1 300 ~ 1 000 cm^{-1} 之间的含氧硫官能团 C—O、S—O、—O— 的吸收峰，其峰谷若十分明显，采取1 300 ~ 1 000 cm^{-1} 前峰及后峰最大透过率处相连，若这组峰呈“大”形，则不进行该段吸收峰光密度值之测量。

芳核上 C—H 及开链烷烃或芳烃、胶质侧链上 $\{CH_2\}_n$ 的 C—C 骨架振动或 $\{CH_2\}_n$ 的弯曲振动吸收峰 880 cm^{-1},810 cm^{-1},750 cm^{-1},720 cm^{-1} 的前峰及后峰透过率最大处相连。

(2) 吸收峰光密度值计算。

涂片法吸收峰光密度值计算方法是,划出各峰顶与 100% 线之垂线(图 2.24),读出垂线与基线交点的光密度值。将峰顶光密度值减去交点的光密度值即为该吸收峰的表观光密度值 E_0。压片法吸收峰光密度值按涂片法吸收峰光密度值的做法,求得各峰的表观光密度值,再按下式求出各峰单位面积质量的光密度值 E_1:

$$E_1 = \frac{E_0 \pi r^2}{m} \tag{2.12}$$

式中 E_1—— 校正后的光密度值;

m—— 称样量,mg;

π—— 圆周率,取 3.14;

r—— 片子半径,cm;

E_0—— 表观密度值。

6. 质量标准

(1) 除干酪根压片法的谱图吸收峰透过率在 10% 以上外,其余样品应提交数据的吸收峰其透过率须为 20% ~ 80%。

(2) 计算结果的要求。

① 对于平行样品两次涂片的图谱中 1 380 cm^{-1}/1 460 cm^{-1} 的比值,其相对偏差不超过 ±15%。计算式如下:

$$d = \frac{A_1 - A_2}{A_1 + A_2}$$

式中 d—— 相对偏差,%;

A_1—— 第一次测得的比值;

A_2—— 第二次测得的比值。

② 平行样品两次压片的谱图中 2 920 cm^{-1} 吸收峰的校正光密度值 E_1 应符合表 2.4 所示的规定。

表 2.4 两次平行实验 E_1 值质量要求

$E_1/(cm^2 \cdot mg^{-1})$	相对偏差 /%
> 0.40	±10
0.40 ~ 1.10	±20
< 0.10	±25

7. 提供资料的内容

每个样品提交 4 000 ~ 600 cm^{-1} 全波段扫描谱图一张。

提交谱图上各峰 E_0(涂片法) 及 E_1(压片法) 数据表一份。氯仿抽提物(不包括它的各组分) 可不提交 2 920 ~ 2 860 cm^{-1} 组峰的 E_0 值。涂片法 E_0 值要注明只能采用吸收峰光密度比值进行各样品的对比。干酪根压片法的 E_1 值要注明已扣或未扣灰分的质量。

2.3.5　红外吸收光谱在石油地质中的应用

1. 黏土矿物的红外吸收光谱分析

用红外光谱鉴定黏土矿物，具有操作简便、速度快、用量少(0.1 ~ 2.0 mg)、灵敏度高等优点。

用红外光谱图对矿物进行鉴定，主要根据是吸收带的轮廓、数目、频率及强度。每种黏土矿物都有特征的红外吸收带，而且这些特征吸收带与黏土矿物的对应关系是严格的。这些特征吸收带的频率及强度除与组成黏土矿物的各原子质量及化学键的性质有关外，也与分子的结构有关。较强的特征吸收带与黏土矿物所含的络阴离子团的成分及对称型密切相关。两种黏土矿物只要组成成分的相对原子质量不同，或化学键性质不同，或结构有差异都会使得到的红外光谱图产生差异。黏土矿物成分复杂、颗粒微细，一般方法分离鉴定较为困难，红外光谱法不需分离就可进行初步鉴定，因此是鉴定黏土矿物的手段之一。

用红外吸收光谱鉴定黏土矿物的基本依据是层间水和结构单元层内羟基(—OH)引起的原子团吸收带和Si—O振动引起的指纹吸收带，由表2.5可知，前者在2 000 ~ 3 750 cm^{-1}区域，后者在400 ~ 1 100 cm^{-1}区域，较强的Si—O振动一般产生在1 000 cm^{-1}处。

表2.5　矿物中原子团振动频率

原子团	伸缩振动 /cm^{-1}	弯曲振动 /cm^{-1}	原子团	伸缩振动 /cm^{-1}	弯曲振动 /cm^{-1}
XOH	3 750 ~ 2 000	1 300 ~ 400	SiO_4	1 200 ~ 1 100	700 ~ 600
H_2O	3 660 ~ 2 800	1 650 ~ 1 590	PO_4	1 200 ~ 900	600 ~ 500
NH_4	3 330 ~ 2 800	1 500 ~ 1 390	VO_4	915 ~ 730	
CO_3,HCO_3	1 650 ~ 1 300	890 ~ 700	CrO_4	870 ~ 700	< 500
BO_6	1 460 ~ 1 200	800 ~ 600	WO_4、MoO_4	850 ~ 740	< 500
BO_4	1 100 ~ 850	800 ~ 600	MoO_6	1 000 ~ 750	
SiO_4	1 250 ~ 900	< 500	WO_6	900 ~ 700	
SiO_6	950 ~ 600	AsO_4	850 ~ 730	< 500	

以高岭石为例(图2.25)，3 700 cm^{-1}是结构单元表层(—OH)振动，3 620 cm^{-1}是结构层内部(—OH)振动。对于Si—O而言，900 ~ 1 100 cm^{-1}的吸收是伸缩振动引起，四面体的Al置换Si，使波数延伸至1 100 cm^{-1}；430 ~ 460 cm^{-1}附近是Si—O摆动所致，668 cm^{-1}附近多半是八面体中心被三价阳离子占据后R^{3+}—OH振动引起的吸收。

虽然每种矿物都有其固有的特征红外光谱图，但黏土及黏土矿物多以两种以上的黏土矿物及非黏土矿物混合物出现，红外谱图的轮廓、吸收带数目、频率、强度由于受所含矿物的种属、含量变化的干扰，使得红外光谱图变得很复杂，这就要求鉴定人员熟练地掌握各种黏土矿物的特征红外光谱图，尤其是—OH和H_2O的特征吸收带，更要熟悉各种矿物相互干扰后的谱图轮廓，吸收带强度的变化，尤其是含量少的矿物的微弱信号。尽量找出不受干扰或少受干扰、反应最敏感的吸收带进行综合鉴定，这样才能得到准确的鉴定结果，为黏土矿物定量分析打下可靠的基础。

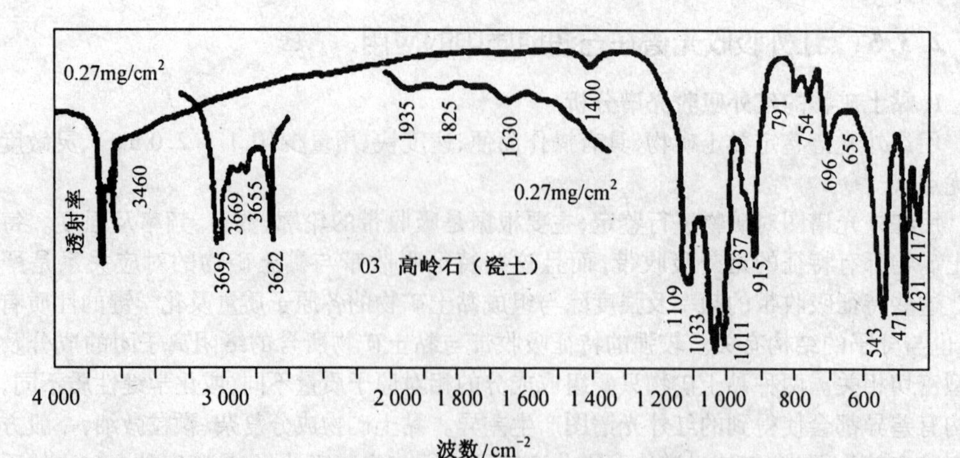

吸收带最大波数/cm^{-2}	说明	吸收带最大波数/cm^{-2}	说明
03 高岭石			
3 692～3 700	OH 伸缩	987	OH 形变
3 668	OH 伸缩	918	OH 形变
3 655	OH 伸缩	790	
3 618～3 625	OH 伸缩	756	
3 460	水合作用，OH 伸缩	637	
1 638	水合作用，HOH 形变	650	
1 400	碳酸盐（微量）	535～543	SiO 形变
1 110	SiO 平面外的伸缩	465～475	SiO 形变
1 033	SiO 伸缩	433	SiO 形变
1 009	SiO 伸缩	416	

图 2.25 高岭石的红外吸收光谱

2. 石油的红外光谱特征及其地质解释

石油主要由直链烷烃、环烷烃、芳烃组成并含有少量 O,S,N 杂环化合物。其热演化趋势大致为:不稳定的烃类 → 稳定的烃类;高分子烃类 → 低分子烃类;高取代基的烃类 → 低取代基的烃类;杂环化合物多 → 杂环化合物少。另外,不同沉积环境和母质类型的原油,由于其化学组成不同,在红外吸收光谱上也有明显反映。这是分析原油的红外光谱特征的基本依据。石油红外吸收光谱分析常见的吸收峰见表 2.6。

(1) 饱和烃(包括直链烷烃和环烷烃) 吸收峰。

这组官能团有甲基(CH_3—)、亚甲基(—CH_2—)、石蜡链$(CH_2)_n$($n \geqslant 4$)。其红外吸收峰有:2 920 cm^{-1},2 860 cm^{-1},1 460 cm^{-1},1 380 cm^{-1},700 ～ 720 cm^{-1}。

700 ～ 720 cm^{-1},为 $\leftarrow CH_2 \rightarrow_n$— 中的 C—C 骨架振动吸收峰,当 $n > 4$ 时出现此峰,当 $n \geqslant 30$ 时,此峰可分裂为双峰。

1 380 cm^{-1},甲基(—CH_3) 弯曲振动吸收峰。

1 460 cm^{-1},亚甲基(—CH_2—) 弯曲振动吸收峰。

2 860 cm^{-1},甲基($—CH_3$) 伸展振动吸收峰。

2 920 cm^{-1},亚甲基($—CH_2—$) 伸展振动吸收峰。

表2.6　石油分析中常涉及的红外光谱特征吸收峰

波数/cm^{-1}	表征基团	波数/cm^{-1}	表征基团
3 700 ~ 3 200	OH(酚及醇)	1 620 ~ 1 590	芳烃 C═C
3 500 ~ 3 300	NH	1 475 ~ 1 450	CH_2
3 110 ~ 3 000	芳烃 C—H	1 390 ~ 1 350	CH_3
2 950 ~ 2 850	CH_2	900 ~ 650	取代苯 C—H
1 870 ~ 1 600	C═O	800 ~ 690	$(CH_2)_n$

原油主要含脂族基团,所以各种原油的脂族红外吸收峰都较强,但原油的脂族吸收峰与演化程度有关,演化程度高的原油,720 cm^{-1} 的石蜡链吸收峰多以单峰出现,经长距离运移的原油也多以单峰出现。另外,原油中 $CH_3—$ 一般少于 $—CH_2—$,故1 460 cm^{-1} 吸收峰一般比 1 380 cm^{-1} 吸收峰强,如图 2.26 所示。

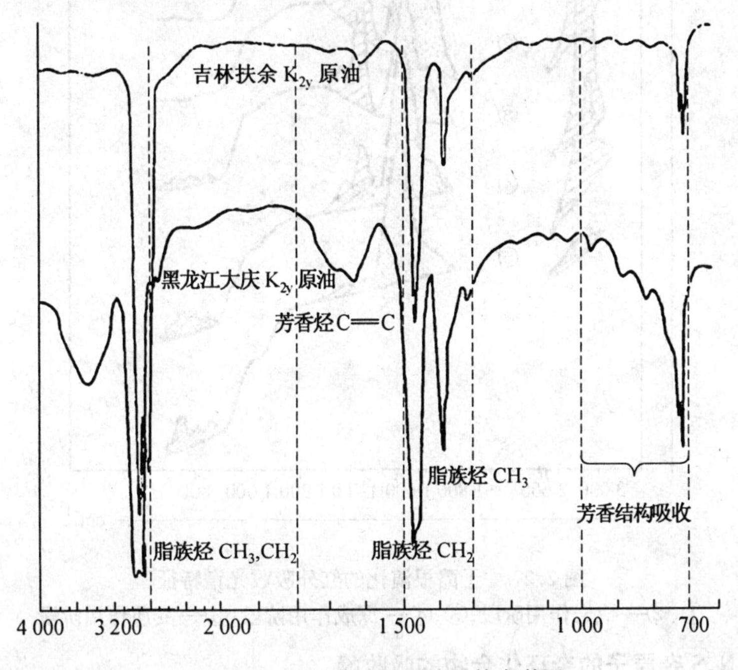

图2.26　松辽盆地的原油红外光谱图

3. 芳香结构的吸收峰

730 ~ 900 cm^{-1},芳烃、缩合芳烃次亚甲基(—CH—) 的面外振动吸收峰。

其中,740 ~ 760 cm^{-1} 为芳烃或缩合芳烃,有 4 ~ 5 相邻氢原子的面外变形振动,800 ~810 cm^{-1} 为芳烃或缩合芳烃,有2 ~ 3 相邻氢原子的面外变形振动;860 ~ 880 cm^{-1} 为芳烃或缩合芳烃,有 1 ~ 2 相邻氢原子的面外变形振动;1 450 cm^{-1},1 600 cm^{-1} 为芳烃中—C ═ C— 基团的伸展振动吸收峰;3 050 cm^{-1},芳烃中次亚甲基(—CH—) 的伸展振动吸收峰,此峰在原油中少见,煤中多见。

演化程度高的原油其芳烃结构的取代基较少,故 746 cm^{-1} 的吸收峰较强;由于环烷烃的芳构化反应也随演化程度提高而加强，故演化程度高的原油，芳烃的红外吸收峰有增强趋势。此外，腐殖型干酪根本身含较多的芳烃结构，故由这种干酪根生成的原油的芳烃红外吸收峰比腐泥型干酪根生成的原油要强一些(图 2.27)。

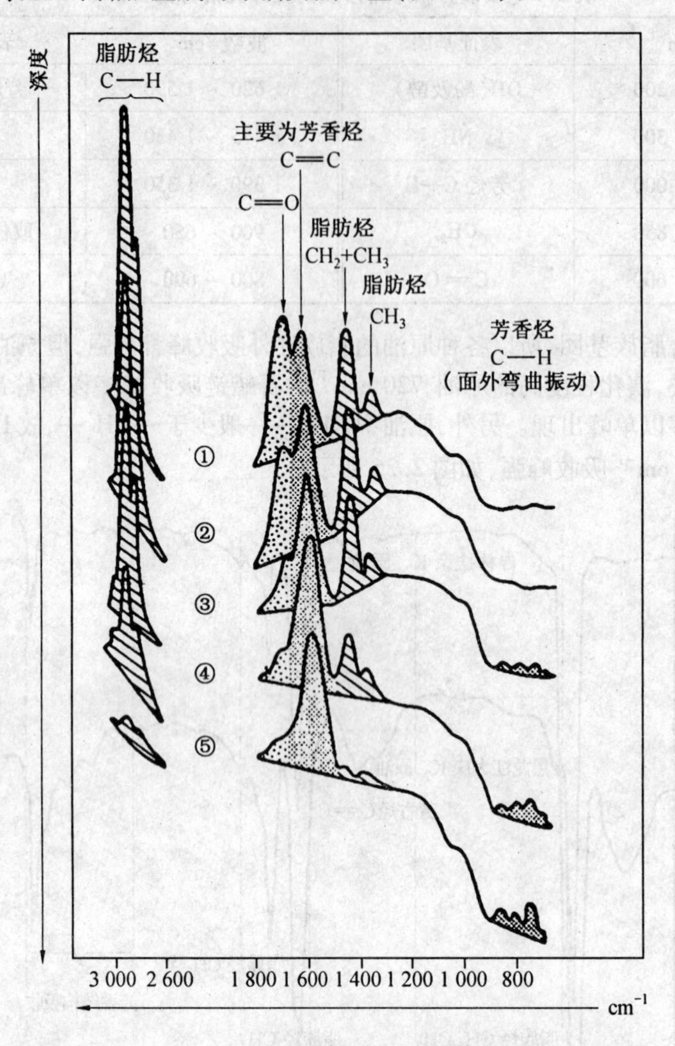

图 2.27　干酪根演化的红外吸收光谱特征

①、②— 成岩作用阶段；③、④— 深成作用阶段；⑤— 变质作用阶段

4. 含 O，N，S 杂原子的杂环化合物的吸收峰

1 000 ~ 1 300 cm^{-1}，各种含 O，N，S 基团的吸收峰，出现众多的叠加吸收峰，难以辨认出单独的基团。

1 700 ~ 1 720 cm^{-1}，脂、酮、醇、醛、酸基团中 C═O 基团的伸展振动吸收峰。

1 900 cm^{-1}，酐类化合物中 C═O 基团的伸展振动吸收峰。

3 200 ~ 3 600 cm^{-1}，缔合的 OH 基团伸展振动吸收峰。

演化程度高的原油，1 700 cm^{-1} 的 C═O 吸收峰很弱或者消失。

5. 干酪根演化的红外光谱特征

干酪根是一种结构比较复杂至今尚未被人们所清楚认识的有机质。但是，由于它的主要元素组成是C,H,O等,其结构中的主要化学官能团是脂族基团如CH、—CH_2—、石蜡链(CH_2)$_n$ 以及羰基(C═O)、芳环等,所以我们就有可能利用红外光谱来研究它在漫长的地质过程中的演化,当然,这一研究仅仅是定性的。

为了叙述方便,按照Tissot的观点把干酪根的演化划分为3个阶段(图2.27):成岩作用阶段即未成熟阶段,深成作用阶段即成熟阶段,变质作用阶段即干酪根过熟或变质阶段。

(1) 成岩作用阶段。干酪根的组成发生的变化是含氧量减少,含碳量稍微增加,原始H/C比稍微减少,O/C比显著减少。在红外光谱上,氧的降低主要表现为羰基C═O(1 710 cm^{-1})的逐渐消除。

(2) 深成作用阶段。干酪根的组成上的主要变化是氢含量显著降低,H/C比值由1.25左右减小到0.5左右。反映在红外光谱上,脂族键(CH_3—、—CH_2—)的吸收峰逐渐减少,而芳烃结构的吸收峰930 ~ 700 cm^{-1} 逐渐增加,这可能是由于芳核脱支链或环烷的芳构化作用的增加所致。与此同时,羰基C═O的吸收(1 710 cm^{-1})逐渐消失;而芳烃的特征峰1 600 cm^{-1} 基本稳定。

(3) 变质作用阶段。干酪根组成上的演化特征是,氢的消失变缓,其H/C ≤ 0.5。脂族逐渐消失而接近于零,保留的主要是芳族的吸收峰。

干酪根类型的差异主要表现在2 920 cm^{-1},1 460 cm^{-1},1 600 cm^{-1} 上(图2.28),因此在行业规范(SY/T 5735—1995,陆相烃源岩地球化学评价方法)中2 920 cm^{-1}/1 600 cm^{-1},1 460 cm^{-1}/1 600 cm^{-1} 被推荐为划分干酪根类型的红外光谱参数。

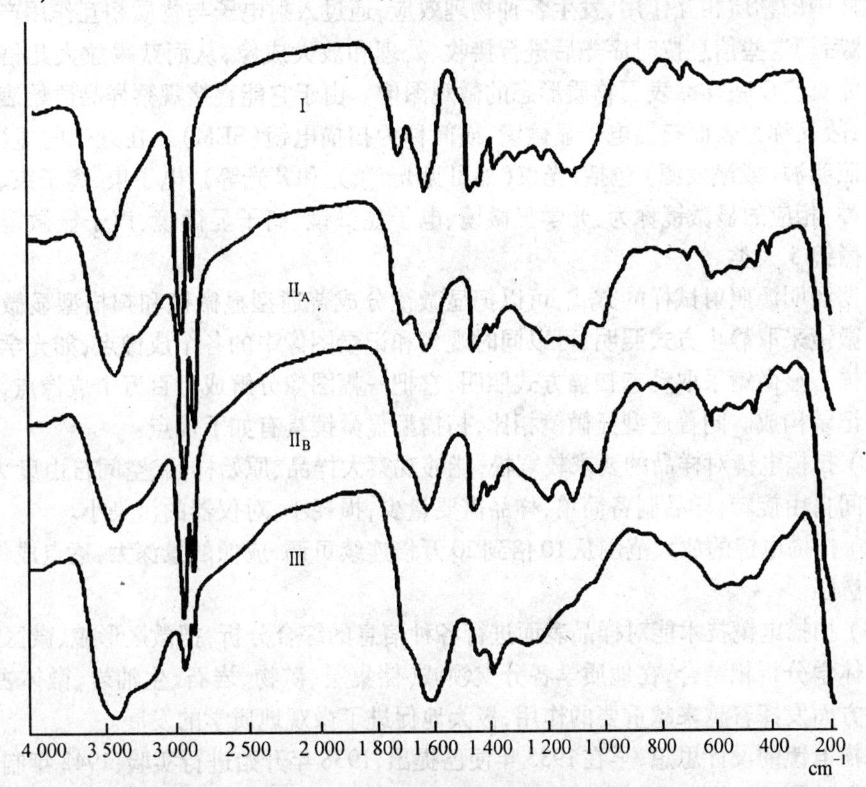

图2.28　不同类型干酪根的红外光谱

Ⅰ型(侏罗纪,Ro = 0.65%);Ⅱ$_A$型(第三纪,Ro = 0.56%);

Ⅱ$_B$型(第三纪,Ro = 0.56%);Ⅲ型(第三纪,Ro = 0.43%)

2.4 扫描电镜

2.4.1 显微镜与扫描电镜

在认识物质世界的过程中,人们首先是用肉眼进行观察,但是肉眼观察的能力是有限的,它能分开的最小距离一般只能达到0.2 mm左右。为了在微观、亚微观和原子尺度上去观察物质的表面形貌和结构,就必须借助于某种工具,把被观察的对象放大几倍到几十万倍,以适应人眼的分辨能力,我们把这类观察工具称为显微镜。显微镜分为光学显微镜和电子显微镜。光学显微镜是在1590年由荷兰的杨森父子首创。现在的光学显微镜可把物体放大1 600倍,分辨的最小极限达0.1 μm。但光学显微镜以可见光作为照明源,其分辨率有限,为进一步改善显微镜的分辨率,在20世纪50年代开始开发了以电子束为照明源的电子显微镜,其分辨率已达到0.2 ~ 0.3 nm的水平。因此,电子显微镜是显微镜的一种。那么什么又是扫描电镜呢?扫描电镜与光学显微镜有何关系呢?

随着微电子技术和计算机技术的发展,各种不同类型的显微镜不断地更新与发展,但其工作原理都是相同的,即采用聚焦得非常细的电子束作为照明源(激发源),以一定方式照射或作用到被观察试样的表面上,以光栅状扫描方式照射到被观察的试样上,并与被观察试样中的物质相互作用,发生各种物理效应,通过入射电子与物质相互作用产生各种信息,然后把这些信息按时序先后进行接收、处理和放大成像,从而获得放大几倍到几十万倍的能真实反映样品表面物质形态的微观图像。由于它能直接观察样品原始表面的微观形态,故又称为表面扫描电子显微镜,或简称为扫描电镜(SEM)。在近代的显微镜中,常见的照明源(或激发源)包括:光束(如可见光、激光和X光等)、电子束、离子束、声束和电场5种,相应的显微镜称为:光学显微镜、电子显微镜、离子显微镜、声子显微镜和场致发射显微镜5大类。

根据照明源照射试样的方式,可以把显微镜分成普通型显微镜和扫描型显微镜。普通型显微镜采取静止方式照明,可以同时观察和记录图像中的各个成像点,如光学显微镜等。扫描型显微镜采取动态扫描方式照明,它把一幅图像分解成近百万个成像点,按照一定时序记录构成。同普通型显微镜相比,扫描型显微镜具有如下优点:

(1) 扫描电镜对样品的要求较宽松,能够观察大样品、原始样品,空间自由度大,能在三维空间自由旋转;样品制备简单,样品需要量少,损耗小,对仪器的污染小。

(2) 扫描电镜的放大范围从10倍到20万倍连续可调,成像的景深大,逐点成像,图像的立体感强。

(3) 扫描电镜技术能对样品表面进行各种信息的综合分析,把微区形貌、微区成分和微区晶体学分析相结合,在地质学各分支领域(储集层、矿物、岩石、生油岩、微体古生物)的研究方面发挥着越来越重要的作用,极大地促进了微观地质学的发展。

扫描电镜的设计思想,早在1935年便已提出,1938年开始进行实验,1942年制成第一台实验室的扫描电境。1974年我国地学界引入扫描电镜,1976年后国内开始批量生产。由于扫描电镜试样制作较简便,实用范围广泛,所以在地质科研和生产上得到了迅速应用和发展,特别是20世纪80年代以来,扫描电镜配接了X射线能谱仪,从而大大增强了扫描电镜分析研究的准确性,在沉积岩石学特别是储层地质学方面得到越来越多的应用。

2.4.2　工作原理

扫描电镜是通过入射电子与物质相互作用所产生的各种信号来传递各种信息的。入射电子与物质相互作用的方式是正确理解扫描电镜工作原理的基础。扫描电镜是通过一束聚焦的很细的电子束并沿一定的方向入射到试样表面,由于受到固体物质中晶格位场和原子库仑场的作用,其入射方向会发生改变,这种部分光线偏离原方向而分散传播的现象称为散射现象。如果在散射过程中入射电子只改变方向,其总动能基本保持不变,这种散射称为弹性散射;如果在散射过程中入射电子的动能和方向都发生了改变,则这种散射称为非弹性散射。

入射电子在与被测物质的作用过程中,经过多次弹性和非弹性散射后,可能出现如下3种情况:

① 部分入射电子所累计的总散射角大于90°,重新返回试样表面而逸出,这部分电子称为背散射电子(或原一次电子)。

② 部分入射电子所累计的总散射角小于90°,并且试样的厚度小于入射电子的最大射程,则它可以穿透试样而从另一面逸出,这部分电子称为透射电子。

③ 部分入射电子经过多次非弹性散射后,其能量损失殆尽,不再产生其他效应,被试样吸收,这部分电子称为吸收电子。

研究表明,如果入射电子的能量为5 ~ 30 keV,则入射电子与物质可在下面的结构层次发生作用:原子核、核外电子、晶格以及晶体空间的电子云。其中入射电子与核外电子的相互作用能产生多种信息,是扫描电镜用来反映物质形貌和成分的主要信息源。原子中核外电子对入射电子的散射作用属于一种非弹性散射过程,在此过程中,入射电子所损失的能量部分转变为热,部分使物质中原子发生电离,同时产生各种有用的信息,如二次电子、俄歇电子、特征X射线、特征能量损失电子、阴极发光等。

当入射电子与核外电子发生相互作用时,会使原子失去电子而变成离子,这种现象称为电离。而这个脱离原子的电子称为二次电子,二次电子是最重要的成像信息。二次电子可能来源于原子中的价电子,也可能来源于原子中的内层电子。但价电子的激发率远大于内层电子的激发率,因此扫描电镜中的二次电子主要来自价电子激发。此外,内层电子激发后的弛豫过程还能产生特征X射线和俄歇电子(入射电子束和物质作用,可以激发出原子的内层电子。外层电子向内层跃迁过程中所释放的能量,可能以X光的形式放出,即产生特征X射线,也可能又使核外另一电子激发成为自由电子,这种自由电子就是俄歇电子)。因此,当入射电子束与物质相互作用后,从试样表面逸出(或激发)的电子信息统称为发射电子,它包括背散射电子(或称原一次电子)、二次电子、俄歇电子等。如果通过一个特殊的能够接受电子信息的检测系统来记录发射电子并按能量展开,就可以得到发射电子能谱。

SEM就是用聚焦得很细的电子束照射被检测的试样表面,用X射线能谱仪或波谱仪测量电子与试样相互作用所产生的特征X射线的强度与波长,从而对微区所含元素进行定性或定量分析,并可通过二次电子像或背散射电子像进行形貌观察,这就是扫描电镜结合X射线能谱仪工作的基本原理。

2.4.3 仪器结构

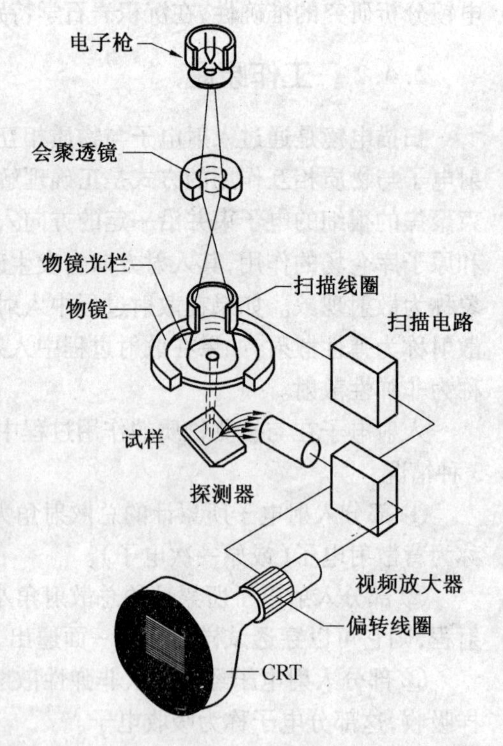

图 2.29 扫描电子显微镜的工作原理

一般的扫描电镜的工作原理如图 2.29 所示，由电子枪所发射出的电子束，在加速电压的作用下，经过 3 个电磁透镜会聚成一个细小到1 ~ 5 nm的电子束(称为电子探针)，在末级透镜上部扫描线圈的作用下，使电子探针在试样表面作光栅状扫描(光栅线条的数目取决于行扫描和帧扫描速度)。由于入射电子与物质相互作用，结果在试样表面上产生各种信息。因为所获得各种信息的二维强度分布是同试样的表面形貌、成分、晶体取向以及表面状态的一些性质(如电的和磁的等)等因素有关，因此，通过接收和处理这些信息，就可以获得表征试样微观形貌的扫描电子像，或进行晶体学分析和成分分析所需的信息。

在扫描电镜中，用来成像的信息有二次电子(SE)、背反射电子(BSE)、吸收电子(试样电流)、透射电子、电子感生电流(EBIC)、阴极发光、热声波和特征 X 射线等。相应所得的扫描电子像称为：二次电子像、背反射电子像、试样电流像、透射电子像、电子感生电流像、阴极发光像、声学像和 X 射线元素分布像等。不同扫描电子像所显示试样表面的性质是不同的，其中二次电子像的分辨率最高(目前可达 0.8 nm)，故扫描电镜的分辨率习惯用二次电子像的分辨率来表示。其中表面扫描电镜(SEM)以二次电子为主要成像信息。

通常，扫描电镜是由电子光学系统、信息检测系统、电源系统、真空系统以及其他附件组成。

1. 电子光学系统

这个系统包括电子枪、电磁聚光镜、扫描线圈及光阑。

(1) 电子枪。

电子枪为扫描电镜提供高亮度的电子光源，常用的电子枪有 3 种：普通热阴极电子枪、六硼化镧电子枪和场发射电子枪。前两种属于热发射电子枪，后一种属于冷发射电子枪。当前最先进的是场发射电子枪，其次是六硼化镧(LaB_6)电子枪，它们的亮度分别是一般钨灯丝阴极的 1 000 倍和 10 倍。就图像分辨率来说，普通热阴极电子枪可达到 3.5 nm，六硼化镧(LaB_6)电子枪可达到 1.5 nm，场发射电子枪可达到 0.8 nm。

(2) 电磁聚光镜。

目前，扫描电镜多采用三级电磁透镜系统(两个聚光镜，一个物镜)，其功能是把电子枪发射的电子束斑逐级聚焦缩小，把初级光源的尺寸从几十微米缩小到几十纳米，并控制电子束的开角，提高扫描电镜的分辨率。3 个透镜中的前两个是强透镜，其作用是聚光，把从电子枪发射出来的电子束汇聚缩小；第三个透镜是弱透镜，但焦距长，便于在样品室和聚光镜之间装入各种探测器。

(3) 扫描线圈。

扫描线圈的作用是使所形成的汇聚电子束在试样表面作光栅状扫描，并且要保证电子束在样品上的扫描动作与在显像管上的扫描动作保持严格同步，因此采用同一扫描控制系统来完成。

(4) 光阑。

一般每级聚光镜都装有光阑，光阑的作用是降低电子束的发散程度，减小照射到样品上的电子束光斑直径，提高仪器的分辨率。

2. 信息检测系统

信息检测系统由各种类型的探测器、放大器、电信息处理单元、显示器和记录系统组成。

在扫描电镜中，样品在高能电子束的作用下会产生各种物理信号，需要不同的检测器来检测这些能用来成像的信息，如二次电子检测器、背散射电子检测器、阴极荧光检测器和X射线检测器。检测器收集到的电信号，经过放大器的连续线性放大，经过各类控制器转换后形成扫描电子图形。

3. 电源系统

电源系统由变压器、稳压器及各类控制器组成。能够为仪器完成各类操作提供高度稳定的电压和电流，保证仪器工作稳定。

4. 真空系统

真空系统能够保证电子束在真空条件下产生和应用，扫描电镜要求的真空度为 10^{-3} ~ 10^{-5} Pa。真空度的下降，会使灯丝氧化，寿命缩短，也会使电子束散射加大，从而导致透镜和样品受到污染，影响仪器的寿命和成像质量。现代扫描电镜多采用离子泵，特别是分子涡轮泵，真空度能达到 10^{-7} ~ 10^{-8} Pa，抽真空快且无污染，其震动和噪声问题也基本解决。

5. 其他可选附件

扫描电镜主要的成像信号是二次电子，为了获得更为全面和准确的被测样品的成分和结构信息，可以选配其他附件，使其能够同时检测到X射线、背散射电子和透射电子等成像信息，进而更全面地反映物质的成分和结构。

目前，以地质试样分析为主的扫描电镜，多具有X射线能谱仪附件。这样，在观察微观形态的同时，利用该附件可以迅速、准确地对试样的微区进行元素分析。

2.4.4　地质样品的制备方法

扫描电镜分析的地质样品主要是固态样品，如岩心、岩屑、手标本、矿物颗粒、化石、现代花粉等，但要求样品不含易挥发组分、油及水分等。对于油砂、油页岩、含油煤岩以及其他含水试样，必须进行除油、除水处理。扫描电镜样品制备包括3个步骤：样品的预处理、将样品固定在样品桩上和制备试样导电层。所要分析地质样品的正确选取和预处理是扫描电镜分析取得预期分析效果的决定性因素。以上试验准备工作的任何缺省和失误均会影响电镜分析结果的好坏。

1. 样品的预处理

用来观察的样品横截面应略小于样品桩截面的面积，样品桩的截面一般为直径

15 mm左右的圆柱体,因此样品块体的大小应小于15 mm,一般选择长、宽各10 mm左右,高5 mm左右较为合适,但现在新型仪器一般的样品台可容纳100 mm以内大小的样品。可以采取各种破碎方式截取合适的试样,并要求底面平整,以利于黏结,被观察面可以是自然断面,也可以磨制成光面。

对于含油样品要进行洗油处理,通常用氯仿或四氯化碳等溶剂对样品进行抽提(一般抽提24 h),少量样品可用上述溶剂进行浸泡处理,再将试样在40 ℃ 恒温干燥,去除溶剂。对于被污染和腐蚀的古代碳酸盐岩,可以采用5% 的盐酸对样品进行酸化处理,以便显示出其表面形貌。对于岩心样品可以直接截取、挑选适当的块体进行观察,而对被污染的岩屑样品,应采用蒸馏水或者氯仿等有机溶剂在超声波清洗器中清洗,以除去泥浆、灰尘和油污等杂质。如果试样含水,应置于低温(50 ℃) 干燥箱中,进行干燥脱水处理。某些含水较多的试样,如泥岩、黏土试样,干燥后会破坏原来的结构和构造,改变样品的孔隙度和渗透率,微观形貌也无法保持原貌,这时可以尝试采用液氮冷冻处理,在冷冻台上进行电镜扫描观察。

2. 样品的黏结固定技术

对于块状样品(如岩石、矿物、岩心等)、粒状(石英砂,粒经为0.01 ~ 1 mm) 样品和粉末状(< 0.01 mm) 样品,应采取不同的上桩黏结技术。

对于块状的地质样品,可采用乳胶、碳导电胶或双面胶带将样品黏结到样品桩上,虽然大部分地质样品是不导电的绝缘体,但是样品上桩后需要喷涂导电涂层,此时不必考虑黏接胶的导电性,只要能使样品固定不动即可。对于疏松的样品可采用乳胶将四周包裹,只露出观察面,底面用乳胶固定,待乳胶固结后即可进行喷涂,虽然乳胶溶于水,便于样品与样品桩的分离和清洗,但毕竟费时费力。双面胶价格便宜,黏结灵活、牢固,易于去除,特别是底面不平的样品,可以采用锡箔纸找平后再用双面胶固定,是不错的选择。银导电胶效果最好,但价格昂贵,一般较少使用。

对于粒状样品,选出具有代表性的试验样品,将双面胶先粘贴在样品座上,然后再把样品粘贴在双面胶上,加压使其粘贴牢固。对于较大的颗粒,可直接使用碳胶或乳胶粘在样品座上,但注意不要用胶过多而淹没样品或污染样品。

对于粉末状样品,如果直接粘在双面胶上,常造成颗粒的重叠或嵌入胶带内部,影响颗粒形貌的观察,此时可借助玻片,把颗粒与蒸馏水或无水乙醇液滴混匀,自然干燥后将玻片粘在样品桩上完成样品的黏结和固定。

3. 样品导电层的镀膜技术

由于地质样品大多数是绝缘体,其电阻率较大,在电子束的轰击下会由于电荷的积累而充放电(荷电现象),使二次电子图像无法正常观察,如图像出现歪斜漂移、不规则亮区、云雾状像散等现象,严重地影响试验效果,甚至无法进行试验。镀膜可以有效地解决这一问题。喷涂导电涂层可以防止荷电现象的发生,增加二次电子反射率,减少电子束轰击的热损伤,并能增加样品表面的机械稳定性,避免镜筒污染。

最常用的镀膜材料是金,其纯度应为光谱纯,另外还可用金 - 钯合金。金的原子序数大,在同等加速电压下,发射二次电子数多、信号强,图像清晰,化学性能稳定,试样可以长期保存。同时,金不易与样品发生化学反应,镀层粒度细且均匀。

试样在样品桩上固定好以后要在专用的真空镀膜机内进行镀膜,镀膜机内的真空度

保持在 10^{-4} ~ 10^{-5} Pa。喷镀时,试样盘应保持旋转,使试样的整个表面喷镀均匀,对于石油地质样品,喷涂层要适当厚些,以40 ~ 60 nm 为宜,也就是使样品桩表面出现清晰的金黄色,总体上以试样不荷电为原则。其他导电试样可以不喷金,但如果喷金,效果会更佳。

2.4.5　岩石样品扫描电子显微镜分析方法

该方法根据 SY—T 5162—1997《岩石样品扫描电子显微镜分析方法》编写。该方法适用于碎屑岩、碳酸盐岩、火成岩等岩石样品的扫描电子显微镜分析,其他岩石样品的分析也可参照执行。

1. 仪器设备及材料

主要设备包括:扫描电子显微镜;X 射线能谱仪;实体显微镜(具有反射、透射光功能);真空镀膜机或溅射仪;恒温恒湿机;超声波清洗机;稳压电源;UPS 电源;烘箱。

主要材料包括:乳胶;导电胶;双面胶带;金,光谱纯;专用喷镀碳棒;胶卷(黑白 120 或 135);丙酮(化学纯);石油醚(化学纯);三氯甲烷(化学纯);无水乙醇(化学纯);盐酸(化学纯)。

2. 样品制备

① 洗油,含油样品需洗油;② 选观察面,把具有代表性、平整的新鲜断面作为观察面;③ 上桩,把样品粘在样品桩上;④ 干燥,自然晾干或放入烘箱中在 50 ℃ 下烘干;⑤ 除尘,用洗耳球吹掉样品表面的灰尘;⑥ 镀膜,在真空镀膜机中镀金或镀碳。

3. 碎屑岩样品分析

(1) 结构观察。

在低倍镜下观察碎屑、胶结物、杂基、孔隙连通情况。

(2) 孔隙及喉道观察。

孔隙:观察孔隙、裂隙的特征、类型和产状,测量孔隙大小。孔隙类型分为:① 粒间孔隙;② 粒内孔隙;③ 铸膜孔隙;④ 晶间孔隙;⑤ 胶结物内孔隙及溶孔;⑥ 微裂隙。

喉道:观察喉道的特征、类型和产状及连通情况,测量喉道大小。

(3) 孔隙发育程度。

根据可见孔隙的多少及大小描述孔隙发育程度。

(4) 胶结物。

观察胶结物的类型及产状。

黏土矿物的主要类型有:高岭石,单晶为六角板状,集合体常呈书页状、蠕虫状;伊利石,呈弯曲片状、丝状;蒙皂石,呈片状、蜂巢状、棉絮状;绿泥石,单晶为针叶状、叶片状,集合体常呈绒球及玫瑰花朵状;伊/蒙混层,呈片状、丝状、似蜂巢状;绿/蒙混层,呈片状、针丝状、似蜂巢状。

碳酸盐类主要有:方解石,单晶呈菱形粒状,集合体常呈不规则的块状及嵌晶状;白云石,单晶呈菱形粒状,集合体呈不规则的块状;菱铁矿,单晶呈菱形粒状,集合体呈铁饼状、块状、椭圆状及球粒状;片钠铝石,单晶呈针状,集合体常呈放射状。

硫化物主要以黄铁矿为主,单体呈立方体、八面体、五角十二面体,集合体常呈球状、块状。

硫酸盐类主要以石膏、重晶石等矿物为主,单晶呈针状、板状,集合体常呈束状及块状。

沸石类矿物的主要类型有:方沸石,单晶呈四角八面体或立方体;浊沸石,单晶呈长条板状、桩状、针状;斜发沸石,单晶呈片状、针状,集合体常呈束状;片沸石,单晶呈板状、片状,集合体常呈块状、放射状;钠沸石,单晶呈片状、针状,集合体常呈花瓣状、纤维束状。

其他种类胶结物主要有:石英,呈自型粒状及次生加大石英;长石,呈板状及次生加大钠长石;石盐,单晶呈立方体、骸体。

(4) 元素成分。

各类胶结物的元素成分可由能谱仪测定,见 SY/T 6189—1996。

(5) 产状。

胶结物的产状分为衬垫式、充填式、镶嵌式和加大式。

4. 碎屑岩成岩后生变化

(1) 石英次生加大。

石英次生加大等级分为 3 级:Ⅰ级,石英雏晶在石英颗粒表面生长并独立存在;Ⅱ级,石英雏晶增大并形成较大晶面,晶体边缘相互连接;Ⅲ级,石英形成粗大晶体,晶面相互紧密连接。

(2) 长石次生加大。

长石次生加大等级以菱形板状晶体的生长划分为3级:Ⅰ级,菱形板状小晶体独立存在;Ⅱ级,菱形板状晶体交织成菱形晶面;Ⅲ级,菱形板状晶体生长成平整的晶面。

(3) 溶蚀淋滤。

应指出溶蚀淋滤发生的部位,并对溶蚀淋滤的特征进行描述。

(4) 转化及交代。

应指出转化交代的部位及新生矿物的种类和形态特征。

5. 碳酸盐岩样品分析

(1) 结构。

在低倍镜下观察碳酸盐岩的结构。

(2) 孔隙。

观察孔隙的类型、特征和产状,测量孔隙大小。

孔隙类型分为:粒间孔隙;粒内孔隙;晶间孔隙;晶内孔隙;铸膜孔隙;生物孔隙(包括体腔孔、生物钻孔、骨架孔);白云岩化孔隙及溶孔。

孔隙发育程度:根据可见孔隙的大小及多少描述孔隙发育程度及连通程度。

孔隙充填程度:未充填、半充填及全充填。

孔隙充填物:观察充填物,描述其类型及产状。

(3) 微裂缝。

测量微裂缝的大小,观察充填物的种类及形态特征。微裂缝的充填程度分为:未充填、半充填及全充填。

(4) 粒屑、泥晶基质及胶结物。

观察粒屑的形态特征及溶蚀;观察泥晶基质的组分及特征;描述胶结物的类型及形态特征。

(5) 晶粒接触方式。

晶粒接触方式分为点、线、面及组合接触。

(6) 黏土矿物。

观察黏土矿物的类型、形态及产状。

(7) 成岩后生变化。

观察溶蚀、重结晶、白云石化等成岩后生变化。

6. 火山碎屑岩、火成岩样品分析

(1) 火山碎屑岩。

结构:观察火山碎屑岩的结构和种类,并描述其形态特征。

孔隙:观察孔隙类型及孔隙发育程度。孔隙类型分为原生孔隙(包括晶间孔隙、粒间孔隙)和次生孔隙;根据孔隙大小及多少描述孔隙发育程度。

交代蚀变作用:描述交代蚀变部位、产生的矿物及其相互交代关系。

(2) 火成岩。

结构:观察火成岩的结构,描述其基质、斑晶及晶粒特征。

孔隙:观察火成岩中的孔隙并描述孔隙类型及分布特征,描述充填物种类及形态特征,测量孔隙大小。

次生变化:观察基质矿物斑晶及晶粒的蚀变情况并指出蚀变部位,描述蚀变作用过程中形成的矿物种类及其形态特征。

7. 泥岩样品分析

观察分析黏土矿物的形态特征及孔隙、裂缝。

8. 分析结果质量要求

描述的基本要求是鉴定准确、描述清晰、文字简明、内容齐全;照片要求图像清晰、层次清楚;按规定认真填写原始记录和分析报告。

2.4.6　扫描电镜在石油地质中的应用

以观察试样的形貌为主的扫描电镜(SEM)附能谱仪(EDS)后,便同时具备了图像观察和成分分析功能,加之还具有分辨率高、放大倍率高、景深大、试样制备简单、分析速度快、保真度好以及不破坏原样等优点,使其在储层岩石研究中发挥了越来越重要的作用。

1. 自生矿物的识别

碎屑岩储层中自生胶结物包括黏土胶结物、碳酸盐胶结物、沸石胶结物、硅质胶结物等,多数是在成岩后生阶段形成的自生矿物,在扫描电镜下具有各自的形貌特点。

(1) 黏土胶结物的结构特征。

黏土胶结物按照成因来区分包括自生与它生两种。自生黏土矿物可以从层间水中直接沉淀,也可以通过原来的物质与层间水反应而成。它生黏土矿物是作为碎屑物质而存在,具有一定的外形轮廓。

① 伊利石。

伊利石在扫描电镜下形态呈弯曲片状、不规则板条状。在砂岩孔隙中的伊利石,由于介质条件变化,片状末端或边缘长出丝缕状、纤维状和束状细丝(图2.30(a))。伊利石在碎屑岩中有两种分布形态:一种呈孔隙衬垫式,另一种以孔隙充填物的形式存在于粒间。

② 高岭石。

在碎屑岩胶结物中,结晶完好的高岭石在扫描电镜下其单体形态为全自形假六方鳞片状晶体，其集合体为书页状、蠕虫状、手风琴状（图 2.30（b））。高岭石多数分布于粒间孔隙内作为孔隙充填物存在。

③ 蒙脱石。

蒙脱石的单晶形态为卷曲的波状薄片（图 2.30（c）），表面不平，边缘参差不齐。其中钙蒙脱石典型的形态为由弯曲的细小薄片组成的棉絮状，直径为 2 ～ 5 μm；钠蒙脱石呈横向延续很大的弯曲薄片，边界不清晰。

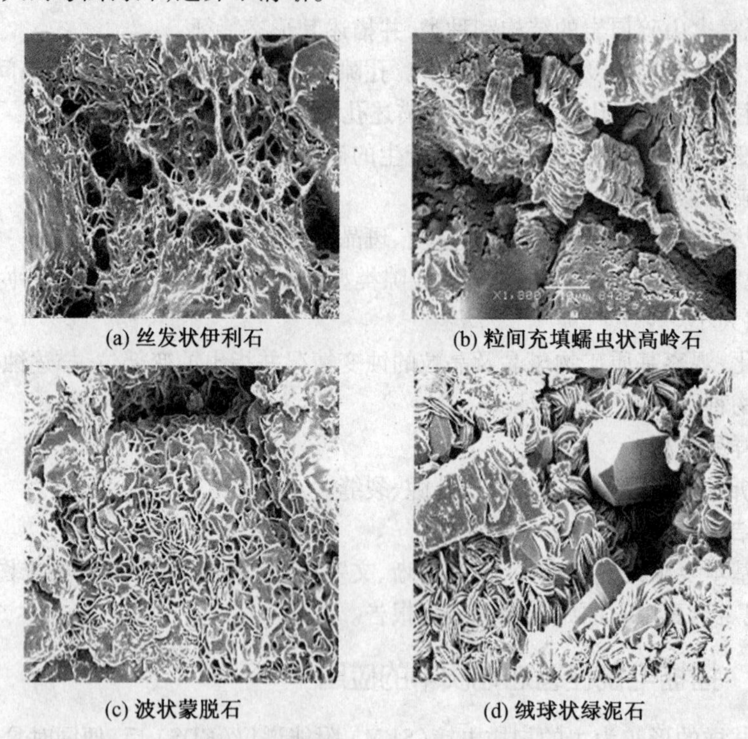

(a) 丝发状伊利石　(b) 粒间充填蠕虫状高岭石

(c) 波状蒙脱石　(d) 绒球状绿泥石

图 2.30　黏土矿物扫描电镜形貌

④ 绿泥石。

单体形态为针叶片状，集合体形态为鳞片状、玫瑰花朵状以及绒球状（图 2.30（d））。自生绿泥石的晶体大小很均匀，一般为 2 ～ 3 μm，杂乱堆放在一起时，形如一片片散落的柳叶，这是绿泥石最普遍的形态特征。

⑤ 伊／蒙混层及绿／蒙混层矿物。

随着埋深增加，成岩作用加强，蒙脱石趋于消失，伴随而来的是伊／蒙混层及绿／蒙混层的出现。混层黏土矿物必须借助 X 衍射分析以及电子探针能谱分析来加以鉴别。

（2）碳酸盐类自生胶结物的特征。

碎屑岩储集层中碳酸盐类胶结物主要存在于粒间，有时也以嵌晶方式出现并胶结许多颗粒。碳酸盐矿物中的方解石、白云石十分普遍，在偏光及阴极发光显微镜下，它们之间有着明显的区别，而在扫描电镜下均为立方体及菱面体，不易区分。但在扫面电镜下对其产状以及颗粒与孔隙关系可以认识得更清楚。

菱铁矿也是比较常见的一种胶结物，它在电镜下晶体呈似扁豆状，具有两组明显的菱形解理，有的呈晶粒状及球粒状，以孔隙衬垫及孔隙充填物存在。

还有少见的碳酸盐胶结物和片钠铝石，在扫描电镜下其单体形态为针状、刀片状，聚合体为纤维状、花束状。

(3) 硅质类胶结物。

硅质胶结物包括自生石英、方石英及无定形蛋白石。

自生石英常发育良好的自形晶及双锥外形，并具明显的生长纹，在电镜下极易鉴别，并可以区分石英的发育程度。方石英一般形成直径为3 ~ 13 μm的球形和半球形群体，单个颗粒呈扁平形。

(4) 硫酸盐胶结物。

碎屑岩中最常见的硫酸盐胶结物是石膏和硬石膏，此外还有芒硝、重晶石和天青石。通过扫描电子显微镜观察，石膏和硬石膏胶结物在粒间以嵌晶方式出现，颗粒致密，没有特有的形貌特征，但是可以借助X射线能谱仪对其进行定性分析(图2.31)，在图2.31中，元素分析结果均采用内标物，C元素为杂质元素，归一化处理时去掉该杂质元素，得出其化学计量式为 $CaSO_4$，因此可进一步判定该胶结物为硬石膏。

谱图处理：

标准样品（内标物）：

C　$CaCO_3$　1-Jun-1999 12:00AM

O　SiO_2　1-Jun-1999 12:00AM

S　FeS_2　1-Jun-1999 12:00AM

Ca　Wollastorute　1-Jun-1999 12:00AM

点"A"元素分析汇总表

元素	质量分数/%	原子个数百分数/%	原子个数百分数/%
C	6.70	12.11	—
O	41.92	56.87	64.71
S	23.63	15.99	18.19
Ca	27.75	15.03	17.10
总量	100.00	100.00	100.00

定性分析结果：硬石膏

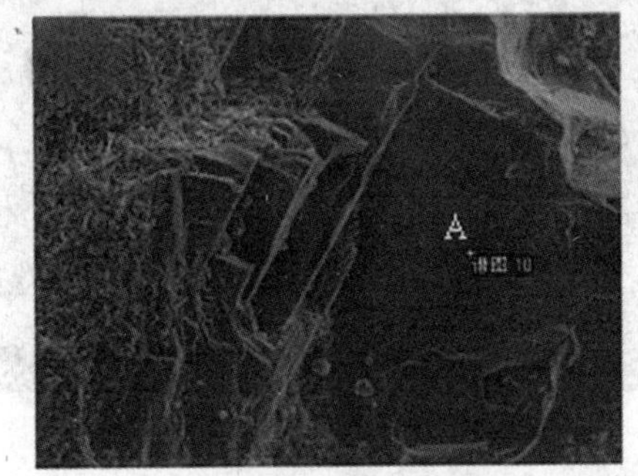

(a) 样品的扫描电子图像

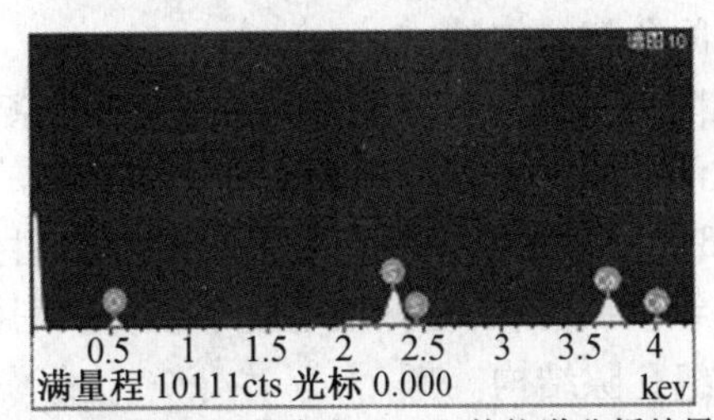

(b) 扫描电子图像中点"A"的能谱分析结果

图2.31　充填于粒间孔隙中的连晶状硬石膏扫描电镜配能谱仪分析结果

2. 碎屑岩孔隙类型的识别

目前，世界上已发现的石油和天然气主要储存在碎屑岩和碳酸盐岩地层中，而评价和预测油气储层好坏的核心内容是储层的孔隙度和渗透率，有效孔隙度的大小决定了油气的储量和产能，渗透率的大小控制着油气的产量，因而它们是储层研究的基本对象和核心内容。

20世纪70年代以前，石油地质学家认为碎屑岩的孔隙类型主要是原生孔隙，随着扫描电镜等各类先进分析技术的应用和岩石学研究工作的深入发展，人们逐渐认识到碎屑岩和碳酸盐岩中次生孔隙的存在及其对油气储集和运移的重要作用。通过肉眼及普通光学显微镜只能观察到大的孔隙，而对孔、渗起到重要作用的毛细管孔隙和超毛细管孔隙则无法识别，扫描电镜因其较高的放大倍数和分辨率对认识储层的微观结构起到了重要的作用，如粒间微孔隙和溶蚀微裂缝（图 2.32）。

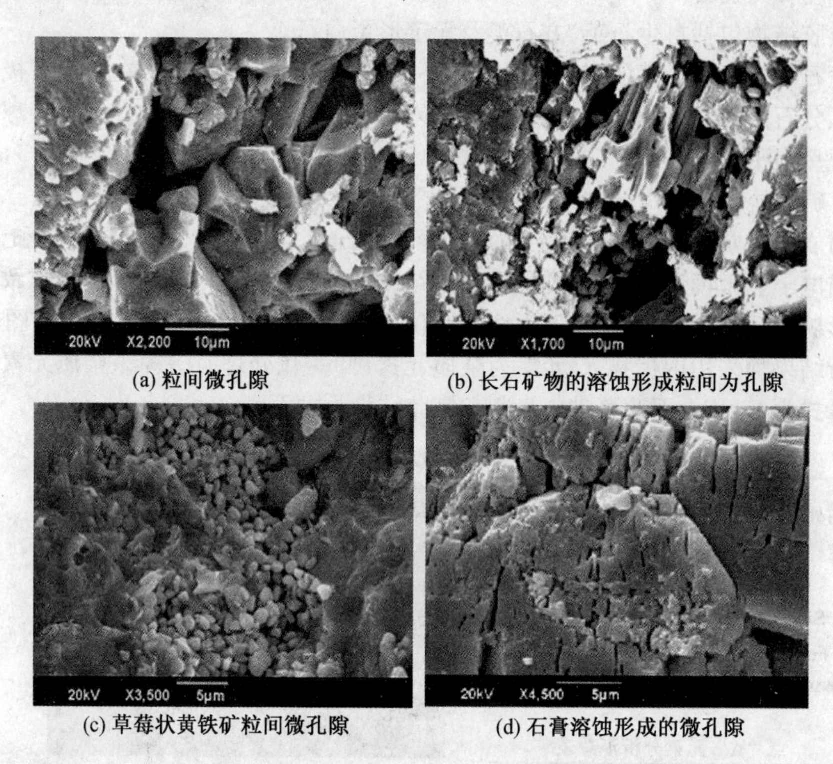

(a) 粒间微孔隙 (b) 长石矿物的溶蚀形成粒间为孔隙

(c) 草莓状黄铁矿粒间微孔隙 (d) 石膏溶蚀形成的微孔隙

图 2.32 粒间微孔隙和溶蚀微裂缝

（1）粒间孔隙结构。

粒间孔隙结构指的是碎屑颗粒之间的孔隙，可以分为原生粒间孔隙和次生粒间孔隙。原生粒间孔隙随着埋深的加大和成岩作用的加剧而逐渐缩小，称为缩小的原生粒间孔隙（图 3.32（a）、（c））。与原生孔隙相比，次生粒间孔隙分布不均匀，孔隙形态不规则，碎屑颗粒边缘呈锯齿状，在扫描电镜下较易识别（图 2.32（b）、（d））。

（2）裂缝孔隙结构。

裂缝孔隙属次生孔隙类型，往往是由构造应力或溶解作用而造成的，如易溶胶结物中的溶蚀裂缝、张开的颗粒裂缝和张开的粒间裂缝。图 2.32（d）为经过溶蚀改造的微裂缝的扫描电镜图像。

3. 通过扫描电镜观察砂岩孔隙铸体识别孔隙类型

在扫描电镜下观察孔隙铸体是研究孔隙结构的一种直观方法，可以观察到碎屑岩储集层孔隙全貌，确定砂岩的孔隙类型、孔隙喉道及孔隙的配位数。

（1）孔隙铸体的制备方法。

首先采用真空 - 高压灌注法将浸染剂灌注到孔隙空间中去。浸染剂要求黏度低，能够进入微细孔隙中去，固结后硬度大，具有韧性，适应磨片的力学要求，不受盐酸及氢氟酸的腐蚀，能够保持孔隙的原貌。目前，效果最好的浸染剂是聚不饱和树脂，它具备了硬度大、不变形、收缩率小、耐酸、折光率好、具有韧性等优点。

然后,灌注后,被浸染的岩样固化后,部分用做磨制岩石铸体薄片,部分用做扫描方块。其中扫描方块是将铸体岩样锯成4 ~ 5 mm的薄片,然后放入酸中溶解。要根据岩石类型选择合适的酸的种类、浓度和酸溶时间。如碳酸盐岩利用盐酸溶解,而对于石英、长石等碎屑样品,则采用氢氟酸、热盐酸等溶解。溶解后要求孔隙铸体突出,并且不损坏铸体精细部分,使其在电镜下可见清晰的孔隙和喉道。

(2) 碎屑岩孔隙铸体扫描电镜观察内容。

① 碎屑岩储集层孔隙全貌观察。采用较低的倍数就可以观察到砂岩孔隙发育的全貌,孔隙所占的体积、孔隙大小、孔隙间的连通情况、粒间及粒内裂缝的长短等。

② 用砂岩孔隙铸体来确定砂岩孔隙的类型。岩样酸溶后周围有充填的部位均为粒间孔隙,孔隙铸体边缘圆滑的为原生粒间孔隙;孔隙周围弯曲不平滑呈锯齿状的是次生孔隙。

③ 确定孔隙喉道即孔隙配位数。配位数的高低能够衡量孔隙的连通情况,进而指示渗透率的大小、评价储集性能的优劣。

2.5　阴极射线发光

阴极射线发光现象的发现已有100多年的时间,特别是近20年来,阴极射线发光技术已广泛应用于地球科学的各个分支学科,特别是与石油勘探密切相关的沉积岩石学、对恢复沉积岩的原始结构构造、研究沉积古环境、探讨孔隙和裂缝的演化历史、微量元素的迁移、识别古生物化石、划分和对比地层、地质找矿等都有明显成效。阴极发光技术是偏光显微镜技术的重要补充,已经成为地球科学研究中十分有效而快捷的重要工具和手段。

2.5.1　阴极射线发光的概念

光是一种以电磁波形式存在的物质。电磁波的波长范围很宽,包含了无线电波、红外线、可见光、紫外线、X 射线、宇宙射线等。其中,波长为400 ~ 760 nm 的电磁波能够引起人眼的视觉反应,因而称为可见光。

当某些物质处于基态的分子受到某种能量(如电、热、化学和光能等)激发时,电子吸收能量被激发至激发态,这些处于激发态的电子,通常以辐射跃迁方式或无辐射跃迁方式再回到基态,同时从物体表面发射出光的辐射,称为发光。按照所采用激发能量形式的不同,发光类型可以分为5 种类型。

(1) 化学发光,在化学反应过程中生成了能发射光谱的激发态物质而产生的光辐射。

(2) 生物发光,是指生物体发光或生物体提取物在实验室中发光的现象,其发光机制常是通过细胞合成的化学物质,在一种特殊酶的作用下,使化学能转化为光能。

(3) 离子发光,是由带能量的离子束轰击某些物质造成的发光。

(4) 光致发光,是由光子的轰击造成的发光,紫外辐射、可见光及红外辐射均可引起光致发光,如磷光与荧光。光致发光最普遍的应用为日光灯。它是灯管内气体放电产生的紫外线激发管壁上的发光粉而发出可见光的,其效率约为白炽灯的5 倍。

(5) 阴极射线发光,是指高能电子束轰击固体物质表面造成的发光,由于带能量的电子束一般是由阴极发射出来的,经过阳极电压加速而得到的,因此电子束轰击造成的发光,习惯上称为阴极发光(Cathodoluminescence)。

阴极发光只有在电子束激发时才能观察到,属于荧光的一种,一般涉及物质的深度不超过 18 μm,波长多数为 400 ~ 760 nm 的可见光范畴。

2.5.2 阴极射线发光的基本条件

自然界中矿物并非都具有阴极射线发光的特性,即使同一种矿物,其阴极射线发光的特性也受多种因素影响。导致阴极发光的过程和原因比较复杂,至今还有不少现象在探索中,目前已知影响发光的因素主要有:激活剂、猝灭剂及能级寿命。

1. 激活剂

阴极射线只有作用于发光物质的发光中心(激活剂),才有可能产生阴极发光,因此是否具有激活剂是物质产生阴极发光作用的最基本条件。自然界晶体中的激活剂主要有两种存在形式:一种是晶体中的某些微量的杂质原子,如表 2.7 为阴极发光颜色与微量元素的对应关系;一种是晶体中存在某种结构缺陷,如在成岩过程中形成的自生石英由于其结晶温度低,结晶速度缓慢,晶格排列有序而无缺陷,因而不发光,而快速冷却的高温火成岩石英的晶格有序度较低,存在大量的晶格缺陷,在电子束轰击下而激发蓝紫色光,而区域变质石英的有序度介于两者之间且呈红褐色。

除了以上两种情况外,还有一种是由自激活剂而引起的矿物发光,典型的如白钨矿($CaWO_4$)的阴极发光,它在阴极射线作用下发光的原因是钨酸根(WO_4^{2-})离子团的电子轨道间的电子跃迁而引起的,因此属于"自激活型"。

表 2.7 阴极发光颜色与微量元素的关系

阴极发光颜色	元素名称
红色发光	Mn^{2+}, Mn^{4+}, Sm^{2+}, Cr^{3+}, Eu^{3+}, Cr^{3+}, Cu, Pr^{3+}, Fe^{3+}
绿色发光	Mn^{2+}, Pr^{3+}, Tb^{3+}, Ho^{3+}, Er^{3+}, Sr^{2+}, Yb^{2+}, Cu, Tb, Fe^{2+}
蓝色发光	Tm^{3+}, Ag, Eu^{2+}, Tm^{2+}, Ti^{4+}, Cr^{3+}, Co, Cu^{2+}
黄色发光	Dy^{3+}, Mn^{2+}, Th, Yb^{2+}, Mo, Sm^{2+}

2. 猝灭剂

猝灭是指使发光减弱以致消失的物理作用。猝灭剂是指矿物中所含的某种杂质元素,它会导致矿物发光减弱或抑制矿物发光。

例如,当碳酸盐矿物中含有 Fe^{2+} 时会使矿物发光减弱或不发光,因此 Fe^{2+} 是碳酸盐矿物重要的猝灭剂。猝灭剂的猝灭效果与其含量密切相关。Pierson(1981 年)研究认为,当白云石中 Fe^{2+} 含量增到 $10\ 000 \times 10^{-6}$ 时,它将成为重要的猝灭剂;当低于该数值时,Fe^{2+} 对白云石的发光没有实际影响;当高于该临界数值时,不管 Mn 的含量如何,发光迅速减弱,甚至消失;当 Fe^{2+} 大于 $15\ 000 \times 10^{-6}$ 时,样品不再发光。

而王衍琦(1996 年)研究认为,凡是不发光的铁白云石,其含铁量均大于 6%,而所有发光的白云石和铁白云石,其含铁量均小于6%,如含 Fe 为6.8%、含 Mn 为0.05% 的铁白云石就不发光。

激活剂和猝灭剂常常同时影响矿物的阴极发光特性。特别是对方解石和白云石而言，铁、锰虽然分别作为猝灭剂和激活剂，但二者共同促成了碳酸盐矿物的阴极发光，发光颜色和强度与Fe/Mn比值有关，当Fe/Mn比为0.1～10.7时发光，随着Fe/Mn的增加，发光颜色由黄－橙黄，橙红－橙褐－褐－暗褐色，且强度减弱，最后变为不发光（表2.8）。一般来说，激活剂含量升高，矿物阴极发光强度增大，但激活剂含量超过某一极大值时，发光就衰减或消失，这种作用也称自猝灭作用。Fe，Co，Ni 自猝灭浓度很低，Mn 不具自猝灭作用。

表2.8 碳酸盐岩类矿物的元素与阴极发光特征及薄片染色的对应关系（陈丽华等，1990）

矿物	方解石	含铁方解石	白云石	含铁白云石	铁白云石
Ca/Mg	>3.5	>3.5	<3.5	<3.5	<3.5
Fe/(Fe + Mg)			<0.05	0.05～0.4	>0.4
$FeCO_3$				3%～11.8%	14%～26%
Fe/Mg				2.4～10.7	>13
发光特征	发光亮	发光暗	发光亮	发光暗	不发光
染　色	红	红紫、蓝紫	不染	淡蓝	天蓝

3. 能级寿命

在电子激发荧光的过程中，入射电子与原子中的价电子相互作用，使价电子从基态跃迁到激发态，价电子在激发态经历极短的时间（一般小于 10^{-8} s）后，如果发生辐射跃迁，电子从激发态 E_2 跃迁回基态 E_1，同时将激发能转换为光的辐射能量，同时发射一个光子，其能量 $h\nu$ 等于激发态的能量 E_2 与基态能量 E_1 之差，即

$$h\nu = E_2 - E_1$$

式中 h——普朗克常数；

ν——价电子做辐射跃迁时所发射的光的频率。

电子在激发态停留的时间称为能级寿命，它是激发态的重要特征。

光学理论可以证明，阴极射线发光强度与能级寿命有关，能级寿命越短，发光越强。

2.5.3 仪器结构

用来激发并产生阴极射线发光的仪器称为阴极发光仪。将阴极发光仪安装在显微镜上，称为阴极发光显微镜。阴极发光显微镜的基本工作原理就是将阴极发光仪和光学显微镜相连接，阴极发光仪产生加速电子，经折射、聚焦后作用于被观察样品上，然后通过光学显微镜来观察彩色阴极发光现象。一般的阴极发光显微镜主要由光学显微镜、电子光学系统、样品室、控制系统及真空系统、电源系统组成。

1. 光学显微镜

阴极发光仪可以安装在各种显微镜上，如偏光显微镜、金相显微镜等，但对于岩石学研究需要采用偏光显微镜，并且需配备全自动曝光系统的三筒目镜，既可以观察偏光特征，又可以观察阴极发光特征，还可以随时照相。显微镜的放大倍数为20～200倍，由于

仪器结构的需要,必需使用长焦距物镜,镜头要短。若样品室上安装了隐蔽式窗口,放大倍数可达400 ~ 800倍。

2. 电子光学系统

电子光学系统由电子枪(阳极和阴极)、偏转磁铁、真空样品室和高压控制装置组成,它直接安装在显微镜的载物台上。样品室的圆玻璃窗和显微镜中心一致。电子枪在1 ~ 30 kV加速电压下发射电子束斑,其直径为1 ~ 25 mm,可形成电流为0.1 ~1 mA的高能电子束,经高压聚焦成0.3 mm左右的电子束后,进入样品室,直接轰击样品。

电子枪的作用是向样品室发射电子束激发样品,使样品发光。电子枪可分为热阴极式和冷阴极式两种:① 热阴极式电子枪,阴极为钨丝,钨丝加热后发射电子;② 冷阴极式电子枪,利用气体放电的原理制成,气体可以是空气、氦气等。冷阴极式电子枪是目前常用的电子枪。

3. 样品室

样品室是组装在显微镜载物台上的真空室,是放置被观察样品的地方,并且与电子光学系统和真空系统相连接,是产生阴极发光的场所。其他各操作单元或控制系统均直接或间接与之发生作用。

(1) 样品室入口。

在样品室不处于真空状态下可以打开,从中取出样品架,放入样品。样品室门应具有密闭功能,以保持样品室的真空度;开关门上还应具有X射线防护罩和接地线,以备安全。

(2) 铅玻璃窗口。

样品室的上部和下部各有一块铅玻璃窗口。下部的铅玻璃窗口可以使透射光源的光线透过,以便对薄片进行偏光观察;上部的铅玻璃窗口,可以观察样品的阴极发光特征、薄片移动位置以及电子束斑的大小和形状。

(3) 样品盘和推进器。

样品盘安装在样品室内部,可以同时放置50 × 25 mm薄片3片或75 × 25 mm薄片2片。推进器安装在样品盘下面,可以控制样品盘在上、下、左、右移动,以选择最佳的观察视域。

(4) 偏转磁铁。

偏转磁铁安装在样品室的上面,用来改变电子束方向和调节电子束斑形状大小,圆形是最理想的形状。

(5) 进气阀和针阀。

针阀是用来调节真空度保证电子束流稳定在工作要求状态。进气阀是使样品室与空气接通的阀,在换样品时,打开进气阀,以便能够打开样品室。

4. 控制系统

控制系统由真空检测、高压大小调节、电流强度调节、电子束斑聚焦调节、高压保持控制等部件组成,主要用于控制电子束的电压、电流强度和电子聚焦束斑的大小等。

2.5.4 样品制备

阴极发光样品可以是薄片、光片或是黏结的松散颗粒。但是用阴极发光显微镜研究岩石薄片中矿物发光特征时,需要与在偏光显微镜下的特征进行对照,由于阴极发光显微镜的原理与偏光显微镜的原理不同,各自对岩石薄片的要求也不相同,阴极发光显微镜所用的岩石薄片要兼顾两方面的要求。

(1) 不加盖玻片。

岩石薄片上的岩石要在电子束的直接作用下才能发光。电子束的穿透能力有限,薄片上面的盖玻片会阻碍电子束对岩石的作用,使得此时的发光颜色是盖玻片的发光颜色。因此,阴极发光显微镜所用的岩石薄片不能加盖玻片。

(2) 薄片厚度为0.04 mm。

薄片的厚度应同时满足透射光的观察和阴极发光显微镜本身的要求。电子束有一定的温度,可以使岩石薄片破裂,因此薄片需要加厚,同时还要适合于偏光观察,阴极发光薄片厚度最好为0.03 ~ 0.05 mm,比普通薄片稍厚,最好为0.04 mm左右。

(3) 抛光。

抛光分为两种:一种是两面抛光,有利于减少漫射,增加发光强度,改善发光和照相效果,但给磨片工作增加困难;另一种是顶面抛光,制片比较容易,也基本上可以满足发光和照相效果的需要。

(4) 环氧树脂类的胶。

制作阴极发光薄片所用的胶,首先应保证在阴极射线下不发光,这样才能保证在电子束斑的作用下,所见到的发光颜色都是矿物的发光颜色;其次,所用的胶还要满足耐高温的条件,保证电子束打到岩石薄片上之后,胶不熔解;此外还要选择挥发性小的胶,胶的挥发性大,会使样品室不断增加气体,延长仪器的抽真空的时间,降低工作效率。

环氧树脂类的胶基本能满足上述的各项要求,用502黏合剂制阴极发光显微镜用薄片比较合适。而冷杉胶、加拿大树胶等在电子束的作用下,不耐高温,本身也会发光,都不符合磨制阴极发光显微镜用薄片的要求。

(5) 洗油。

有机质样品易引起排气,油砂中的油在电子束的作用下会被烤焦,破坏薄片,污染仪器,所以在阴极发光显微镜下观察油砂样品,样品要经过洗油处理后才能制作岩石薄片进行观察。如果样品洗油后疏松,还要进行滴胶固化处理。

2.5.5　基本操作方法

(1) 放置样品。

打开样品室门,取出样品室内的样品托盘,放置样品,将托盘送回样品室,关闭样品室,确保样品室密封。

(2) 抽真空。

打开电源,仪器预热10 ~ 30 min,打开真空阀门,开始抽真空。

(3) 调节电子束束斑。

当样品室真空度达到测定范围时,一般先用低倍物镜观察后,根据所测样品的发光强弱,调节电子束的束斑大小。

(4) 调节电流和电压。

对于大多数矿物来说,阴极发光程度属于中等 - 强,如一般的石英、方解石等,对于这些矿物在观察时电压可以调至 8 kV,束流调至 0.5 mA 左右;对于发光很强的矿物,如发亮光的钾长石、很亮的方解石等,电压可以不改变,束流调节为 0.2 ~ 0.5 mA,根据发光具体情况来选择。对于发光很暗的矿物,如有的石英、含铁方解石、含铁白云石等,电压可调至 8 ~ 10 kV,束流可为 0.5 ~ 0.9 mA。

(5) 正确调焦。

电子束流打到样品上的明亮区域称为束斑。束斑范围内的矿物受到激发而发光,束斑亮度的强与弱也会影响矿物的发光强度。一般要把束斑调整到圆形而且不分散,概括起来可分为三步来进行,移动偏转磁铁调整束斑位置,使其移动到窗口中心,然后转动磁铁块调整束斑的形状,使其为圆形,最后调整聚焦系统来调整束斑大小,使其亮度适中,使阴极显微镜处于最佳的工作状态。

2.5.6 地质应用

自 1879 年人们观察金刚石和红宝石等晶体的阴极发光现象开始,阴极发光技术在地质学领域得到了较快的发展。从20世纪90年代初开始,陆续有相关资料介绍阴极发光技术的地质学基础和阴极发光技术在地质学中的应用。邓华兴(1980 年) 对34 个不同产状的磷灰石进行了阴极发光研究,它们都能发出较强的荧光,发光颜色有黄色、蓝色、绿色以及它们的混合色,认为磷灰石的发光主要是由置换钙的锰和稀土离子等微量杂质元素充当激活剂引起的;周玲棣等(1981 年) 研究了我国某些稀土矿床中方解石的阴极射线发光性质,并探讨了其成因关系;李汉瑜(1983 年) 介绍了石英的阴极发光特征及其在砂岩研究中的应用;田洪均(1989 年) 报道了阴极发光在成岩作用研究中的应用,如恢复和辨认原始结构、构造、生物化石等、判断成岩温度及地热梯度、判断成岩溶液的性质及演化史、确定各种成岩事件(胶结、压实、交代) 的相对时间及期次。这些成果奠定了我国阴极发光的研究基础。

近年来,阴极发光技术开始与扫描电镜、电子探针及离子探针分析相结合,拓展到矿物微区和地质年代的测定。目前,阴极发光技术已经应用到了地质学的各个领域,如矿物学、沉积岩石学、石油地质学、生物地层学、宝石学等领域,并在高压 - 超压变质岩、区域变质岩、震积岩、花岗岩、金矿床、人体结石中利用特征阴极发光特性进行矿物的识别,并在显微构造、矿物的环带构造和交代结构的观察和岩石的精确定名、寻找找矿标志等方面不断拓展其应用领域。

下面参照《岩石样品阴极发光鉴定方法》(SY/T 5916—94) 的主要内容与要求,介绍阴极发光技术在地质学领域的应用情况。

1. 通过矿物的特征阴极发光性质鉴定矿物

通过矿物的特征阴极发光性质鉴定矿物是阴极发光技术在地质学领域应用的主要方面。其他方面的应用都是以矿物的基本阴极发光性质为基础而展开或派生而来的。

(1) 区分不同成因的石英。

石英有两种变体:一种是高温石英,即 β - 石英,呈六方双锥,柱面很短;另一种是低温石英,即 α - 石英,呈长柱状,二者转变温度为 573 ℃。石英的标准阴极发光颜色有 3 种:① 蓝紫色光,形成于深成岩或火山岩中,在高温(温度高于573 ℃) 条件下快速冷却形成。② 红棕、棕色光,又分两种情况:一种是高温条件下缓慢冷却形成,如有的高级区域变质岩中的石英;另一种是 300 ~ 573 ℃ 条件下结晶而成,如低级变质岩中的石英;一些受成岩作用中压溶、温度、压力的影响,自生石英也可能发浅棕色光。③ 不发光,成岩作用过程中形成的自生石英,又未经 300 ℃ 以上后期回火作用的自生石英(表 2.9)。尽管以上 3 种石英的形成机理还未取得统一,但它们的发光特征是公认的,可以应用石英的阴极发光特征来帮助鉴定不同成因的石英。

表 2.9　石英发光类型与岩石类型及温度之间的关系

发光类型	发光颜色	温度条件	产状	
Ⅰ	紫色	> 573 ℃ 快速冷却	火山岩	深成岩和接触变质岩
Ⅱ	褐色	> 573 ℃ 缓慢冷却	高级区域变质岩	a. 变质的火山岩 b. 变质的沉积岩
		300 ~ 573 ℃	低级区域变质岩	a. 接触变质岩 b. 区域变质岩 c. 回火沉积岩(自生石英)
Ⅲ	不发光	< 300 ℃	沉积岩中的自生石英	

(2) 区分不同系列的长石。

长石在岩浆岩、变质岩和沉积岩中广泛分布,约构成地壳的 50%,是最常见、最重要的造岩矿物之一。根据化学组成,可将长石分为碱性长石(即钾、钠长石)和斜长石(钙、钠长石)两大类。

一般在偏光显微镜下长石的光学性质有明显的区别,但也有十分相似的情况。在阴极发光作用下,碱性长石以亮蓝色发光为主,斜长石多以暗蓝色为主,正长石多为红色,钠长石为粉红色,更长石则为黄绿色,具体见表 2.10。长石的阴极发光颜色较多,单靠阴极发光一般不容易把每一类长石确切地区分开,有时需要配合电子探针和能谱进行综合分析。一般是应用长石的阴极发光特性把长石和其他矿物相区分。长石中激活剂元素的含量对阴极发光的影响较大,含 Ti^{4+} 的长石阴极发光主要为蓝色,含 Fe^{3+} 长石阴极发光主要为红色,含 Fe^{2+} 长石阴极发光主要为绿色,含 Mn^{2+} 的长石阴极发光主要为黄绿色。

表 2.10　长石的阴极发光特征及其影响因素

矿物名称	阴极发光特征	发光影响因素
钾长石	亮蓝色	含钾的条纹长石
条纹长石	深	富钾的微斜长石
微斜长石	淡	
斜长石	暗	随 Ca^{2+} 含量变化而变
钠长石	粉红色	
更长石	鲜绿色	
钙长石	芥末黄色	
自生的或低级变质岩长石	不发光	低温下结晶长石不发光
火成岩或高级变质岩长石	发光	

(3) 区分方解石和白云石。

方解石和白云石是碳酸盐岩储层最主要的矿物,在阴极发光显微镜下它们的发光强度大,颜色变化明显。阴极发光最早被应用到碳酸盐岩的研究中,主要是用于研究胶结物的共生加大和世代期次及准同生和准同生后白云石的区分等,后来阴极发光已被用来根据胶结物的发光特性(如发光强度、发光的环带、发光的旋回性等),来建立胶结物地层学。它还被用来根据发光性质与胶结物中某些微量元素之间的关系,来判断胶结物形成时的环境条件,并根据发光性质的变化来判断成岩环境的变化。还有,方解石和白云石是碎屑岩中的常见成分之一,在碎屑岩中常常以碎屑和胶结物的形式存在,根据其阴极发光的特征可以判断胶结物的形成期次,划分碎屑岩的成岩作用阶段,研究岩石各成岩阶段的流体成分特征等。

Fe^{2+} 和 Mn^{2+} 是方解石和白云石晶体中取代 Ca^{2+} 和 Mg^{2+} 的常见离子,Mn^{2+} 作为杂质离子是最主要的激活剂,Fe^{2+} 则作为最主要的猝灭剂。方解石($CaCO_3$) 常见的阴极发光颜色为橙色、橙黄色、橙红色。一般低镁方解石为鲜橙色,高镁方解石为暗红色;白云石($CaMgCO_3$) 常见的阴极发光颜色为紫色、玫瑰红色、橘红色、红褐色等,也可见蓝色和绿色。白云石的阴极发光颜色与其成因密切相关。方解石和白云石的元素组成与其阴极发光的强度、颜色的对应关系见表 2.11。

表 2.11　碳酸盐矿物元素组成(电子探针分析)与阴极发光

矿物名称	Ca^{2+}/Mg^{2+}	Mn^{2+}/Fe^{2+}	Fe^{2+}/Mn^{2+}	$Fe^{2+}/(Fe^{2+}+Mg^{2+})$	$FeCO_3$	$MgCO_3$	$CaCO_3$	阴极发光
方解石	165 ~ 195	0.7 ~ 1.5	0.6 ~ 1.4	—	0.06 ~ 0.1	0.4 ~ 0.5	99	橙黄 ~ 褐色
含铁方解石	66	0.7 ~ 1.2	0.8 ~ 1.4	—	2.5 ~ 2.9	1.2	94	橙色 ~ 褐色
白云石	0.9 ~ 1.26	0.16	0.13 ~ 6.5	0.004 ~ 0.4	0.05 ~ 1.2	39.5 ~ 54	51 ~ 58	红色
含铁白云石	1 ~ 1.5	0.09 ~ 1.14	2.4 ~ 10.7	0.06 ~ 0.37	3 ~ 11.8	34.6 ~ 43	51 ~ 56	褐色 ~ 暗褐
铁白云石	1.5 ~ 1.2	0.01 ~ 0.074	13 ~ 93	0.48 ~ 0.62	15 ~ 22	21 ~ 30.5	54 ~ 57	不发光
铁白云石	2 ~ 2.6	0.008 ~ 0.074	13 ~ 126	0.48 ~ 0.64	14 ~ 22	19.24 ~ 5	57.5 ~ 61.6	不发光

Fe^{2+} 和 Mn^{2+} 的含量可影响阴极发光的颜色和强度(图2.33),一般来说,Mn^{2+} 含量越高,发光越强,Fe^{2+} 的含量越高,发光越暗。但有时虽然 Mn^{2+} 含量很高,但 Fe^{2+} 的含量也很高,所以发光较暗;有时 Mn^{2+} 的含量虽较低,但 Fe^{2+} 的含量也较低,仍然可以有较明显的发光。

因此,Mn^{2+} 和 Fe^{2+} 的含量,以及 Mn^{2+}/Fe^{2+} 对发光强度和颜色均有影响,这 3 个因素共同控制了其阴极发光的亮度和颜色,只有 3 者达到合适的组合发光最亮,颜色最鲜艳,但总体上 Mn^{2+}/Fe^{2+} 的控制作用更强一些。

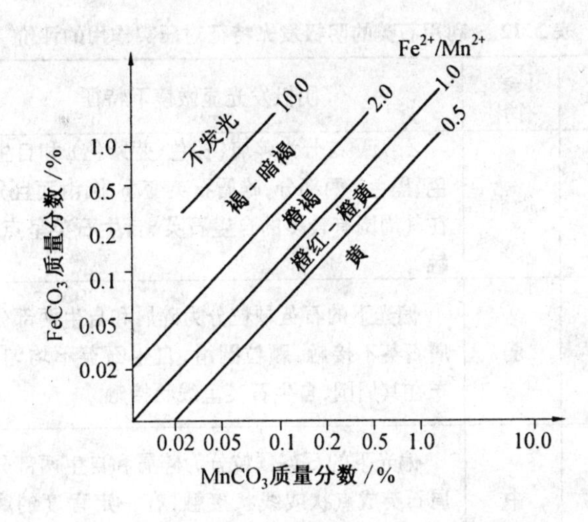

图2.33　方解石中的Fe/Mn含量与阴极发光的关系

2. 阴极发光在成岩作用研究中的应用

成岩作用也称为沉积后作用，是指碎屑沉积物沉积后转变为沉积岩直至变质作用以前或因构造运动重新抬升到地表遭受风化作用以前所发生的一切作用，狭义的碎屑岩成岩作用主要有压实作用、胶结作用、交代作用、重接结晶作用、溶蚀作用等。成岩作用研究是油田勘探与开发的一项基础工作，对于扩大油气勘探领域、开展油气资源的评价、提高油田开发效果、保护油层具有重要的意义。阴极发光是研究成岩作用的有效手段之一，尤其对于胶结作用、交代作用、重结晶作用等，具有其他分析技术无法取代的特殊功效。

(1) 阴极、偏光显微镜下对压实和压溶作用的准确识别。

压实作用和压溶作用一般是在偏光显微镜下通过碎屑颗粒之间的接触关系进行判断和识别的，但是对于硅质胶结较发育的碎屑岩储层往往会造成假象，把胶结作用和压实－压溶作用混同。在碎屑岩储层中硅质胶结物常常围绕石英、长石和岩屑以次生加大的形式产出，从外表上改变颗粒之间的接触关系，使分散的颗粒变得紧密接触，在偏光显微镜下很难识别陆源石英与硅质胶结物，进而无法根据颗粒之间的接触关系判断压实作用的程度。而阴极发光显微镜能够根据陆源石英与自生石英的发光特征，有效地识别出自生加大前陆源碎屑颗粒的形态，进而能够正确地判断压实和压溶作用的强度和颗粒之间原来接触关系。

碎屑石英颗粒在阴极发光显微镜下发光颜色为棕色(或棕红色)、蓝色(或蓝紫色)两类，而自生石英通常为不发光的黑色或褐色，偶尔可见棕色发光。碎屑石英和自生石英共有4种组合关系，即蓝色石英其次生加大呈黑色，蓝色石英其自生加大呈棕色，棕色石英其自生加大呈黑色，棕色石英其自生加大也是棕色，其中前3种组合在阴极发光显微镜下可以明显地进行识别，第4种组合虽然不容易区分，但碎屑石英和自生石英的棕色在深浅上总有一些差别，大部分可以识别。

在同一视域同时进行偏光和阴极发光的对照观察，可以很好地还原石英颗粒的原始接触关系(表2.12)。

表2.12 利用石英的阴极发光特征对压实作用的评价

偏光显微镜下特征	压实作用	阴极发光显微镜下特征	评价结果
石英颗粒呈点状接触	微弱	石英颗粒分为碎屑（棕色、蓝紫色）和自生（棕色、黑色）两部分，碎屑石英变小、圆滑而且分散，在其周围有较多的自生石英，自生石英呈点状接触	“假”点接触
石英颗粒之间呈线状接触	弱	偏光下的石英颗粒分为碎屑和自生两部分，碎屑石英不接触，颗粒圆滑，自生石英不均匀的分布在其周围，自生石英呈线状接触	“假”线接触
颗粒接触处呈凹凸状，颗粒相互嵌入	中	偏光下的石英颗粒分为碎屑和自生两部分，碎屑石英成点状或线状接触，有一定程度的磨蚀，自生石英不均匀集中，呈镶嵌状	“假”凹凸接触
石英颗粒呈缝合线状（锯齿状）接触	极强	原来石英颗粒分为碎屑和自生两部分，碎屑石英成点状接触，也可呈线状接触，有一定程度的磨蚀，自生石英不均匀集中，相互嵌入更深，呈锯齿状	“假”缝合接触

(2) 胶结作用。

胶结作用是指从孔隙溶液中沉淀出的矿物质（胶结物）将松散的沉积物固结起来形成岩石的作用，可以发生在成岩作用的各个时期。在成岩过程中，胶结物会发生很多变化，偏光显微镜下可观察到变化的最后结果，阴极发光显微镜根据矿物发光特征，可还原部分的成岩变化过程。

下面分别介绍几类典型矿物的阴极发光特征在胶结作用研究中的应用情况。

① 石英。

硅质胶结物包括晶质和非晶质两类，非晶质的蛋白石较少出现，晶质的玉髓、石英较为常见。其中石英是最稳定形态，也是最常出现的胶结物，常以石英的次生加大的形式表现出来。

a. 根据石英的次生加大情况判断压实作用的强弱。

在偏光显微镜下颗粒紧密接触，可推断经历了较强烈的压实作用，而且有压溶作用的发生，但在阴极发光显微镜下可见到明显的围绕碎屑石英生长的次生加大石英，进而还原次生加大之前的颗粒之间的接触关系和孔隙状态。表明在石英次生加大之前，岩石没有经历强烈的压实作用，孔隙比较发育，是强烈的硅质胶结作用使岩石的孔隙大部分消失。

b. 根据石英次生加大的发育程度判断发育级别，同时能够反映硅质来源是否丰富。

弱：加大的颗粒数小于岩石中颗粒数的1/3。

中：加大的颗粒数占颗粒数的1/3 ～1/2。

强：加大的颗粒数大于岩石颗粒数的1/2。

c. 根据石英次生加大，可以判断砂岩的次生孔隙的形成过程。

阴极发光下所见到的石英次生加大，仅限于颗粒与颗粒之间，而颗粒与孔隙之间或颗粒与胶结物之间不具有石英的次生加大。这种情况表明，早期形成的其他胶结物或基质，已经占据了大部分孔隙空间,晚期的石英次生加大只能在颗粒与颗粒之间形成,后期其他易溶胶结物被溶蚀,且无硅质来源,因此保留了这部分次生孔隙。或者颗粒的一边存在次生加大,而另一边不存在次生加大,而与孔隙接触,说明石英的次生加大与其他胶结物同时形成,后期其他胶结物被溶蚀,留下了次生孔隙。

②方解石和白云石。

碳酸盐胶结物包括方解石、文石、白云石、菱铁矿和菱锰矿,其中方解石和白云石最为常见。文石仅见于现代沉积的砂岩中,在较老的砂岩中,文石已经转变为方解石。

a.根据特征阴极发光颜色识别碳酸盐矿物。

在阴极发光显微镜下,方解石的发光颜色通常是橘黄色、橘红色,白云石的发光颜色一般情况下是红色、粉紫色,在众多的胶结物中比较容易识别。

b.根据方解石或白云石的生长环带判断成岩环境。

方解石或白云石等胶结物在生长过程中,由于所含的离子、温度、pH值、Eh值等流体环境的变化,在晶体生长过程中会有不同的离子(激活剂Mn或猝灭剂Fe)的加入,由于阴极发光的差异,产生不同的环带。晶体发光环带的多少可以反映晶体生长过程中流体化学性质改变次数的多少,晶体发光环带的宽窄反映了晶体在生长过程中流体化学性质变化间隔的长短,发光环带间的界限明显、清楚,反映流体性质的改变时突变的,如果界限模糊不清,则反映了流体性质的改变是一个渐变的过程。

③长石。

长石阴极发光颜色为天蓝色、红色、绿色等,而自生长石不发光,碎屑长石和自生长石较容易区分。长石的增生胶结作用也常以长石的自生加大形式出现。

④高岭石。

砂岩胶结物的自生黏土矿物,在阴极发光显微镜下大部分不发光,唯有高岭石发蓝色光,高岭石以鲜明的蓝色区别于蚀变后的颗粒发光颜色,较容易识别。

(3)交代作用。

交代作用是指一种矿物替代另外一种矿物的现象,发生在已经固化的沉积岩内,是晶型保持不变的沉淀转化作用,转化过程中能够保持原矿物的晶型或集合体形状,成为原晶体的“假象”。研究交代作用,对恢复成岩历史、了解成岩流体的地球化学性质、恢复原岩结构及成分等都十分重要,但在普通偏光显微镜下,较难清晰地识别各种交代现象,而阴极发光对研究交代作用效果较好,是对偏光显微镜在交代作用研究的一种有效补充。

①氧化硅交代黏土矿物。

氧化硅交代黏土矿物基质的现象比较常见,在薄片中一般可见玉髓或石英小颗粒散布在黏土基质中,有时形成极细小的石英质点。在普通偏光显微镜下,较难识别,但在阴极发光显微镜下,高岭石发蓝色光,石英发褐色或蓝紫色光,尽管颗粒细小,根据它们之间阴极发光属性较易识别。

②方解石、白云石交代长石。

在砂岩中方解石、白云石常交代长石,有时保留了长石的外形,有时保留了长石的交代残余和沿长石的裂隙等交代,在阴极发光显微镜下长石为天蓝色发光,方解石或白云石为橙黄色发光,较易识别。

③ 黏土矿物交代石英。

在富含黏土基质的砂岩中，黏土矿物（如高岭石）常可以交代石英或长石，使石英边缘凹凸不平，在阴极发光显微镜下，蓝色的高岭石、褐色的石英可以明显地加以识别。

④ 碳酸盐矿物之间的交代作用。

在碳酸盐岩中或砂岩的碳酸盐胶结物中，常见碳酸盐矿物之间如方解石和白云石之间的交代作用。如方解石被白云石交代，由于交代不彻底，常在菱形白云石晶体中保留了方解石的残余，在偏光显微镜下较难识别，而在阴极发光下，可见橙红色菱形白云石中有黄色方解石的斑点。而白云石被方解石交代，橙红色菱形白云石外面是黄色发光的方解石。

3. 用阴极发光判别碳酸盐岩的形成次序与成岩阶段的关系

研究成岩作用演变史实际上是研究孔隙水活动的历史。在成岩过程中，不同阶段孔隙水的变化，将影响到孔隙中胶结物成分的变化，它们可以通过阴极发光反映出来。因此，可以根据阴极发光划分成岩阶段及用阴极发光判别碳酸盐岩的形成次序，见表2.13。

表 2.13　碳酸盐岩的形成次序与成岩阶段划分

成岩环境	成岩阶段	古地温/℃	形成期次	阴极发光特征	方解石和白云石胶结物晶型
海底 潮上 潮底	同生成岩	常温	A	不发光～昏暗	球状 等厚环边 栉壳状 叶片状 马牙状
混合水					
大气淡水					
浅埋藏	早成岩	常温～80	B	昏暗～中等 明亮～发光 明亮发光	粒状 镶嵌状 共轴增生 新月形 环边状
中～深埋藏	晚成岩	>80～200	C	中等明亮～昏暗发光	粒状粗晶 镶嵌状连晶 共轴增生
表生成岩	表生成岩	常温	D	昏暗～中等明亮发光	粒状 裂缝充填 镶嵌状

阴极发光技术对原岩组构的恢复、地层划分和对比、沉积相和沉积环境的判定、探讨碳酸盐的成因等方面具有重要的作用。此外，阴极发光技术虽然在地质找矿、石油勘探等领域取得了明显的成效，但阴极发光技术目前仍然处于积累和探索阶段，矿物发光的机理、不同矿物的发光规律、相同矿物不同的阴极发光现象等处于不断的探讨和研究中，有些深层次的工作需要进一步的探索。

思考题

1. 如何通过X射线衍射分析方法把天然黏土矿物中的高岭石和绿泥石以及蒙脱石和绿泥石区分开来?

2. 通过X射线衍射分析可以对黏土矿物进行鉴定,该项鉴定技术在石油地质有哪些应用?举例说明。

3. 什么是热分析?地质上常用的热分析方法有哪几种?如何解释常温至1 000 ℃之间的黏土矿物的DTA曲线?

4. 什么是红外吸收光谱?红外光谱的优点有哪些?固体样品的制样方法有哪些?

5. 用红外光谱图对黏土矿物进行鉴定的依据有哪些?

6. 什么是红外光谱的基频区和指纹区?

7. 油、水层的荧光显微图像的一般特征有哪些?

8. 扫描电镜和普通光学显微镜相比有何特点?简述扫描电镜在地质上的应用。

9. 简述扫描电镜的工作原理和仪器结构。

10. 应用扫描电镜分析地质样品时,样品的制备步骤包括哪些?各有哪些注意事项?

11. 简述扫描电镜在储层及成岩作用研究方面的应用。

12. 扫描电镜上配备的能谱仪有何作用?

13. 试计算解释草酸钙($CaC_2O_4 \cdot H_2O$)的热重、差热曲线(图2.34)。

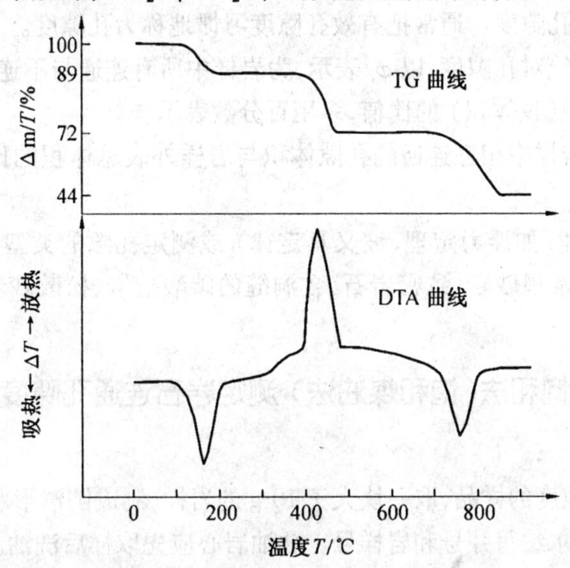

图2.34　草酸钙的TG曲线、DTA曲线

14. 何为阴极射线发光?阴极射线发光的基本过程和基本条件是什么?

15. 如何通过阴极射线发光来区分不同产状的石英?在碎屑岩的成岩作用中有何应用?

16. 方解石和白云石的阴极发光颜色和强度与Fe和Mn的含量有何关系?在成岩作用研究过程中如何应用?

17. 阴极发光分析与普通薄片分析对薄片要求有何异同?

第3章 岩石物性分析

尽管测井技术在测定岩石物性方面得到了不断的改进和发展,成为评价油层的一种重要手段。但是室内岩心分析,无论在油田勘探阶段,还是在开发阶段,仍然是评价油层和直观认识油层性质的一种重要方法,而且也是校核测井数据的重要依据。岩心物性分析主要包括岩石孔隙度测定、渗透率测定、含油饱和度测定、碳酸盐含量测定,另外还有岩石比表面积测定、岩石孔隙结构测量、泥岩排替压力测定等。

3.1 岩石孔隙度测定

3.1.1 孔隙度的概念

孔隙度又称孔隙率,是衡量岩石中所含孔隙体积多少的一种参数。它反映岩石储存流体的能力,通常用 φ 表示。依其所指孔隙类型的不同,又可分为总孔隙度和有效孔隙度,最常用的是有效孔隙度。通常把有效孔隙度习惯地称为孔隙度。

总孔隙度,又称绝对孔隙度,以 φ_t 表示,为岩样中所有连通与不连通的孔隙的总体积与岩样的外表总体积(视体积)的比值,多用百分数表示。

有效孔隙度为岩样中相互连通的孔隙体积与岩样外表总体积的比值,多用百分数表示。

根据测定的原理(如浮力定理、波义耳定律)或测定孔隙的类型(如总孔隙、有效孔隙)或样品类型(如常规砂岩、致密岩石、含洞缝的碳酸盐岩、松散砂岩)的不同,孔隙度的测定方法有很多。

3.1.2 液体饱和法(饱和煤油法)测定岩石连通孔隙度

1. 样品要求

用煤油法测孔隙度的样品,取一块大于10 g的岩样,制成圆滑形状,用毛刷轻轻刷去表面粉末,用碳素墨水编写井号和岩样号。含油岩心应先取样后洗油。对易散疏松砂岩,取一块15 ~ 30 g的岩样,用蜡密封。若孔隙度样品可以与渗透率样品共用,则取样方法与渗透率取样方法相同。

2. 原理

液体饱和法的理论依据是浮力定律。由于所使用的液体通常为煤油,故又称为饱和煤油法,是目前普遍采用的测量连通孔隙度的方法。之所以使用煤油,原因是煤油是不能使岩样膨胀的液体,且又有很好的渗入性和低挥发性。本方法适用于任意形状的岩样,但不适用于有溶洞的岩样。

其方法是:依次称出岩样未饱和煤油前在空气中的质量(G_1)、岩样用煤油饱和后悬挂于煤油中的质量(G_3)、将岩样表面的煤油擦掉在空气中的质量(G_2)。G_2 与 G_1 之差除以煤油密度是岩样孔隙体积;G_2 与 G_3 之差,除以该饱和液体的密度是岩样体积;孔隙体积与岩样体积之比为岩样孔隙度。

3. 操作步骤

(1) 岩石抽提、烘干后在天平上称得质量 G_1,将岩样放入真空干燥器中,真空度达到133.3 Pa时,抽空2 ~ 8 h,对渗透率低于 1×10^{-3} μm² 的样品,抽空时间需18 ~ 24 h。

(2) 将饱和用的煤油(事先经过滤和抽空处理)引入真空干燥器中,继续抽空1 h,随后在常压下浸泡4 h以上。让煤油倒吸入盛岩样的容器,这样岩样就在真空状态下被煤油充分饱和。

(3) 将饱和后的岩样逐一悬挂于盛有饱和液体的烧杯中,使岩样全部浸没在液体中称量 G_3,然后迅速擦掉岩样表面的液体并称量 G_2。

4. 孔隙度计算

岩样的孔隙体积可用下式表示,即:

$$V_p = (G_2 - G_1)/d_o \tag{3.1}$$

式中 G_1—— 抽提后的干岩样质量,g;

G_2—— 岩石饱和煤油后在空气中的质量,g;

d_o—— 煤油的密度,g/cm³;

V_P—— 岩样的孔隙体积,cm³。

根据阿基米得原理,物体在液体中所失去的质量等于该物体所排开的同体积液体之质量,那么岩石的总体积为:

$$V_T = (G_2 - G_3)/d_o \tag{3.2}$$

式中 G_3— 岩样饱和煤油后在煤油中的质量,g;

V_T— 岩石的总体积,cm³。

因此,孔隙度 φ 等于:

$$\phi = \frac{V_p}{V_T} = \frac{G_2 - G_1}{G_2 - G_3} \times 100\% \tag{3.3}$$

可见,用此法测定孔隙度只需测得 G_1,G_2,G_3 3个质量即可,而无需知道煤油的密度。

例如,某岩样洗油干燥后称重12.551 1 g,饱和煤油后在煤油中称重8.800 3 g,饱和煤油后轻轻擦去表面煤油在空气中称重13.452 2 g,则该岩样的可孔隙度为:

$$\phi = \frac{V_P}{V_T} = \frac{G_2 - G_1}{G_2 - G_3} \times 100\% = \frac{13.452\,2 - 12.551\,1}{13.452\,2 - 8.800\,3} \times 100\% \approx 19.4\%$$

5. 仪器结构与器材

饱和煤油法测定岩样连通孔隙度装置的基本结构如图3.1所示。

涉及的器材有,万分之一克感量的精密分析天平一台,以及为吊称岩样用的细铜丝及天平的架桥、烧杯等;真空泵,极限真空度为1.33 Pa;真空干燥器,要求密封性好,并能将液体饱和到岩样中去;一般用低黏度、低蒸汽压的过滤煤油或其他溶剂。

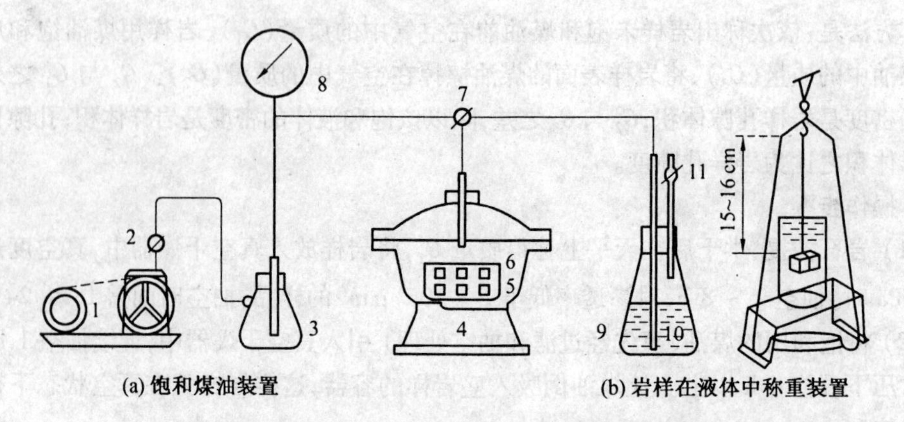

(a) 饱和煤油装置　　(b) 岩样在液体中称重装置

图 3.1　饱和煤油法测定岩样连通孔隙度的装置

1— 真空泵;2— 三通;3— 缓冲瓶;4— 真空容器;5— 盛岩心容器;6— 岩样;7— 三通;8— 真空压力表;9— 盛煤油瓶;10— 煤油;11— 通大气二通阀

3.1.3　气体法测定岩石孔隙度

1. 原理与仪器结构

该方法是一种测定岩样的颗粒体积的方法。它是利用气体膨胀原理,即玻义尔(Boyle)定律来测定的。测定装置主要由 4 部分组成:试样室、参照室、压力表和阀门,如图 3.2 所示。待测样品洗油干燥且已测得外表体积后放入样品室内。

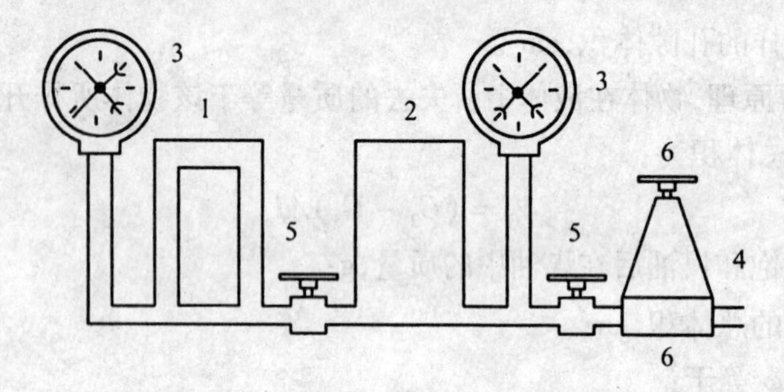

图 3.2　气体法测定孔隙度原理图

1— 试样室;2— 参照室;3— 压力表;4— 接高压气源;5— 阀门;6— 压力调节器

该仪器可用氦气和氮气两种气体测定。一般的砂岩可用氮气测定,对于较为致密的灰岩和孔隙较小的岩样可用氦气测定。用氦气的理由是,氦气分子小(分子半径 r = 0.09 nm),分子质量低(M = 4),作为工作介质有较高的渗透能力,能够进入致密岩石微小的毛细管,而且岩石表面对氦气的吸附性差。

根据玻义尔定律,如图 3.2 所示,气体在已知体积 V_k 和测试压力 p_k 下等温膨胀到样品室(体积为 V_1)中,膨胀后测量最终平衡压力 p,可求得 V_1;在岩心室中放入岩样,重复上述过程可求得 V'_1,则 $V_1 - V'_1$ 即为岩样的固体体积:

$$V_k p_k = Vp + V_k p \tag{3.4}$$

$$V = V_k(p_k - p)/p \tag{3.5}$$

对于低压真实气体,在弹性容器中作等温膨胀,考虑到器壁的压变性,忽略一些次要因素，由下式计算未知体积：

$$V = V_k\left(\frac{p_k - p}{p}\right) + \frac{p + p_a}{p}G(p_k - p) \tag{3.6}$$

式中　V—— 未知室空间体积，cm^3；

V_k—— 已知室空间体积，cm^3；

p_k—— 已知室的初始压力，MPa；

p—— 平衡压力，MPa；

p_a—— 当地当时的大气压，MPa；

G—— 体系的压变系数，cm^3/MPa。

由此可知，在体系一定时，即 V_k, p_k, G 一定时，待测体积只是平衡压力 p 的函数，“气体孔隙度仪”就是测定平衡压力 p。

2. 标准岩样颗粒体积的确定

由上述所知，我们只要用同样的方法进行两次实验就可以确定出岩样的颗粒体积。若未知室不装岩样时得到的平衡压力为 p_1，则由式 3.6 样品室空间体积为 V_1：

$$V_1 = V_k\left(\frac{p_k - p_1}{p_1}\right) + \frac{p_1 + p_a}{p_1}G(p_k - p_1) \tag{3.7}$$

若样品室里装进岩样时得到的平衡压力为 p，则样品室的空间（包括岩心中的孔隙体积）体积为 V'_1

$$V'_1 = V_k\left(\frac{p_k - p}{p}\right) + \frac{p + p_a}{p}G(p_k - p) \tag{3.8}$$

最后得到岩样颗粒体积为：

$$V_g = V_1 - V'_1 \tag{3.9}$$

圆柱状规则岩石外表体积 V_T 可按下式求得：

$$V_T = \frac{\pi}{4}D^2 L$$

式中　D—— 岩样直径，cm；

L—— 岩样长度，cm；

G—— 利用已知孔隙度的标准块确定。

对于不规则岩样的 V_T 只能用总体积仪或其他方法测定。岩石孔隙度为：

$$\phi = \frac{V_T - V_g}{V_T} \times 100\% \tag{3.10}$$

以上介绍的是两种针对常规岩心目前普遍使用的孔隙度测定方法，对于致密岩心、松散岩心、有洞缝的岩心等特殊岩心以及对测试过程有特殊求，还有其他方法可以使用，可参见 SY/T 5336—2006。

3.2　岩石渗透率测定

渗透率是油（气）藏岩石最重要的渗流特性参数之一。在一定压力作用下，岩石允许流体通过的能力，称为岩石的渗透性，用于衡量岩石渗透性好坏的定量指标就是岩石的渗透率。按照流体的性质和测定渗透率方式的不同,渗透率有多种,其中仅代表岩石物理性质的渗透率称为岩石绝对渗透率;除了岩石物理性质之外,还表征流体的物理化学性质和流体在岩石中运动特征的渗透率称为岩石对流体的有效渗透率;除此之外,渗透率大小还同流体进入岩石的方向有关,如果流体平行于岩石层面方向线性流动时,岩石的渗透率称为水平渗透率,如果流体垂直于岩石层面方向线性流动时,岩石的渗透率称为垂直渗透率,如果流体是径向流入岩心时,则称为径向渗透率。

获得岩石渗透率的方法可分为3类:第一类是实验室用岩石样品直接测定的岩石渗透率;第二类是利用测井曲线计算岩石渗透率,属于间接测定;第三类是基于毛管束渗流模型计算岩石渗透率,也属于间接测定。

实验室测定岩石渗透率的方法很多,可以归为两大类:一是稳态法(或称常规方法),二是非稳态法(或称非常规方法)。目前用得最多的是稳态法。稳态法的基本原理是:让流体在压差作用下通过岩心流动,在流动稳定的情况下,测量岩心两端的压力和通过岩心的流量,然后按达西公式进行计算,即得岩石渗透率。稳态法测定岩石的渗透率又根据测定岩石的不同(普通小圆柱状岩心、全直径岩心、致密岩、疏松砂岩)而采用不同的测定技术。

气体或液体均可作为测定渗透率的流体。但是液体容易与岩石中某些成分产生相互作用,而且还要控制细菌的作用等,因此在常规测定方法中不使用液体做工作介质,而是用干燥的空气或氮气做工作介质。

如果岩样内束缚水的矿化度很高时,测定之前要除去其中的盐分。对于岩性均匀、胶结程度好的坚硬岩心,可按一般的方法测定渗透率。对于胶结性差或含泥质的岩样,应先仔细地制成一定形状后,用塑料、沥青或其他材料加以支撑保护,以免在测定过程中岩样内部结构改变或破坏。为了获得地层有代表性的渗透率值,每一层都要有一定数量的岩样。

渗透率分析样品的取样可用金刚石取心钻头及锯片把岩心钻切成圆柱形或立方形。对疏松岩心,冷冻的可用钻床取样,未冷冻的则用手工或专用工具取样。所取小圆柱样品,一般直径为2.5 cm或3.8 cm,最小长度与直径比为1。取小圆柱水平渗透率岩样,必须平行地层层面钻取。垂直渗透率岩样,必须垂直地层层面钻取。测定渗透率的岩样可采用测过流体饱和度和孔隙度的岩样。

下面介绍一种常用的以气体作为介质的稳态法测定岩石渗透率的方法。

3.2.1　基本原理

1. 渗透率的概念与达西公式

渗透率通过下述实验来定义:设有一截面积为A,长度为L的岩石,将其夹紧于岩心夹持器中,使黏度为μ的流体在压差$\Delta p = p_1 - p_2$下通过岩心,则得到流量Q。实验证明,单位时间通过岩心的体积流量Q与压差Δp、岩心截面积A成正比,与岩心的长度L和流体的黏度μ成反比,可写成下式:

$$Q = K\frac{A}{\mu}\frac{\Delta p}{L} \tag{3.11}$$

式(3.11)为达西方程,从式中可以看出A,L是岩石的几何尺寸,Δp是外部条件,μ是流体性质。对于不同的岩石，当外部条件、几何尺寸、流体性质都一定时，流体通过量 Q 的大小就取决于反映岩石渗透性的比例常数 K 的大小，我们把 K 称为岩石的绝对渗透率。

将式(3.11) 改写为：

$$K = \frac{Q\mu L}{A\Delta p} \tag{3.12}$$

此式便是计算岩石渗透率 K 的理论依据。

早期国内外经常采用的渗透率的单位是达西，符号是 D，其物理意义：当黏度为 1 mPa · s 流体，在压差为 1 大气压(0.098 1 MPa) 作用下，通过截面积为 1 cm^2、长度为 1 cm 的多孔介质，其流量为 1 m^3/s 时，称该多孔介质的渗透率为 1 达西，1 D ≈ 1 μm^2。在多数情况下，油气储层岩石渗透率不高于 1 D，因此常用毫达西(mD) 来表示渗透率，即 $10^{-3}\ \mu m^2$，这是目前统一使用的渗透率单位。

绝对渗透率是岩石本身的固有特性，测定和计算岩石绝对渗透率时必须符合以下条件：

(1) 岩石中全部孔隙为单相流体所饱和，液体不可压缩，岩心中流动是稳态单相流。

(2) 通过岩心的渗流为一维直线渗流。

(3) 液体性质稳定，不与岩石发生物理、化学作用。

比如，不能用酸液测定渗透率；不能使用蒸馏水，而使用地层水(盐水) 防止岩石中含有的黏土矿物遇水膨胀而使渗透率降低。

只有满足以上条件，达西公式(3.11) 中的比例系数 K 才是常数，测出来的绝对渗透率才准确。

2. 气测渗透率

当用液体测定渗透率时，可认为液体不可压缩，液体体积流量 Q 在岩心中任意横截面上是定值。然而若气体不同，则气体的体积随压力和温度的变化十分明显，是可压缩的。

用气体测定岩石的渗透率时所依据的原理是达西定律的微分形式，即：

$$K = -\frac{Q\mu}{A}\frac{dL}{dp} \tag{3.13}$$

认为在一个微小单元 dL 上，流量不变。实际沿岩心整个长度 L 上，流量 Q 是变量。由于随 L 增加，p 会降低，为保证渗透率 K 值永远为正值，在方程式右侧加负号。

下面分析确定气测岩石渗透率的计算公式。若气体在岩心中渗流时为稳定流，故气体流过各断面的质量流量是不变的。若整个过程为等温膨胀过程，根据波义耳 - 马略特定律为：

$$Qp = Q_0 p_0 = 常数 \tag{3.14}$$

式中，Q_0 为在大气压 p_0 条件下气体的体积流量(即出口气量)。

因此：

$$K = -\frac{Q_0 p_0 \mu}{A} \cdot \frac{dL}{p dp}$$

分离变量，两边积分，得：

$$\int_{p_1}^{p_2} Kp\,dp = -\int_0^L \frac{Q_0 p_0 \mu}{A} dL$$

$$K\frac{p_2^2 - p_1^2}{2} = -\frac{Q_0 p_0 \mu}{A} \cdot L$$

$$K = \frac{2Q_0 p_0 \mu L}{A(p_1^2 - p_2^2)} \tag{3.15}$$

式中 K—— 气测渗透率,μm^2;

p_0—— 大气压力,0.1 MPa;

A—— 岩心横截面积,cm^2;

μ—— 气体的黏度,MPa·s;

L—— 岩心长度,cm;

p_1、p_2—— 入口和出口横断面上的绝对压力,0.1 MPa。

3.2.2 仪器结构和测量过程

1.仪器设备

测定气体渗透率流程之一的渗透率仪示意图如图3.3所示,具体包括:压力表、水银

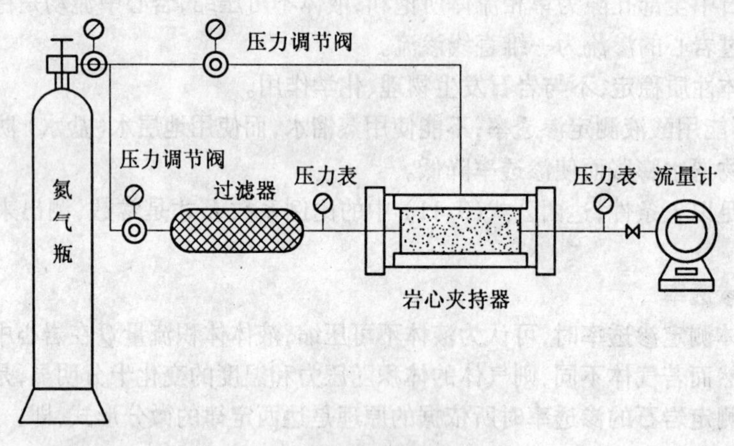

图3.3 岩石气体渗透率测定仪

压力计、皂膜流量计或节流器、赫斯勒型岩心夹持器。赫斯勒型岩心夹持器适用于圆柱形岩样,为封住岩样(图3.4),夹持器中的橡皮套弹性要好,围压用1.4 ~ 2.8 MPa。还需要测量岩样直径和长度的千分卡尺。若使用皂膜流量计,还要有计时秒表。

2.操作步骤

(1) 用3 ~ 5个标准块,检查仪器的可靠性,测得标准块值与标准块的标定值相比较。其相对误差在5% 以内,认为所用仪器合格。

(2) 对形状规则的岩样,可用游标卡尺测量。如果岩样需要用其他材料包封,则应在包封前测岩样尺寸,包封后再次测量。如果岩样两端面平行而形状不规则,则用卡尺量其长度,用其他方法测其体积、用总体积除以长度就可得到岩样的平均横截面积。

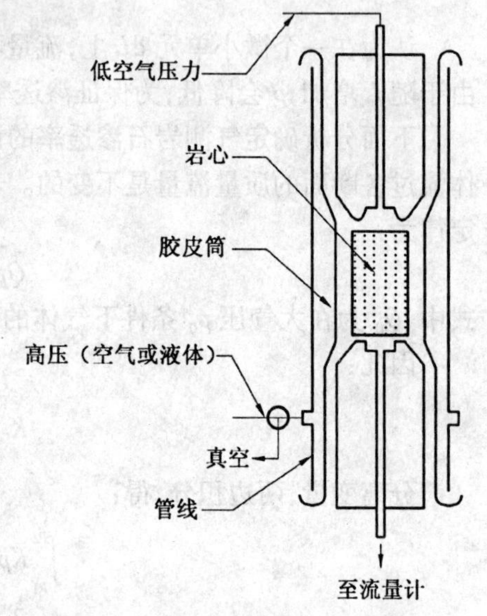

图3.4 低压 Hassler 型岩心夹持器

(3) 将待测岩样装入适合的岩心夹持器中,加密封压力。

(4) 干燥气体通过岩样时,调整稳压阀使气体流量计有合适的读数,记录进出口压力 p_1,p_2 及气体流速 Q_0;测量大气压力 p_0。

(5) 一批(一次) 样品测完后,要按(1) 的要求重测标准块,测得值与标准值比较,看是否符合要求,如不符合要求,要查出原因,样品重测。

3. 渗透率计算

根据式(3.15) 计算的渗透率称为气测渗透率,这是目前现存岩石渗透率数据中数量最多的一种。当气测渗透率较大时,气测渗透率与岩石的绝对渗透率十分接近;当气测渗透率很低时,气测渗透率与绝对渗透率就有较大差异,这时需要对气测渗透率进行校正,才能作为绝对渗透率使用,细节详见 SY/T 5336—2006。

4. 质量要求

岩样渗透率大于 $10 \times 10^{-3}\ \mu m^2$ 时,允许相对偏差为5%;当小于 $10 \times 10^{-3}\ \mu m^2$ 时,允许相对偏差为 15%。

每批岩样明码抽查 10% 或密码抽查5%。如果在相同压差、相同气流方向条件下,抽查样品有 10% 超过允许偏差,应找出原因后,整批岩样重测。

渗透率计算值当 $K > 0.1 \times 10^{-3}\ \mu m^2$ 数值保留 3 位有效数字。

3.2.3　渗透率与其他岩石物性参数的关系

储油岩岩石孔隙度、孔隙大小分布和渗透率都是表示岩石渗流特性的参数,它们之间有着一定内在联系。但是由于岩石类型结构的复杂性,很难找出一个普遍性的定量关系,但可以从等效渗流阻力概念出发,把复杂孔隙结构的岩石看成是许多等径的平行柱状毛管束所组成,则可导出一些有价值的关系式。

1. 渗透率与孔隙半径的关系

从岩石等效渗透阻力概念出发,即假设其单位面积有 n 根半径为 r 的毛管,其余几何尺寸、流体性质和外加压差与真实岩石相同则通过岩石的流量为:

$$Q = \frac{nA\pi r^4 \Delta p}{8\mu L} \tag{3.16}$$

式中　n—— 单位面积中的毛管根数;

A—— 岩石横截面积;

r—— 毛管的平均半径。

按达西公式:

$$Q = \frac{KA\Delta p}{\mu L}$$

如果真实岩石和假想岩石的渗流阻力相等,则在几何尺寸、流体性质和外加压条件相同时,二式的流量一样,即:

$$\frac{KA\Delta p}{\mu L} = \frac{\pi nAr^4 \Delta p}{8\mu L}$$

将孔隙度 $\phi = \frac{nA\pi r^2 L}{AL} = n\pi r^2$ 代入上式化简,得出:

$$Q=\frac{nA\pi r^4\Delta p}{8\mu L}$$

$$K=\frac{\phi r^2}{8} \tag{3.17}$$

考虑到岩心中的孔隙通道不会是直的,而是有一定的迂回弯曲,由高才尼与卡尔曼导出下述公式:

$$K=\frac{\phi r^2}{8\tau^2} \tag{3.18}$$

式中 K—— 岩石渗透率,μm^2;

r—— 以岩石平均孔喉半径,μm;

ϕ—— 孔隙度,小数;

τ—— 孔喉迂曲度(一般为 1 ~ 1.4),是岩石孔道实际长度与岩心外表长度之比。

由上式可以看出,决定岩石渗透性的主要因素是平均孔隙半径,因为岩石的孔隙度变化范围很小,而孔隙半径的变化范围则很大。

2. 岩石渗透率与比表面的关系

同样从岩石等效渗透阻力概念出发,可推导出孔隙度、渗透率与比表面的关系为:

$$K=\frac{1}{2}\times\frac{\phi^3}{S_s^2} \tag{3.19}$$

式中,S_s 是岩石的比表面积。

可以看出,岩石的比面越大,渗透率越小,泥质岩层的渗透性一般较差,就可以理解是孔隙很小或比面很大所造成的。

如果考虑岩石孔道的曲折性,则渗透率与比表面的关系为:

$$K=\frac{1}{2}\times\frac{\phi^3}{\tau^2 {S_s}^2 (1-\phi)^2} \tag{3.20}$$

3.3 含油饱和度测定

3.3.1 饱和度的概念

储层岩石孔隙中充满一种流体时,称为饱和了一种流体。当储层岩石孔隙中同时存在多种流体(原油、地层水或天然气)时,某种流体所占的体积百分数称为该种流体的饱和度。

1. 流体饱和度的基本定义

根据上述定义,储层岩石孔隙中油、水、气的饱和度可以分别表示为:

$$S_o=\frac{V_o}{V_p}=\frac{V_o}{V_b\phi} \tag{3.21}$$

$$S_w=\frac{V_w}{V_p}=\frac{V_w}{V_b\varphi} \tag{3.22}$$

$$S_g = \frac{V_g}{V_p} = \frac{V_g}{V_b \varphi} \tag{3.23}$$

式中　S_o, S_w, S_g—— 含油饱和度、含水饱和度、含气饱和度；

V_o, V_w, V_g—— 油、水、气体在岩石孔隙中所占体积；

V_p, V_b—— 岩石孔隙体积和岩石视体积；

ϕ—— 岩石的孔隙度，小数。

在地层条件下，S_o, S_w, S_g 3 者之间始终满足有如下关系：

$$S_o + S_w + S_g = 1 \tag{3.24}$$

当岩心中只有油、水两相时，即 $S_g = 0$ 时，S_o 和 S_w 有如下关系：

$$S_o + S_w = 1 \tag{3.25}$$

2. 原始流体饱和度、束缚水饱和度

在油藏开发的不同阶段，流体饱和度的内涵有不同的含义。油藏投入开发前，储层流体饱和度，称为原始流体饱和度。

原始含水饱和度（S_{wi}），是油藏投入开发前储层岩石孔隙空间中原始含水体积 V_{wi} 和岩石孔隙体积 V_p 的比值。

原始含油饱和度（S_{oi}），是油藏投入开发前储层岩石含油体积 V_{oi} 与岩石孔隙体积 V_p 之比称为原始含油饱和度。

同样，可以定义原始含气饱和度（S_{gi}）。

当 $S_{gi} = 0$ 时，有 $S_{oi} + S_{wi} = 1$。

即使是纯油气藏，其储层内都会含有一定数量的不流动水，通常称之为束缚水。束缚水一般存在于砂粒表面、砂粒接触处或微毛管孔道中。

3. 当前油、气、水饱和度

油田开发一段时间后，地层孔隙中含油、气、水饱和度称为当前含油、气、水饱和度，简称含油饱和度、含气饱和度或含水饱和度。

4. 残余油饱和度与剩余油饱和度

经过某一采油方法或驱替作用后，仍然不能采出而残留于油层孔隙中的原油称为残余油，其体积在岩石孔隙中所占体积的百分数称为残余油饱和度用 S_{or} 表示。这可以理解为，驱替结束后残余油是处于束缚、不可流动状态的。

剩余油主要指一个油藏经过某一采油方法开采后，仍不能采出的地下原油。一般包括驱油剂波及不的死油区内的原油及驱油剂（注水）波及了但仍驱不出来的油两部分。剩余油的多少取决于地质条件、原油性质、驱油剂种类、开发井网以及开采工艺技术，通过一些开发调整措施或增产措施后仍有一部分可以被采出。剩余油体积与孔隙体积之比称为剩余油饱和度。

确定流体饱和度的方法很多，最重要的有两种方法：一是岩石样品实验室测定法，包括如蒸馏法、干馏法；二是地球物理方法，如自然电位、人工电位、自然 γ 射线、电阻率、声波、岩性密度、中子、碳氧比（C/O）、能谱等测井方法。还有其他方法如地化录井法、核磁共振法、毛管压力曲线法等。实验室测定法属于直接测定，是所有流体饱和度测定方法的基础。

下面根据 SY/T 5336—2006 主要介绍蒸馏法，该方法是实验室测定岩心流体饱和度的基础方法。

3.3.2 样品采集和分析前的取样

1. 井场取饱和度样

对测油、水饱和度的岩样,应防止岩心内流体的溢出、蒸发或外部液体渗入;取疏松样品时要保持岩心原状。

(1) 容器密封法。

容器密封法适用于保存分析油、水饱和度的岩样及特殊要求的岩样;岩心可直接装入容器,也可用铝箔、聚乙烯或其他合适的塑料包装后密封在容器中,岩心与容器上要标明井号和样号。岩心与容器间的孔隙应尽量小。未包裹的岩心更要控制间隙。装进容器中的岩样,有两种不同的保存方式:一是容器中不倒入任何液体;二是容器中倒入定量的测定岩样时所用的液体,即将称量后的岩样泡在测定液中密封。

② 蜡封法。

蜡封法适用于保存胶结好的,用以分析油、水饱和度的岩心。

用一容器将石蜡熔化,温度在 70 ~ 90 ℃。

将岩心表面处理干净,岩心上标明顶、底深度,先用塑料保鲜膜包好,再将写有岩心段顶、底深度的纸片放上,用锡纸包好,赶掉纸与岩心间的空气,并用不吸水的胶带包紧,最后在岩心段中部用铁丝捆上,铁丝结尾系成环状。

当蜡温达到要求时把岩心浸入蜡中,蜡沾满整个岩心后很快拿出,重复浸蜡3 ~ 4次,使岩心全部被蜡封住。蜡层厚度达1 ~ 2 mm。注意,封于岩石表面的蜡壳中不能有气泡和裂缝。

2. 试验室取样

(1) 做好取样前的准备工作,洗净、烘干并称量岩心杯或带盖瓶,洗净并烘干捕集器、干馏杯。

(2) 为使岩心内流体在测定前保持相对稳定,对送来的岩心,应检查包装情况。测定包装的岩心时应打开一块立即从中心部位取样,不同的测定方法,采用不同的取样方法。

蒸馏抽提法岩心的取样是在取孔、渗样品附近的岩心中心部位取1块约15 ~ 30 g岩样,每批要取3 ~ 5个双样,用以检查质量。

干馏法岩心的取样是在靠近取孔隙度和渗透率样品位置处的岩心的中心部位取样、并分作两份:一份为25 ~ 40 g整块岩样,放入带盖瓶中,供测定其中的气体体积与总体积用;另一份为100 ~ 125 g碎样,称量后放入干馏岩心杯中,作测定其中水量与油量用。每批取3 ~ 5个双样。

3.3.3 蒸馏抽提法测定含油饱和度

将称量后的岩样放在岩心室中,利用沸点高于水且与水不溶、密度小于水、洗油效果好的溶剂如甲苯(沸点110 ℃;密度0.867 g/cm^3) 等蒸馏出岩样中的水分。并将岩样清洗干净,烘干并称量。用抽提前后的质量差减去水量即得到含油量。

该方法的实质是抽提岩心的含水量,计算 S_w,然后根据 $S_o + S_w = 1$ 计算出 S_o。另外,可以根据岩石的润湿性改变溶剂。

1. 仪器设备

油水饱和度测定仪如图3.5所示。

2. 操作步骤

(1) 用已知水量蒸馏，检查仪器的密封性，其误差在 ±2% 时可使用。

(2) 在抽提岩心前，先将所用溶剂在测定仪中预蒸一遍。至少连续蒸2 h，保证其中无水分。

(3) 把称量后的岩样，放入测定仪中。

(4) 加热抽提到水量不再增加为止，每0.5 h读取1次水量。连续3次，读数变化不超过0.02 cm^3 停蒸；疏松砂岩需2 ~ 3 h，胶结好的岩样需要6 ~ 8 h，致密而又含高黏度原油的岩样，需时间更长。

(5) 读取水量后，要对岩样二次洗油，并烘样。

(6) 烘干岩样后，称量。用岩样抽提前、后的质量差减去水量(设水的密度为1 g/cm^3)可得到油的质量，再除以油的密度，得到油的体积。

(7) 测定岩样的孔隙度。

3. 计算公式

计算油、水饱和度和油体积公式如下：

$$S_o = \frac{V_o \rho_a}{\phi(m_2 - m_3)} \times 100\% \tag{3.26}$$

$$S_w = \frac{V_w \rho_a}{\phi(m_2 - m_3)} \times 100\% \tag{3.27}$$

$$V_o = \frac{(m_1 - m_2) - V_w \rho_w}{\rho_o} \times 100\% \tag{3.28}$$

式中 m_1—— 岩心杯加被测饱和度岩样质量，g；

m_2—— 岩心杯加干岩样质量，g；

m_3—— 岩心杯质量，g；

S_o—— 含油饱和度，%；

S_w—— 含水饱和度，%；

V_o—— 油的体积，cm^3；

V_w—— 水的体积(蒸出水量的读数)，cm^3；

ρ_a—— 岩样视密度(洗油后干岩样的质量与岩样的外表体积的比值)，g/cm^3；

ρ_o—— 测试条件下油的密度，g/cm^3；

ϕ—— 岩样有效孔隙度，%。

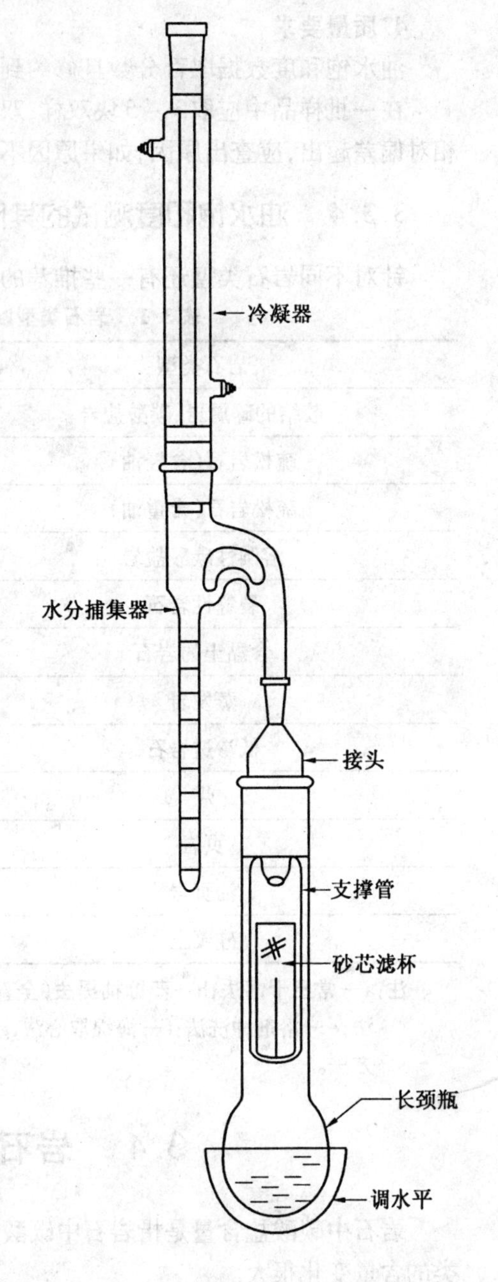

图3.5 测定水体积的DeanStark

4. 质量要求

油水饱和度数据取百分数且修约到 1 位小数。

在一批样品中应取3 ~ 5块双样,双样饱和度值相对偏差在15% 以内,如有20% 双样相对偏差超出,应查出原因,如果原因不明,则所测数据慎用。

3.3.4 油水饱和度测试的其他方法

针对不同岩石类型还有一些推荐的方法,见表 3.1

表 3.1 岩石类型以及推荐的流体饱和度测定方法

岩石类型	推荐的方法
胶结的碎屑岩、碳酸盐岩	a,b,c,d,e,f
疏松岩石(含轻油)	c,d,e
疏松岩石(含重油)	c,c(*),e
溶洞性碳酸盐岩	b,d,e,f
裂缝性岩石	a,b,d
含黏土的岩石	a,c(*),e
蒸发岩	g,e
低渗透岩石	a,b,c,d,e,f
煤	b
页岩	a,b,c
油页岩	a(*)
硅藻土	c,e

注:a— 常压干馏法;b— 蒸馏抽提法(全直径岩样);c— 蒸馏抽提法(柱塞岩样);d— 保压岩心分析法;e— 溶剂冲洗法;f— 海绵取心法;g— 含石膏的岩心分析法;h— 煤样分析法;(*)— 修改的方法。

3.4 岩石碳酸盐含量测定

岩石中碳酸盐含量是指岩石中碳酸钙、菱铁矿等碳酸盐的总含量。在储层中这些盐类的含量变化很大。

在碎屑岩中碳酸盐主要作为胶结物出现,其含量的多少直接影响到储油层的物理性质。在对油层进行酸化改造处理时,碳酸盐的组成和含量是一个重要考虑因素。

碳酸盐含量分析所用的岩心样品,可以是蒸馏法测完油水饱和度的岩样,或者是钻切孔隙度、渗透率样品的端头碎块。含油岩心必须洗油。然后用研钵将样品研碎,再用 0.181 mm 孔径的分样筛过筛。

碳酸盐含量的测定较为容易,方法也多。在行业规范中给出了两种方法,即压力法和气量法。两种方法原理相同,这里仅介绍其中的气量法。

1. 原理

利用盐酸与岩样中的碳酸盐的化学反应，计量所释放出的二氧化碳气体体积量即可计算出岩石中的碳酸盐含量。

2. 仪器结构

碳酸盐分析仪，由圆柱形玻璃恒温槽、蛇形管、套管、温度计、平衡瓶和作用瓶组成（图 3.6）。

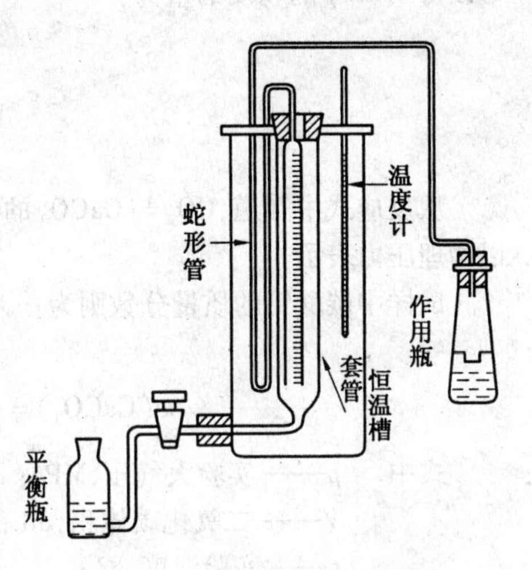

图 3.6　碳酸盐分析仪示意图

3. 操作步骤

（1）恒温槽中装满蒸馏水。

（2）平衡瓶和刻度管中装满溶有甲基橙的饱和盐水。

（3）检查和校对仪器，用纯碳酸钙测定2 ~3 次，每次测得的碳酸盐百分数含量均要达到 95% 以上，要求相对误差不大于 5%。

（4）用研钵将 5 g 除去油的岩样研碎，使之全部通过 0.18 mm 孔径的分样筛，在 105 ℃ 下恒温烘 3 h 后置于干燥器中待测。

（5）准确称取0.2 ~ 1.5 g样品放入小容器中，置于盛有 15 mL 质量分数为10% 的盐酸的反应瓶中，此时不要使岩样与盐酸接触。

（6）塞紧反应瓶盖，首先将反应瓶中气体放空再关闭，然后使岩样和盐酸作用，从刻度管上计量二氧化碳气体体积，记录恒温槽的温度及当天大气压力。

4. 质量要求及注意事项

每批样品抽查 10%，偏差要求见表 3.2。

表 3.2　碳酸盐测定允许偏差（SY/T 5336—1996）

碳酸盐含量 /%	相对偏差 /%
< 0.5	0.6
≥0.5 ~ ≤30	1.0
> 30 ~ ≤50	1.5
> 50	2.0

室温、水温、酸温 3 者温度平衡后再做试验。每操作一批，记录一次大气压力和温度。

5. 计算

岩石中碳酸盐种类较多，但以碳酸钙为主。由于本方法不能区分碳酸盐的种类，因此把岩石中的碳酸盐笼统地看成碳酸钙。

$$CaCO_3 + 2HCl \xlongequal{} CaCl_2 + H_2O + CO_2 \uparrow$$

根据气体方程：

$$pV = nRT = \frac{g}{M}RT$$

可以得出 CO_2 的物质的量为：

$$g = \frac{MPV}{RT}$$

$$n = \frac{pV}{RT}$$

从反应式中知道，CO_2 与 $CaCO_3$ 的物质的量是相等的，如 CO_2 以 mL 表示，自然大气压以物理压力表示。

试样中碳酸钙的质量分数则为：

$$w(CaCO_3) = \frac{p \times \frac{V}{1\,000} \times M}{R(273 + t) \times W} \times 100\% \tag{3.29}$$

式中 p——实验大气压，MPa；

V——二氧化碳体积，mL；

t——实验温度，℃；

W——试样质量，g；

R——通用气体常数，$R = 8\,314.4$ J/kg · mol · k；

M——碳酸钙的相对分子质量。

3.5 岩石孔隙结构测定

孔隙结构涉及孔隙大小及其分布，它直接影响到渗透性在空间各向的分布，在多相流动中，孔隙结构已经影响到油气在岩层中的扩散及混相驱状态，还影响孔隙－裂缝岩层中油、气水的驱替特性。在研究沉积环境、油气圈闭条件、油层产能、注采动态和提高采收率方面均是极其重要的。

孔隙结构测定的方法主要有压汞法和铸体薄片图像分析法。另外还有离心法、半渗透隔板法等。

3.5.1 铸体薄片图像分析法

1. 原理

将粒径几个厘米的块状岩石去油干燥，在一定温度和压力下，将环氧树脂或有机玻璃与固化剂注入岩石孔隙中，被注入的物质会发生化学固化反应，则孔隙被坚硬的反应物填充，这样就形成了岩石铸体。将岩石铸体切磨成薄片，就是岩石铸体薄片。根据注入剂中所加着色剂的不同，铸体可呈现红色或蓝色。在铸体薄片中呈现红色（或蓝色）的部分就是岩石中的孔隙部分。用图像识别技术对着色部分（孔隙）进行分析处理就是岩石孔隙结构的岩石铸体图像分析。铸体薄片描述岩石的孔隙结构涉及一些术语需要说明。

2. 术语

（1）孔腔、喉道、孔隙：由 3 个或 3 个以上颗粒所包围的空间称为孔腔，相邻两孔腔之间的连接部分（两颗粒之间的空间）称为喉道，孔腔和连接它的喉道的总体称为孔隙。

（2）喉道宽度：连接相邻两孔腔的喉道最窄处的宽度。

(3) 孔隙直径:用等效面积圆直径表征的孔隙直径。

(4) 等效面积圆直径:将孔隙的面积等效于某一圆的面积,该圆的直径称为等效面积圆直径。

(5) 面积频率:所测图形(孔隙)中某一径长范围的图形面积 A_i 占所有被测图形面积 $\sum A_i$ 的百分数。

(6) 孔喉比:孔隙直径与连接该孔隙的喉道宽度的平均值之比。

(7) 配位数:与一个孔腔连接的喉道个数。

3. 样品制备

铸体薄片的制备流程如图3.7所示。

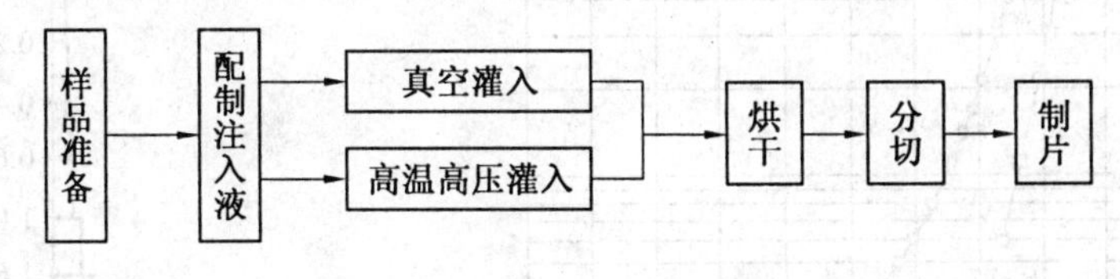

图3.7　铸体薄片的制备流程

4. 图像分析法计算的孔隙结构参数

砂岩的铸体薄片图像如附录2中附图1所示,利用图像分析技术可以计算下列参数:面孔率、孔隙直径、平均孔隙直径、视孔隙比表面、平均视孔隙比表面、孔隙形状因子、平均孔隙形状因子、孔喉比、平均孔喉比、孔隙直径分选系数、平均孔隙配位数。

以上11个参数都有相应的计算公式,细节可阅读SY/T 6103—2004。

3.5.2　压汞法

压汞法是测定岩石毛管压力曲线中的多种方法中的一种,见SY/T 5346—2005,适用于胶结较好的岩石。有的压汞仪要求柱状岩样,有的压汞仪对样品形状无要求。

1. 原理

汞对绝大多数岩心都是非润湿的,如果对汞施加的压力大于或等于孔隙喉道的毛管压力时,汞就会克服毛管阻力而进入孔隙。根据汞进入岩石孔隙中的体积分数和对应压力,就能得到毛管压力与岩样含汞饱和度的关系,称之为压汞法毛管压力曲线。由于汞的表面张力和润湿接触角比较稳定,常用注入型的压汞仪测得的毛管压力曲线换算孔隙大小及分布。假设孔隙系统是由粗细不同的圆柱形毛管束构成,则毛管压力与孔径间的关系由瓦西本(Washburn)公式描述(式3.30),这是一个可以根据毛管力和表面张力推导证明的理论公式:

$$r_c = \frac{2\sigma\cos\theta}{p_c} \tag{3.30}$$

式中　p_c—— 毛管压力(绝对压力),MPa;

σ—— 表面张力,N/m;

θ—— 矿物表面与水银的润湿接触角,(°);

r_c—— 毛管半径,μm。

在实验室条件下,一般地,$\sigma = 0.48$ N/m,$\theta = 140°$,则有:

$$p_c = \frac{7.35}{r_c} \tag{3.31}$$

根据式(3.31)可绘出岩石毛细管压力曲线及岩石孔隙半径分布图(图3.8)。

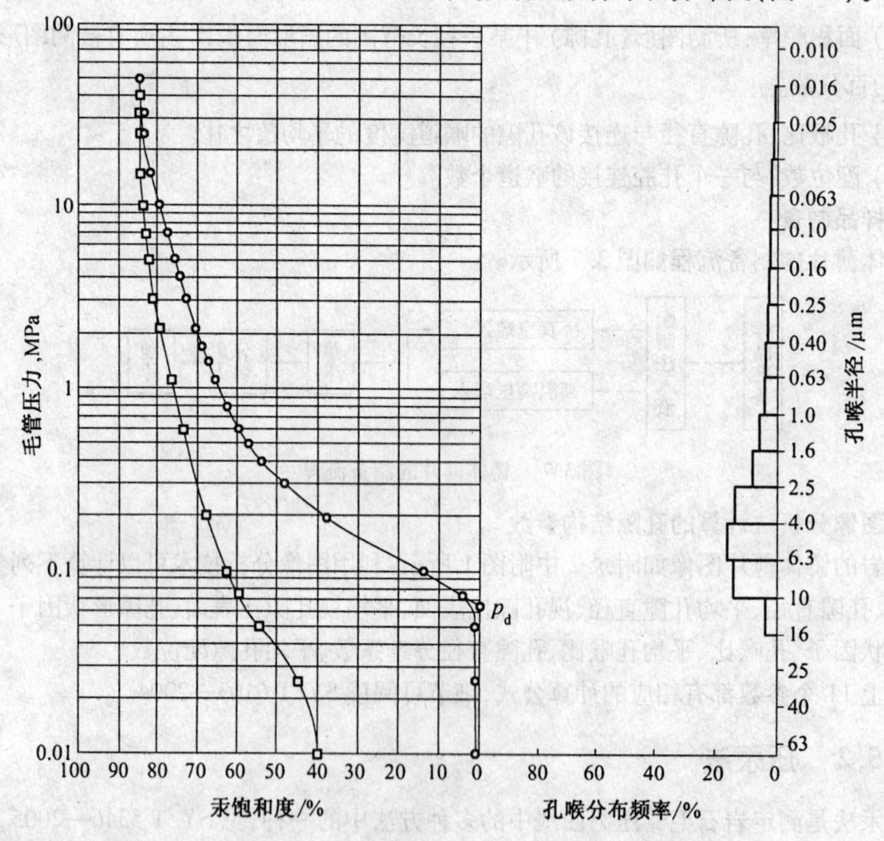

图3.8　压汞法毛管压力曲线

2. 仪器结构

以意大利Carlo Erba公司的压汞仪为例,仪器原理结构包括两部分:其一是水银注入装置(图3.9),其作用是将汞注入被抽真空的装有岩样的玻璃瓶中;其二是压汞部分,其作用是使水银在逐步增高的压力下压入岩石中(图3.10)。

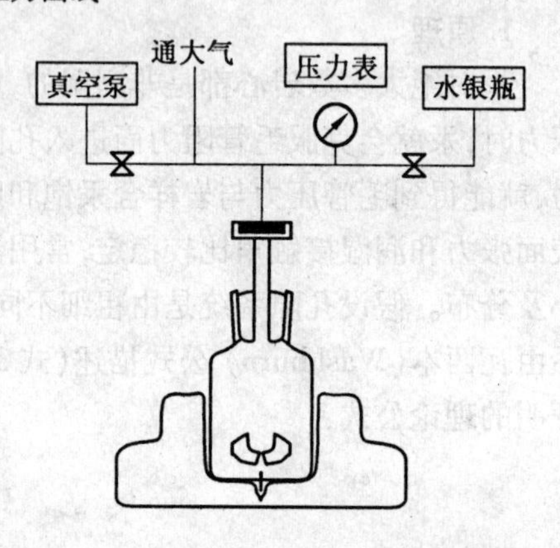

图3.9　WS2000水银注入装置示意图

3. 测定步骤及要求

使用前,应将汞清洗干净,保证汞液中无机械杂质和氧化膜;若处理后汞未能净化,推荐用酒精、丙酮、高锰酸钾进行清洗。

测定压力点的数目及分布应保证使毛管压力曲线光滑,拐点处应有控制点。

由计算机控制的压汞仪,所设定的平衡时间不得少于30 s(做标准样品例外);人工控制的压汞仪,在进、退汞高峰点及其附近点,平衡时间不得少于60 s。对于渗透率小于1 mD的岩样,平衡时间应适当加长。

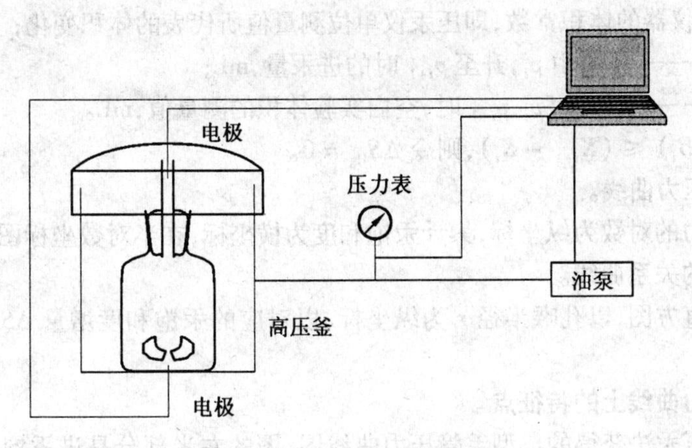

图3.10　WS2000压汞仪原理图

样品要求：

(1) 样品的选择应具有代表性，其孔隙体积不大于压汞仪最大进汞体积的90%。

(2) 测试前样品必须经过抽提除油。

(3) 在105 ℃下烘干至恒重。

(4) 样品应预先测得孔隙度、岩样密度，如有可能也要测得空气渗透率。

测定步骤按照仪器的操作规程操作。

4. 测定结果

(1) 计算。

岩样孔隙体积的计算。当已知岩样质量、视密度和孔隙度时，则孔隙体积按式(3.32)计算：

$$V_p = \frac{W\phi}{\rho} \tag{3.32}$$

式中　V_p——孔隙体积，cm^3；

ϕ——孔隙度，以小数表示；

W——岩样的质量，g；

ρ——岩样的视密度，g/cm^3。

当已知岩样总体积和颗粒体积时，则孔隙体积按式(3.33)计算：

$$V_p = V_b - V_g \tag{3.33}$$

式中　V_b——岩样的总体积，cm^3；

V_g——岩样的颗粒体积，cm^3。

(2) 汞饱和度的计算。

汞饱和度按式(3.34)、式(3.35)计算：

$$\Delta S_{Hg} = \frac{(B_{i+1} - B_i) - (K_{i+1} - K_i)\alpha}{V_p} \times 100\% \tag{3.34}$$

$$S_{Hg} = \sum \Delta S_{Hg} \tag{3.35}$$

式中　ΔS_{Hg}——汞饱和度增量，以百分数表示；

S_{Hg}——累积汞饱和度，以百分数表示；

α—— 仪器的体积常数,即压汞仪单位测量值所代表的体积变化;

B_i, B_{i+1}—— 压力由 p_i,升至 p_{i+1} 时的进汞量,mL;

K_i, K_{i+1}—— 压力为 p_i, p_{i+1} 时,空白实验体积的测量值,mL。

若$(B_{i+1} - B_i) \leqslant (K_{i+1} - K_i)$,则令 $\Delta S_{\mathrm{Hg}} = 0$。

(3) 毛管压力曲线。

以毛管压力的对数为纵坐标,累计汞饱和度为横坐标,在半对数坐标图上绘制毛管压力与汞饱和度的关系曲线。

孔喉分布直方图,以孔喉半径 r 为纵坐标,以对应的汞饱和度增量 ΔS_{Hg} 为横坐标作直方图。

5. 毛管压力曲线上的特征点

图 3.8 是压汞法获得的典型毛管压力曲线图,图的左半部分是进汞饱和度与压力关系曲线,图的右半部分是孔喉半径与对应孔隙比例关系分布图。

(1) 排驱压力(p_{d})。

排驱压力也称阈压,它是非润湿相开始连续进入岩样最大喉道时所对应的毛管压力。在半对数坐标中沿着毛管压力曲线平坦部分的第一个拐点做切线,切线延长与纵坐标轴相交的压力点即为排驱压力。在图 3.8 中,p_{d} 约为 0.065 MPa。

(2) 饱和度中值压力(p_{c50})。

饱和度中值压力指进汞饱和度为 50% 时所对应的毛管压力。在图 3.8 中,p_{c50} 约为 0.32 MPa。

(3) 中值半径(r_{50})。

与饱和度中值压力相对应的喉道半径即为饱和度中值喉道半径,简称中值半径。

(4) 最大进汞饱和度($S_{\max}$)。

最大进汞饱和度指最高实验压力时的汞饱和度值。在图 3.8 中,$S_{\max}$ 约为 84%。

(5) 残余汞饱和度(S_{Hgr})。

残余汞饱和度指做退汞实验时,当压力由最高实验压力退到起始压力或当地大气压时在岩样中残留的汞饱和度。在图 3.8 中,S_{Hgr} 约为 40%。

(6) 退汞效率(W_{e})。

退汞效率是指做退汞实验时退出的水银体积与注入的水银体积的比,按式(3.36) 计算。

$$W_{\mathrm{e}} = \frac{S_{\max} - S_{\mathrm{Hgr}}}{S_{\max}} \times 100\% \tag{3.36}$$

压汞法还可以计算更多的参数。

孔隙结构数据正在广泛地用来计算岩样的物性参数,例如,利用孔隙度和孔隙半径分布计算渗透率值,孔隙介质的迂曲度、比表面积、电阻率,以及用于提高采收率、盖层封闭性评价等。

3.6 岩石比表面测定

比表面是指单位体积(质量) 岩石内颗粒的总表面积,或者单位体积(质量) 岩石内总孔隙的内表面积,单位为 $\mathrm{m^2/cm^3}$ 或 $\mathrm{m^2/g}$。比表面测定除本节要介绍的方法外,还有一种适合于粉末状样品比表面测定的方法——勃氏法,水泥比表面的测定就是用这种方法。另外还有色谱法、BET 流动吸附法等。

3.6.1　静态氮吸附容量法测定岩石比表面

这是一种使用最广泛地适用于多孔介质(如岩石、煤)的比表面测定方法,但不适于粉末状物质的比表面测定。

1. 原理

BET 方程是这一测试方法的理论基础。

岩石的表面分子存在剩余的表面自由场,气体分子与固体表面接触时,部分气体分子被吸附在固体表面上,当气体分子的热运动足以克服吸附剂表面自由场的位能时发生脱附,吸附与脱附速度相等时达到吸附平衡。当温度恒定时,吸附量是相对压力 p/p_0 的函数,吸附量可根据玻义耳－马略特定律计算,测得不同相对压力下的吸附量即可得到吸附等温线,由吸附等温线即可求得比表面:

$$\frac{p}{V_a(p_0-p)}=\frac{1}{V_m C}+\frac{C-1}{V_m C}(p/p_0) \tag{3.37}$$

式中　V_m——以单分子层覆盖样品表面所需的气体量(标准状态下),cm^3;

p_0——液氮温度下的氮气饱和蒸气压,Pa;

C——与温度、吸附热和液化热有关的常数,一般大于0;

V_a——在平衡压力 p 时所吸附的氮气的体积,cm^3。

在吸附等温线上任意取相对压力(p/p_0)在 0.050 ~ 0.350 之间的几组数据,以 $\frac{p}{V_a(p_0-p)}$ 为纵坐标,以 p/p_0 为横坐标,可得一条直线(图 3.11)。

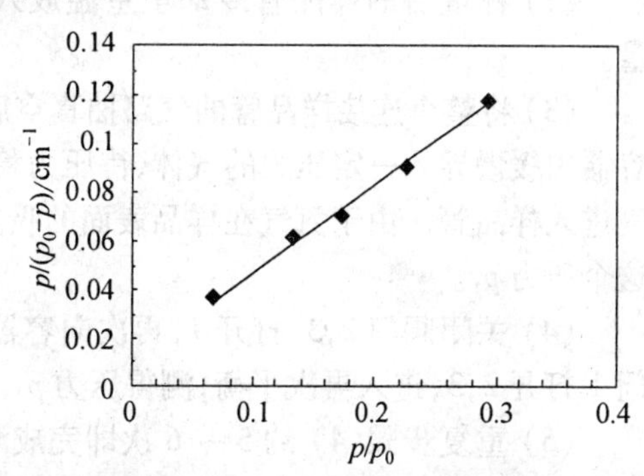

图 3.11　BET 方程描述的线性等温

直线的截距 I':

$$I'=\frac{1}{V_m C}$$

直线的斜率 S':

$$S'=\frac{C-1}{V_m C}$$

由 S' 和 I' 算出氮气在样品上的单分子层饱和吸附量 V_m:

$$V_m=\frac{1}{S'+I'}$$

$$S=\frac{V_m N_A \sigma}{22\,400W} \tag{3.38}$$

式中　N_A——阿伏伽德罗常数,6.023×10^{23};

σ——一个氮分子的横截面积,0.162 nm^2;

22 400——摩尔气体的体积,cm^3/mol;

W——固体样品的质量,g;

S——样品的比表面,m^2/g。

进一步地可以简化成:

$$S = 4.356 \frac{V_m}{W} \tag{3.39}$$

2. 仪器结构与测试过程

仪器结构如图 3.12 所示。样品去油干燥,破碎成小碎块。一次测试约需几克。

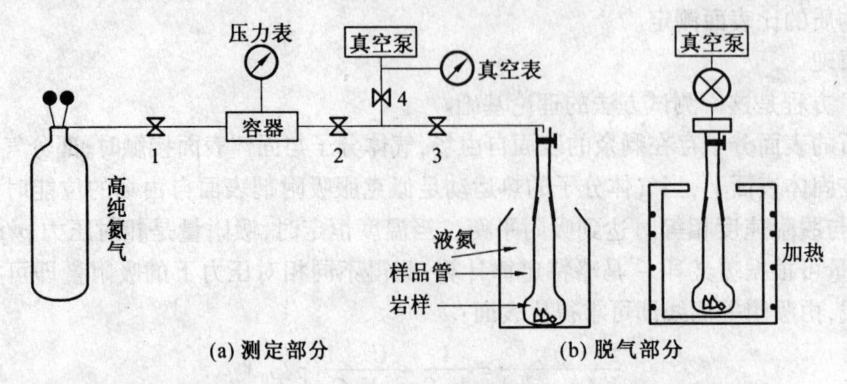

图 3.12 Carlo Erba 1800 比表面测定仪原理图

(1) 样品放到脱气装置上加热抽真空,然后旋紧样品管封口称重;脱气的目的是除去样品上原已吸附的气体或蒸汽。再将样品管打开放入样品再加热抽真空,结束后再称重。两次质量之差就是样品质量。

(2) 称重后的样品管冷却至室温放入液氮中并与测量装置连接起来,准备开始测量。

(3) 将整个连接样品管的气路抽真空后关闭阀门4,然后让阀门2关闭,打开阀门1向容器内缓慢导入一定压力的气体,待压力稳定后关闭阀门1,打开2,3及样品管的开关,氮气进入样品管。由于氮气在样品表面的吸附导致容器内的压力下降,待压力平稳后记录这个压力 p_1。

(4) 关闭阀门2,3,打开1,再次向容器内导入氮气,压力要比前一次高一些,关闭阀门1 打开2,3,进入再次平衡,测得压力 p_2

(5) 重复步骤(4) 约 5 ~ 6 次即完成测量工作,然后由计算机完成计算。

实际操作过程要比上面介绍的复杂得多,与具体仪器有关。一般地,砂岩的比表面在几平方米每克,而泥岩大于 10 m^2/g。

3. 计算

BET 公式适合于相对压力 p/p_0 在 0.05 ~ 0.35 之间,是因为当相对压力低于 0.05 时,不易建立多层吸附平衡;当高于 0.35 时,容易发生毛细管凝聚作用。换句话说,图 3.12 在 p/p_0 为 0.05 ~ 0.35 之间时,$p/(V_a(p_0 - p))$ 与 p/p_0 一般是线性关系,超出了这个范围就不能保证是线性关系。因此,需要一定的经验,根据样品的类型对比表面事先有一个合理的估计,保证气体的引入量使 p/p_0 处于 0.05 ~ 0.35 之间。多设几个平衡点和适当较宽的气体引入量范围是较稳妥的办法。这样可以在 p/p_0 处于 0.05 ~ 0.35 的范围内选择出由 4 ~ 5 平衡点组成的线性段,由这个线性段求出斜率和截距,从而求出 V_m 值,再由式(3.38) 求出比表面。

质量要求,重复试验的相对误差不大于 8%(SY/T 6154—1995)。

静态氮吸附容量法不仅可以测定岩石的比表面，还可以测定岩石孔径分布，尤其对微孔发育的泥岩类较为适合。由于泥岩类孔隙过小，铸体薄片法和压汞法效果都不好。

另外，液氮的饱和蒸汽压 p_0 可能发生变化。由于每次实验时温度和大气压都不同，加上液氮在存放和使用过程中不断地挥发和空气的冷凝，温度有所变化，导致液氮饱和蒸汽压 p_0 改变，因此，每次实验都应当测定当时的液氮饱和蒸汽压，可用氧蒸汽温度计测定液氮的实际温度，然后再利用蒸汽压和温度的关系曲线，查得液氮的饱和蒸汽压 p_0。

3.6.2　通过岩石的其他物性估算比表面

比表面的大小通常是靠室内测定方法来确定，也可通过岩石的其他物性来估算，下面介绍根据粒度组成估算岩石比表面的方法。

设岩石为等直径 d 的球形颗粒组成，每颗颗粒的表面积为 $A=\pi d^2$，其体积应为 $\omega=\frac{1}{6}\pi d^3$，假设单位体积岩石中的孔隙总体积为 ϕ，则该岩石中颗粒所占的体积 V_s 显然为 $V_s=1-\phi$，则单位岩石中颗粒总数 N 按下式算出：

$$N=\frac{1-\phi}{\omega}=\frac{6(1-\phi)}{\pi d^3} \tag{3.40}$$

单位体积岩石中全部颗粒的总表面积，即比表面 S 等于：

$$S=NA=\frac{6(1-\phi)}{d} \tag{3.41}$$

例如，根据粒度组成分析资料，单位体积岩石中的颗粒组成为：

粒径为 d_1，占 $G_1\%$；

粒径为 d_2，占 $G_2\%$；

⋮

粒径为 d_n，占 $G_n\%$。

则该岩石中粒径为 d_i 的颗粒相应的总表面积 S_i 分别为：

$$S_i=\frac{6(1-\phi)}{d_i}\times G_i\%$$

把所有颗粒表面积加起来，即得到该粒度组成的岩石比表面为：

$$S=\frac{6(1-\phi)}{100}\sum_{i=1}^{n}\frac{G_i}{d_i} \tag{3.42}$$

式中　d_i——第 i 组分的颗粒平均直径；

G_i——第 i 组分的颗粒质量百分数，由粒度组成分析给出；

ϕ——岩石孔隙度，由实验方法求出。

由于砂岩颗粒不完全为球形，为了近似地符合实际情况，可引入一校正系数 C，式(3.42)可改写为：

$$S=C\frac{6(1-\phi)}{100}\sum_{i=1}^{n}\frac{G_i}{d_i} \tag{3.43}$$

式中，C 可由实验确定，通常 $C=1.2\sim1.4$。

应该指出，根据粒度组成资料估算砂岩的比表面，它是基于岩石颗粒为球形的假设导出的。然而实际颗粒组成远非球形，尽管引入了校正系数，由于颗粒大小和形状极不规则,以及胶结类型的不同,误差总是较大。砂岩胶结性越差,越接近松散,颗粒越接近球形,其误差越小。

油藏岩石的比表面是岩石颗粒分散程度的指标。它比用粒度组成表示的分散程度更具有优越性,这是因为比表面表示单位体积岩石的颗粒的分散程度。岩石比表面大小直接决定了油藏岩石的孔隙度、渗透率和孔隙结构。由于比表面影响到岩石与流体接触时所产生的表面分子现象,因而也直接影响到油气运移和开采。因此,深入研究储油岩石的比表面积,在生产和科研中具有特别意义。

另外,比表面也是衡量盖层质量优劣的一个参数,比表面越大则其封盖能力越强。

3.7 盖层岩石排替压力

储层内游离相的油气欲通过盖层孔隙向上运移,必然受到盖层与储集层之间排替压力差的阻挡,只有当油气的能量大于盖层与储集层之间排替压力差时,油气才可能驱替盖层孔隙中的流体发生流动,否则,油气不能以游离相态通过盖层运移散失。由于储集层的排替压力远远小于盖层岩石的排替压力,因此可忽略不计,只要盖层的排替压力大于油气的能量,就可以封闭住油气。要定量研究盖层的封闭能力,就必须准确地获得盖层岩石的排替压力值,故可认为盖层排替压力是评价盖层封闭能力最直观、最有效的参数。

3.7.1 排替压力与突破压力

1. 排替压力

排替压力是指岩石中非润湿相流体排驱润湿相流体所需要的最小压力,也即非润湿相流体开始注入岩样中最大喉道的毛细管压力。其大小等于岩石中最大连通孔隙的毛细管压力,可由下式表示:

$$P_d = 2\sigma \cos \theta / r \tag{3.44}$$

式中 P_d—— 岩石排替压力;

σ—— 气水(或油水) 界面张力;

θ—— 气水(或油水) 界面与岩石孔壁接触角;

r—— 岩石中最大连通孔隙半径。

这是排替压力的理论定义式。这一公式在实际中难以用于计算,因此根据这一理论定义的而产生的排替压力实验测定方法成为获得排替压力的重要手段。除了采用实验方法测定排替压力外,还可以通过压汞法测定岩石毛管压力曲线的方法间接求取排替压力。在毛管压力曲线上,排替压力就是沿着曲线平坦部分作切线与纵轴相交的压力值(图 3.8),但对于某些非均质性明显的地层样品,其毛管压力曲线大多没有明显的平直部分,很难精确地找到它的切线,同时手工绘图也会带来一定的人为误差,使得该方法的使用具有一定的局限性。而采用直接驱替法测量得到的岩石中气体的突破压力符合盖层的封盖机理,从而得到了普遍的应用。

2. 突破压力

突破压力是采用试验的方法,对于饱和不同流体的岩石样品,在模拟地层条件下,逐渐增加进口端气体(空气或氮气) 的试验压力,当压力足以排替岩样中的饱和流体时,在出口端即可见到气体突破逸出,此时的进口端气体压力称为岩石样品的突破压力。

3. 排替压力与突破压力的关系

在一般情况下,用试验的方法测得的突破压力往往高于排替压力,因为在试验过程中,如果施加的压力等于或稍大于岩石样品的排替压力(最小毛管压力),由于气体排替岩石中的流体是极其缓慢的过程,没有或只有极少量流体排出,很难观察到气体的突破,此时会认为进口端压力未达到突破压力。如果在测量突破压力规定的时间内清楚地观察到气体的突破现象,试验所施加的压力(即突破压力)就必须远远大于岩石中最大连通孔隙的毛管压力(排替压力)。

此外,实验过程中岩样的长度、饱和液体的种类、实验温度等与突破压力均密切相关,并造成与排替压力的差异,突破压力必须经过相应的校正才能作为其排替压力对盖层进行评价。

3.7.2　岩石中气体突破压力测定

盖层岩石气体突破压力测试参照《岩石中气体突破压力的测定》(SY/T 5748—1995),该标准适用于致密砂岩、泥页岩、碳酸盐岩样品突破压力的测定。其他盐岩、膏岩、凝灰岩等样品也可参照使用。

1. 测试方法概述

按垂直于盖层层面的方向上钻取岩样,并将其研磨成直径为2.5 cm的小圆柱,经洗油、烘干、抽真空后,再饱和渗浸煤油,将岩样放入岩心高压夹持器内,围压加至地层压力条件,再通入压缩空气(或氮气),在一定的时间间隔内逐步增大进口压力,当发现气体从岩柱的另一侧逸出时,将气体突破岩柱时的压力记作岩石的突破压力,这种求取突破压力的方法一般称为直接驱替法。

根据泊秸叶公式计算出气体从岩样的底界穿越至顶界所经历的时间,即为突破时间。

2. 实验步骤

(1) 试验准备及操作要点。

① 岩心样品的制样、洗油、烘干及保存分别按照SY/T 5336—2006相应规定进行操作。

② 常规空气渗透率的测定按照SY/T 5336—2006操作规程进行。

③ 试验时间间隔的确定如下:

a. 试验压力小于5 MPa时,时间间隔为30 min;

b. 试验压力5 ~ 10 MPa时,时间间隔为60 min;

c. 试验压力大于10 ~ 15 MPa时,时间间隔为90 min;

d. 试验压力大于15 MPa时,时间间隔为120 min。

④ 试验压力间隔的确定为,每一次的试验压力按上一次压力的15%增加。

(2) 地层条件下饱和煤油的气体突破压力测定。

① 去掉图3.13中的加湿器,将中间容器2的出口端管线接六通阀,将干岩样装入岩心夹持器内;

② 用高压计量泵加围压至地层有效上覆压力,地层有效上覆压力按本节中公式(3.34)计算;

③ 测量干岩样在地层条件下渗透率,渗透率的进口压力即为饱和煤油的起始压力;

④ 将岩样放入真空干燥器中抽空,真空度低于 133.3 Pa 继续抽空 2 h,放入煤油继续抽空直至没有气泡为止;

⑤ 将岩样移至中间空容器,加压 10 ~ 20 MPa 并保持 24 h 以上,使样品充分为煤油饱和;

⑥ 将饱和煤油后的岩样装入岩心夹持器。按照 ② 加围压,根据试井、测井资料确定试验温度;

⑦ 接通气源,通过中间容器缓冲,至岩心夹持器进口端。按选定的起始压力和上述试验时间间隔,压力间隔的要求逐渐由低到高进行测定。测定中监测器监测岩样出口端情况,当有气体逸出时,相应的进口压力即为该样品的突破压力。

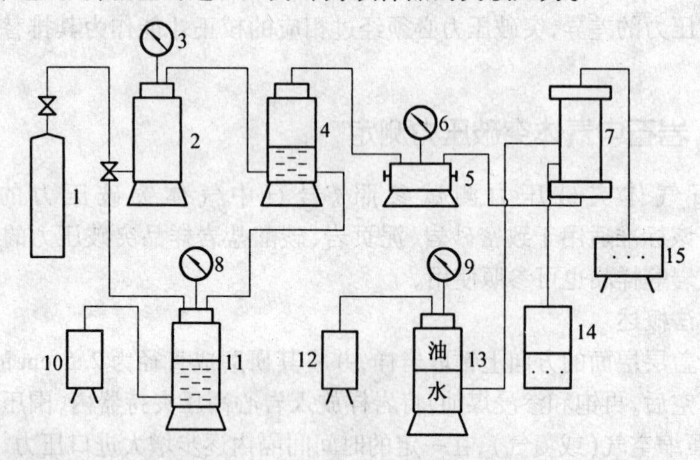

图 3.13　突破压力测定装置示意图

1— 空气或氮气;2,13— 中间容器;3,6,8,9— 压力表;4— 加湿器;5— 六通阀

7— 岩心夹持器;10,12— 高压计量泵;11— 活塞式中间容器;14— 温度控制仪;15— 检测器

(3) 地层条件下饱和水的气体突破压力测定。

① 把煤油换成模拟地层水或标准盐水后,重复(2) 中 ②、④、⑤,对遇水易膨胀破碎的泥岩样品,可先装入岩心夹持器,加围压至地层有效上覆压力后抽空 2 h,加压饱和模拟地层水或标准盐水,并在 10 ~ 20 MPa 的压力下稳定 8 ~ 24 h,使样品充分饱和。

② 按图 3.13,将饱和水后的岩样放入岩心夹持器内,按(2) 中 ⑥ 加围压和温度。

③ 起始压力按饱和煤油的突破压力,饱和水的突破压力按(2) 中 ⑦ 测定。

(4) 数据处理。

① 地层有效上覆压力的计算。

在不考虑孔隙流体压力的情况下,地层有效上覆压力值确定公式为:

$$P_H = 0.010\,133(\rho_D - \rho_W)H \tag{3.45}$$

式中　P_H—— 地层上覆压力,MPa;

ρ_D—— 岩样密度,g/cm^3;

ρ_W— 地层水密度,g/cm^3;

H—— 取样深度,m。

② 突破时间的计算。

按泊秸叶公式计算突破时间:

$$t_a = \frac{4h^2 a^2 m}{\Delta P r_A^2} \times 10^3 \tag{3.46}$$

式中　t_a—— 突破时间,s;

h—— 岩层厚度,cm;

α—— 孔隙弯曲的理论修正值;

μ—— 流体黏度,Pa · s;

r_A—— 孔隙半径,cm;

ΔP—— 流体从孔隙中排出时的压力差,10^5Pa。

(5) 精密度。

突破压力测量重复性相对误差小于20%。

3.7.3　排替压力的求取

盖层岩石排替压力的求取方法主要分为直接测量和间接测量两大类方法。其中间接测量是依据排替压力与盖层岩石的其他参数的函数关系来求取的,如利用排替压力与声波时差的函数关系、排替压力与镜质体反射率之间的函数关系求取等,间接法克服了无法取心岩层排替压力的求取,并为在大区域内详细研究盖层岩石在空间上的变化规律、宏观研究盖岩的微观封闭性变化提供了可能。直接法直接从地层岩石中取样,然后通过模拟盖层封堵油气的机理求取,比较适合小区域内盖层封闭能力的定量研究。直接测量盖层岩石排替压力的方法主要有3种,即吸附法、高压压汞法和直接驱替法。吸附法和高压压汞法虽然可以用来直接求取盖层的排替压力,但它们均忽视了岩石结构的方向性,不能很好地反映盖层的封闭能力,而采用直接驱替法测量的排替压力基本上反映了盖层封堵游离相烃类的封盖机理,是一种较为切实可行的方案。

但实际上,直接驱替法测量的结果为岩石中气体的突破压力,经过计算后可以求取到岩石样品在实验室条件下的排替压力。将气体突破压力不经换算而等同于排替压力存在着较大的风险,因为在多数情况下,突破压力比岩样的排替压力高,但盖层岩石中的气体突破压力基本反映了盖层排替压力的大小和变化趋势,岩石中气体突破压力的测定是盖层评价的基础测试项目之一。目前,采用SY/T 5748—1995《岩石中气体突破压力的测定》来规范和指导岩石中气体突破压力测定的相关内容。

1. 实验条件下排替压力的求取 —— 突破压力的时间校正

突破压力不能直接作为排替压力的原因是忽视了实验过程中突破时间这一变量。在实测求取突破压力过程中,突破压力越高,突破时间越短,突破压力越小,突破时间就越长。

假设岩样的毛细管为润湿相流体充满,最大连通孔径为r_0,排替压力为P_0,当非润湿相气体的压力(实验进口端压力)P大于P_0时,岩样中的流体将被排驱,经过时间t(实测突破时间),气体排替孔隙液体贯穿岩样。液体在毛细管中的运动符合泊肖定律,则排替速度可用下式来描述:

$$\frac{dx}{dt} = \frac{r_0^2(P - P_0)}{8\mu[L - x(t)q]} \tag{3.47}$$

式中　x—— 液体排替量(气体突破岩石时);

t—— 排替时间(突破时间);

L—— 岩样长度;

μ—— 液体黏度;

q—— 水动力弯曲度。

设两次实验测得的突破压力和突破时间分别为:P_1, t_1 和 P_2, t_2,将上式积分并带入这两组数据后得到:

$$P_0 = \frac{P_2 t_2 - P_1 t_1}{t_2 - t_1} \tag{3.48}$$

求得的 P_0 即为试验条件下气驱煤油的盖层岩样的排替压力。

2. 实测排替压力在地层条件下的校正

在实验室所测得的气驱排替压力是岩石样品在饱和煤油条件下测得的,而在地层条件下,岩石一般是被地层水饱和的,因此,上面所求取的排替压力需要换算成岩样在饱和水条件下的排替压力,根据毛管压力方程得到以下换算公式:

$$P'_{\mathrm{w}} = \frac{\delta_{\mathrm{w-s}}}{\delta_{\mathrm{o-s}}} P_{\mathrm{o}} \tag{3.49}$$

式中 $\delta_{\mathrm{w-s}}$—— 气、水界面张力,72×10^{-3} N/m;

$\delta_{\mathrm{o-s}}$—— 水、煤油界面张力,25×10^{-3} N/m;

$P_{\mathrm{w'}}$—— 饱和水介质的排替压力,MPa;

P_{o}—— 饱和煤油介质的排替压力,MPa。

经过以上换算得到岩样常温、饱和水条件下的排替压力,与实际地下条件不符,因为气水界面张力 $\delta_{\mathrm{w-s}}$ 是随着温度增高而降低的,其变化规律为:

$$\delta_{\mathrm{w-s}} = \frac{4.275}{T + 32.5} \tag{3.50}$$

式中,T 为地温,℃,可由下式表示:

$$T = \frac{H - H_0}{100} T' + a \tag{3.51}$$

式中 H—— 埋深,m;

T'—— 地温梯度,℃/100m;

H_0—— 恒温层厚度,m;

a—— 地表常温,℃。

这样可以得到地下岩石排替压力的计算公式:

$$P_{\mathrm{w}} = \frac{59.375}{\frac{H - H_0}{100} T' + a + 32.5} P'_{\mathrm{w}} \tag{3.52}$$

式中 P_{w}—— 地下岩石的排替压力;

P'_w—— 实验室条件下换算的饱和水的排替压力。

突破压力的地质应用主要体现在将其转换成盖层的排替压力用来对盖层的评价。

评价盖层物性封闭能力最根本、最直接的参数是排替压力,而且是唯一以力的形式表达盖层物性封闭能力的参数。因此,要定量研究盖层的封闭能力,就必须准确地获得盖层岩石的排替压力值。盖层岩石中气体突破压力的测定原理与盖层封堵游离相烃类的机理相符合,虽然采用突破压力直接评价盖层欠妥当,但是在经过时间校正、饱和液体的转换和温度校正后,一般可以得到较真实的盖层排替压力。

思考题

1. 简要叙述饱和煤油法和气测法测量孔隙度的基本原理,并比较二者的异同。如果同一块岩石分别采用饱和煤油法和气测法测量孔隙度,其结果有何不同(忽略实验带来的误差)? 为什么?

2. 一般情况下,对某一类岩石来说,孔隙度和孔隙半径对渗透率的影响哪一个占主要地位? 推倒应用渗透率来计算平均孔隙半径的公式。

3. 采用气量法测定碳酸盐含量的实验中,以碳酸钙代表岩石中的碳酸盐来计算碳酸岩含量,试讨论这样得到的实验结果与实际的碳酸盐含量有何差别?

4. 简述压汞法绘制毛管压力曲线的方法,根据图3.8计算如下参数:① 排驱压力 p_d;② 饱和度中值压力 p_{c50};③ 中值半径 r_{50};④ 最大进汞饱和度 S_{max};⑤ 残余汞饱和度 S_{Hgr};⑥ 退汞效率 W_e

5. 说明静态氮吸附容量法测定岩石比表面的原理。

6. 请查阅文献列出描述岩石孔隙结构的其他参数(除本书中已经列出的)及其意义。

7. 某一岩样含油,水时总重为19.662 g,用抽提法析出1.05 mL的水,岩样被烘干后称其重为18.111 g,在用煤油法测得岩样的孔隙度为25%,岩样的是密度为2.65 g/cm^3,又据流体样品分析的水的密度为1 g/cm^3,原油的密度为0.875 g/cm^3,试求此岩样的含油、水饱和度。(答案:含油饱和度61.5%,含水饱和度33.5%)

8. 已知一个岩样质量为16.001 9 g,饱和煤油后在煤油中称得质量为11.147 3 g,饱和煤油后在空气中的质量为16.948 6 g,求该岩样的孔隙度。(答案:$\phi = 16.3\%$)

9. 有一长圆柱体岩样用作单相渗流测岩样渗透率,岩样长10 cm,直径2.5 cm,在0.3 MPa压差的作用下,通过黏度为25 MPa·s的油,测得流量为0.025 cm^3/s。该岩石的绝对渗透率为多少? ($K = 424 \times 10^{-3}\mu m^2$)

10. 某油层岩石的孔隙度为20%,渗透率为 $100 \times 10^{-3}\ \mu m^2$,试计算此岩石的平均孔隙度半径和比表面。(答案:平均孔隙半径2 μm,比表面0.2 m^2/cm^3)

11. 从岩石渗透率与比表面关系的原理出发来说明为什么泥岩的渗透性一般较差?(对照相应的公式定性说明)

12. 假定图3.11是样品质量1.250 g的泥岩的比表面测定结果,试根据该图计算该样品的比表面。

第4章 原油物理化学性质测定

由于沉积环境的不同,产生原油的母质差别较大,因而各地区原油的物理化学性质也有一定的区别,即使是同一母质的原油,由于运移、地下储藏条件的不同,其特性也不可能完全相同。原油的物理化学性质包括很多方面,在 SY/T 6028—94《探井化验项目取样及成果要求》规定,油气水分析系列的油分析中的常规分析项目有:脱水、密度、黏度、馏程、初溜点、凝点、含水量,含硫量、含盐量、含砂量、族组成、含蜡量、含胶量、含沥青质量、闪点。本章中介绍原油的密度、黏度、凝点、闪点、平均分子质量、含蜡量、含胶量等参数,其中的平均分子质量是油分析项目中的专项分析项目。

4.1 原油密度测定

密度的定义是单位体积内所含物质的质量,单位为 g/cm^3 或 kg/m^3。在国家标准(GB/T 1884—2000)中规定,20 ℃和101.325 kPa条件下,单位体积液体的质量为石油和液体石油产品的标准密度,以 ρ_{20} 表示。

石油及液体石油产品密度测定有几种方法:密度计法、比重瓶法、U形振动管法、液体比重天平法和浮滴法。每一种方法都有一定的适用性,可根据油样的量和种类选定不同的方法。

4.1.1 密度计法

密度计法是目前国标中唯一的原油密度测定方法。

1. 方法原理

密度计是根据浮力原理设计出来的专门用于测定液体密度的工具,如图4.1所示。密度计上部细的部分中空有刻度,下部粗的部分底部有比重较大的填充物,这样放在液体中能直立。很明显,若液体密度大,则上部细的部分露出于液面部分就多一些,这样细杆部分出露的多少就与液体密度有关。

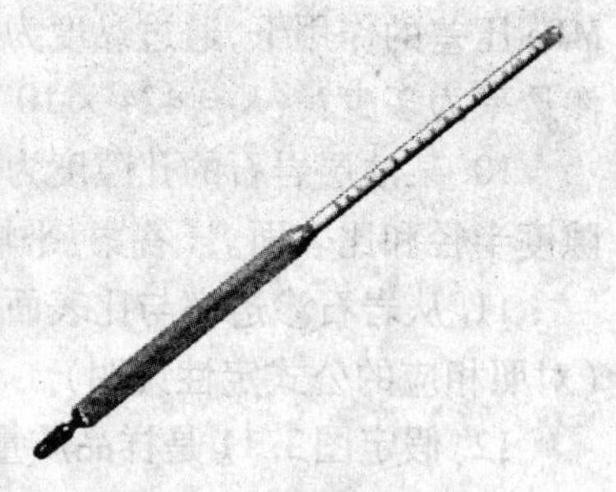

图4.1 密度计实物图

使试样和密度计、量筒处于预定的某温度,并将试样倒入量筒作测定。同时选用合适的密度计放入试样,并让它静止。当温度达到平衡时,读取密度计的刻度数和试样温度,用石油计量表把观察到的密度计读数换算成标准密度。

2. 测定方法

(1) 将调好温度的试样,小心地沿筒壁倾入量筒中,注意不要溅泼,以免生成气泡,当试样表面有气泡聚集时,可用一片清洁滤纸除去气泡。

(2) 将选好的清洁干燥的密度计小心地放入试样中，注意液面以上的密度计标管浸湿不得超过两个最小分度值。待其稳定后，读数，同时读取温度计读数。测定透明液体，先使眼睛稍低于液面的位置，慢慢地升到表面，先看到一个不正的椭圆，然后变成一条与密度计刻度相切的直线，如图 4.2(a) 所示。密度计读数为液体下弯月面与密度计刻度相切的那一点。测定不透明液体，使眼睛稍高于液面的位置观察(图 4.2(b))，密度计读数为液体上弯月面与密度计刻度相切的那一点。

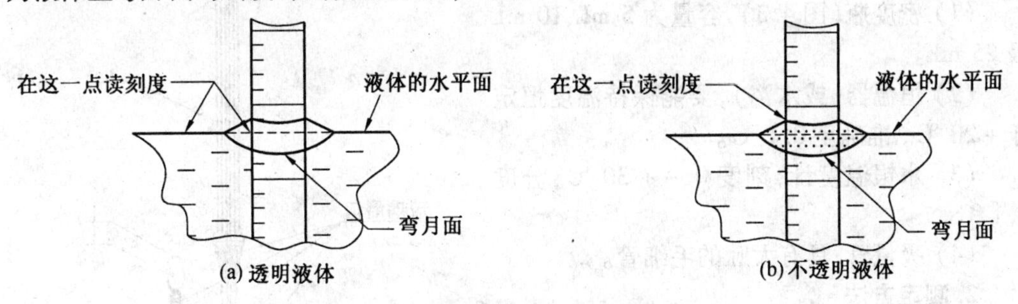

图 4.2　透明液体和不透明液体密度计读数

读数时必须注意密度计不应与量筒壁接触，眼睛要与弯月面上边缘成同一水平。

(3) 将密度计在量筒中轻轻转动几下再放开，按(1)、(2) 的要求再测定一次，立即再用温度计小心搅拌试样，测定温度读准至 0.2 ℃。若这个温度读数和前次读数相差超过 0.5 ℃，应重新读取密度和温度，直到温度变化稳定到 0.5 ℃ 以内，记录连续两次测定温度和视密度的结果。

3. 计算

(1) 根据测得的温度和视密度由《石油密度计量换算表》查得试样的 20 ℃ 的标准密度。

(2) 根据查表得出 20 ℃ 时的标准密度换算出其他温度下的密度，换算公式如下：

$$\rho_t = \rho_{20} - r(t - 20) \tag{4.1}$$

式中　ρ_t—— 任意温度 t 下的密度，g/cm³；

ρ_{20}—— 样品的标准密度，g/cm³；

t—— 任意温度，℃；

r—— 密度平均温度补正系数，g/cm³ ℃，可在《石油密度计量换算表》表查得。

由于密度计的准确读数是在规定的温度下标定的，在其他温度下的刻度读数仅是密度计的读数(称视密度)，而不是在该温度下的密度。

在国家标准中规定密度计法适用于雷德蒸汽压(Reid Vapour Pressure) 不超过 100 kPa 的原油及原油产品。雷德蒸汽压是油品挥发度表示方法之一。雷德蒸汽压的定义是：油品在摄氏 37.8 ℃，蒸汽油料体积比为 4∶1 时的蒸汽压。测定方法是，将油品放在一密封容器内，上面有 4 倍于液体容积的大气容积，在温度为 37.8 ℃ 时测出油品的蒸汽压力。

密度最终结果报告到 0.000 1 g/cm³，20 ℃。同一操作者用同一仪器在恒定的操作条件下对同一种测定试样，按试验方法正确地操作所得连续测定结果之间的差应小于 0.000 6 g /cm³。

4.1.2 密度瓶法

如果将待测油品装入容积已知的容器内,又能称量得到油品的质量,那么油品的密度就可以计算出来,这就是密度瓶法测定油品密度的基本思想。而巧妙的实验步骤设计在操作上保证了这一思想的准确实现。

1. 所用仪器

(1) 密度瓶(图4.3),容量为5 mL,10 mL及25 mL。

(2) 恒温器(或水浴),要能保持温度恒定于+20 ℃,准确至0.1 ℃。

(3) 水银温度计,刻度0 ~ +30 ℃,分度0.1 ℃。

(4) 吸量管,具有大肚的毛细管。

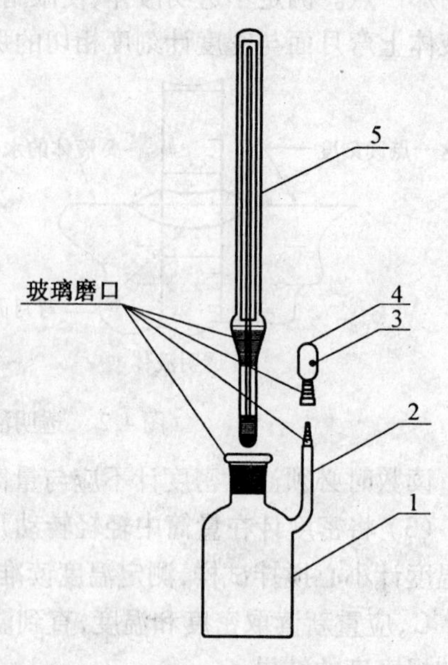

图4.3 密度瓶

1—密度瓶主体;2—侧管;3—侧孔;4—侧孔罩;5—温度计

2. 测定方法

(1) 用密度瓶测定原油及石油产品密度前,应先确定密度瓶的"水值"(m),即确定+20 ℃时在密度瓶容积中水的质量。密度瓶的水值(m)按下式计算:

$$m = m_2 - m_1 \tag{4.2}$$

式中 m_2——装满水的密度瓶质量,g;

m_1——空密度瓶的质量,g。

对已确定水值的密度瓶,每测定20次原油即石油产品密度后,至少应进行一次密度瓶水值的校正。

(2) 将预先预热到50 ℃的油样装入已确定水值的干燥洁净的密度瓶中约半瓶。

(3) 将装好油样的密度瓶加热至60 ~ 100 ℃,以除掉气泡,然后使密度瓶在恒温水浴中冷却温度至20 ℃,擦净称重(m_3)精确至0.000 2 g。

(4) 用蒸馏水将装油样的密度瓶充满,并在20 ℃的恒温水浴中留至水面不变为止,过剩的水用吸管或滤纸吸出,并将密度瓶细颈内壁擦干。

(5) 将密度瓶外部仔细擦干后称重(m_4),精确至0.000 2 g。

3. 密度计算

原油密度ρ按式(4.3)计算:

$$\rho = \frac{(m_3 - m_1)(0.998\,2 - 0.001\,2)}{(m_2 - m_1) - (m_4 - m_3)} + 0.0012 \tag{4.3}$$

式中,0.998 2为水在20 ℃时的密度,g/cm^3;0.001 2为空气在20 ℃时的密度,g/cm^3。

密度计法的测量精度取决于密度计的精度,多数情况下密度瓶法测量精度更高一些。在要求不高的情况下密度计法更方便一些。由于密度计一般较大,用样量也比密度瓶法大许多。

液体密度测定还有一种韦氏天平法,也是一种成熟的方法,原理也是浮力原理。基本思想是,重物放在液体内称重,其质量会变轻,变轻的幅度与液体的密度正相关。

4.1.3 原油密度参数在石油地质上的应用

原油的密度是十分常用的原油物理性质,不同的行业都按照原油的密度对原油进行分类,常常出现称谓相同内涵并不完全一致。根据SY/T 5735—1995,原油按密度的分类如表4.1所示。在很多场合又将密度大于1.000 g/cm^{3}的原油称为超重油。

表4.1 原油的密度、黏度分类(据SY/T 5735—1995)

原油类别	原油密度(20 ℃)/(g·cm^{-3})	原油类别	原油黏度/(MPa·s)
凝析油	< 0.706	特低黏度油	< 1
挥发油	0.706 ~ 0.805	低黏度油	1 ~ 5
轻质油	> 0.805 ~ 0.870	中黏度油	> 5 ~ 10
中质油	> 0.870 ~ 0.934	高黏度油	> 10 ~ 50
重质油	> 0.934	稠油	> 50

原油的密度在石油的开发、生产、销售、使用、计量和设计方面都是十分重要的指标。它的大小取决于组成它的烃类分子的大小和分子结构。通常,原油密度随其碳、氧、硫含量的增加而增加,因而含芳烃多的、含胶质多和沥青质多的原油密度较大;含环烷烃多的密度中等;含烷烃(石蜡烃)多的原油密度小一些。对原油密度有影响的,除组成原油的化学成分外,蒸发作用也会损失掉原油的轻质部分,使它的密度增加,如果这种轻质部分的挥发作用是在自然条件下(风化)进行的,同时并有氧化作用类型的某些副反应发生,使原油更富有重胶质的含量,而愈加提高了石油的密度。因此根据原油的密度值可以粗略判断原油的组成及性质。比如密度值小的轻质油,就意味着这种石油含有较多的汽油和煤油或石蜡烃;密度较大的原油中有较多的重组分(胶质、沥青质,图4.4),而轻质的特别是汽油部分较少。同一油藏内的原油密度有时也会显现出差别,这与油柱高度有关。

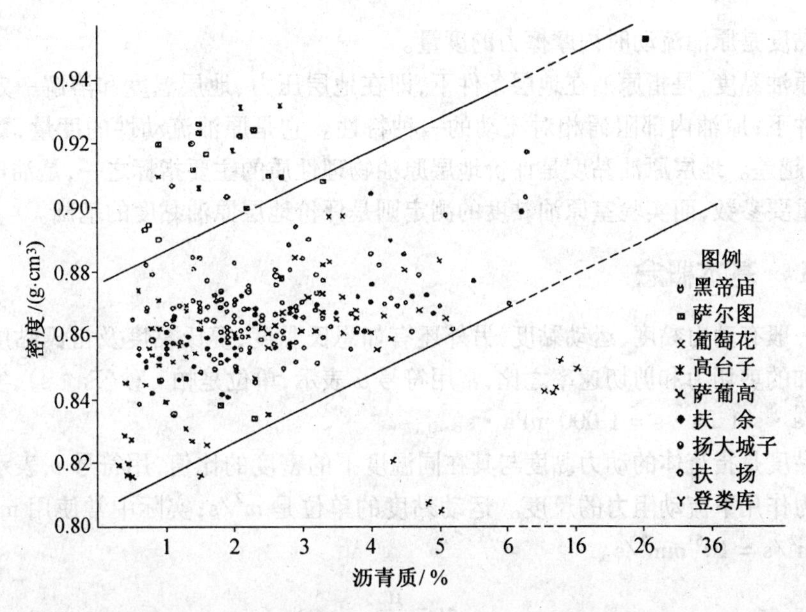

图4.4 松辽盆地北部原油密度与沥青质含量关系图

原油的黏度与密度有着密切的关系(图4.5),在原油评价和原油类型划分中起着十分重要的作用。

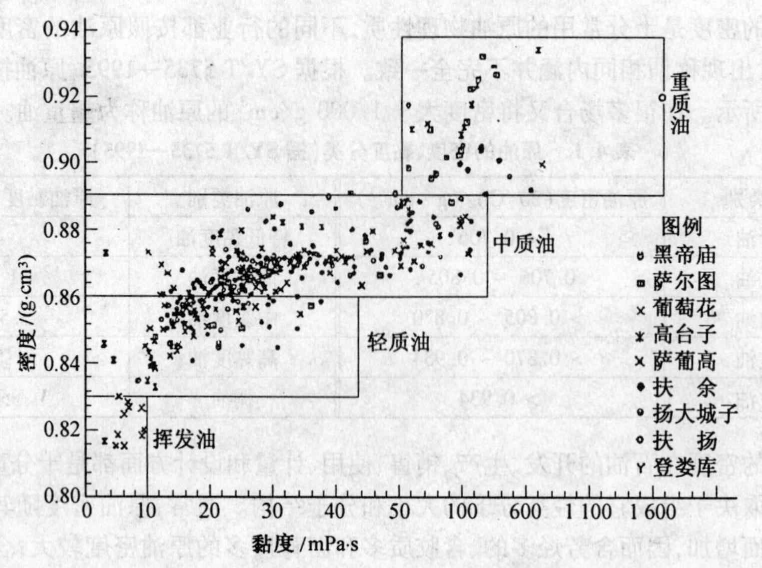

图4.5　松辽盆地北部原油黏度与密度关系图

从图4.5中可以看出,松辽盆地北部原油可划分为4种类型。随着原油密度的增加,原油的黏度也随之增大。需要说明的是,图4.5中的密度分类与表4.1不完全一致,这是大庆油田较早使用的一种分类。

4.2　原油黏度测定

原油黏度是原油流动时内摩擦力的度量。

地层原油黏度,是指原油在地层条件下,即在地层压力、地层温度和溶解一定数量天然气的条件下,原油内部阻碍相对流动的一种特性。它是原油流动性的度量,黏度值越大,流动性越差。地层原油黏度是评价地层原油物理性质的主要指标之一,是油田开发不可缺少的重要参数,而实验室原油黏度的测定则是评价地层原油黏度的基础。

4.2.1　基本概念

黏度一般有动力黏度、运动黏度,另外还有如恩氏黏度、赛氏黏度及雷氏黏度。动力黏度系所加的剪切力和剪切速率之比,常用符号μ表示,单位是帕·秒(Pa·s),实际使用中多用mPa·s,1 Pa·s = 1 000 mPa·s。

运动黏度是指流体的动力黏度与其在同温度下的密度的比值,用符号υ表示。它是液体在重力作用下流动阻力的尺度。运动黏度的单位是m^2/s;实际中常使用mm^2/s,其关系是$1\ m^2/s = 10^6\ mm^2/s$。

$$\upsilon = \frac{\mu}{\rho} \tag{4.4}$$

式中　μ——动力黏度,mPa·s;

υ—— 运动黏度,mm^2/s;

ρ—— 密度,g/cm^3。

恩氏黏度指液体在某温度下从恩格勒黏度计流孔中,流出200 mL所需的时间(s)与蒸馏水在20 ℃流出相同体积所需的时间(s)之比。其表示符号为E_t。

关于运动黏度,因其无动力的量,只有运动的量,故称其为运动黏度。运动黏度虽然是反映流体流动的重要特征,但却不能用来描述流体的内摩擦力(黏性力)的物理特性。例如,20 ℃时水的(动力)黏度比空气的(动力)黏度约大100倍($\mu_w \approx 1$ mPa·s,$\mu_a \approx 0.01$ mPa·s),而同温度下空气的运动黏度则比水的运动黏度约大10倍($\upsilon_w \approx 1\ mm^2/s$,$\upsilon_a \approx 10\ mm^2/s$)。这是由于水的密度约比空气大1 000倍的缘故。所以运动黏度只能反映某一密度下的(动力)黏度。

4.2.2　运动黏度测定法和动力黏度计算

动力黏度使用广泛,但本身不易直接测量,而运动黏度易测量,再测其密度,则可计算出动力黏度。

如果让不同运动黏度的液体在一个垂直的玻璃管中在重力作用下由上而下自由流动,则运动黏度小的液体流动快,黏度大的流动慢。这样就可以反映流体的运动黏度。如图4.6所示的玻璃毛细管黏度计就是根据这种思想设计的。石油行业普遍采用GB/T 265方法测定原油黏度,对色深、黏度大的则采用GB/T 11137方法测定。

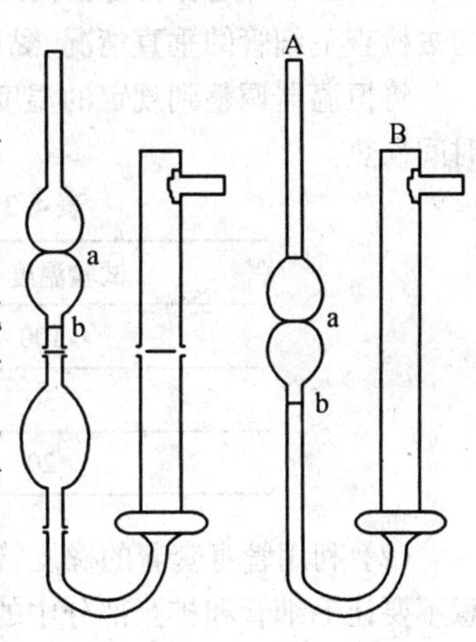

图4.6　玻璃毛细管黏度计

1. 仪器

(1) 黏度计。

一组符合相应的规范且内径不同的玻璃制毛细管型黏度计。

(2) 黏度计恒温浴。

可使用任何透明液体,并使黏度计试样部分低于恒温浴液20 mm,温度控制必须是在15 ~ 100 ℃范围内,黏度计部分的温度变化不大于0.01 ℃。在此范围之外的各温度,其变化必须不超过0.03 ℃。

(3) 玻璃温度计(或其他同等准确度的测温设备)。

(4) 秒表。

(5) 根据测定条件,要在恒温器或其他容器中注入如下液体(表4.2)。

表4.2　不同测定温度所用恒温浴液体表

测定的温度/℃	恒温浴用的液体
25 ~ 50	水
50 ~ 100	透明矿物油、甘油或液体石蜡

2. 准备工作

(1) 样品含有杂质时,在试验前必须过滤。对于黏度大的样品,可以利用水流泵或真空泵进行吸滤。

(2) 在装样品前,必须把黏度计清洗干净,并用干燥空气吹干。

(3) 保持装样的黏度计在浴中有足够长时间(一般 30 min 应足够),以达到试验温度。

(4) 使用抽吸(如果试样不含挥发性组分) 或用压力调节试样的压头液面至毛细管中第一计时标记(图 4.6(a)) 上约 5 mm 的位置。在试样自由流动情况下,测定弯月面通过第一计时标记到第二记(图4.6(b))时标记所需的时间(s),测准至0.2 s。如流动时间小于规定的最小值,则选用较小直径的毛细管重复这个操作。

(5) 温度计要用另一支夹子固定,使其水银球的位置接近毛细管中央点的水平面,最好使温度计上要测温的刻度位于恒温器中液面以上 10 mm。

3. 测定方法

(1) 选取合适黏度计,将黏度计调整为垂直状态,要利用铅垂线从两个相互垂直的方向去检查毛细管的垂直情况,黏度计浸入深度使水浴面在上球的 1/2 处。

将恒温器调整到规定的温度,把装好油样的黏度计浸在恒温液体内,按表 4.3 规定的时间预热。

表 4.3　黏度计在恒温浴中的预热时间表

试验温度 /℃	预热最少时间 /min
100	20
50	15
20	10

(2) 利用管身套着的橡皮管将油样吸入扩张部分,使油样液面稍高于标线 a,并且注意不要让毛细管和扩张部分中的液体有气泡或断续现象存在。

(3) 观察油样在管身中的流动情况,液面正好到达标线 a 时启动秒表,在液面正好流到标线 b 时停止秒表。

油样在扩张部分中流动时,注意恒温器正在搅拌的液体要保持恒定温度,而且扩张部分中不应出现气泡。

(4) 每个样品所测出的流动时间,应不少于 3 次,取其中相近的 3 个数值,求出平均值,平行测定两个结果间的差数,允许偏差不超过其算术平均值的 ±2%。

4. 计算方法

利用测定的流动时间 t 和仪器的常数 C,用下式计算运动黏度 υ:

$$\upsilon = C \cdot \tau$$

式中　υ—— 运动黏度,mm^2;

C—— 黏度计的毛细管常数,mm^2/s^2,出厂时每个黏度计都已给出;

τ—— 流动时间,s。

由计算的运动黏度 υ 和密度 ρ_t 利用下式计算动力黏度:

$$\mu_t = \rho_t \cdot \upsilon_t$$

式中　μ_t—— 温度 t 时,试样动力黏度,mPa · s;

ρ_t—— 温度 t 时,试样密度,g/cm^3;

υ_t—— 温度 t 时,试样运动黏度,mm^2/s。

5. 质量要求

用下述规定来判断试验结果的可靠性(95% 置信水平)。

重复性:同一操作者,用同一试样重复测定的两个结果之差,不应超过下列数值(表4.4):

表4.4

测定黏度的温度/℃	重复性/%
100 ~ 15	算术平均值的1.0
< 15 ~ - 30	算术平均值的3.0
< - 30 ~ - 60	算术平均值的5.0

再现性:由不同操作者,在两个实验室提出的两个结果之差,不应超过下列数值(表4.5):

表4.5

测定黏度的温度/℃	再现性/%
100 ~ 15	算术平均值的2.2

4.3　原油凝点测定

原油凝点是指试样在规定条件下冷却至停止流动时的最高温度,是反映原油在低温条件下的流变性指标。对于纯化合物来说,它有一个固定的凝点,而原油是成分十分复杂的混合物,其凝固过程有一个温度范围,即稠化阶段。因此,所谓原油凝点只是原油稠化阶段中某一点的温度。所以原油凝点不是油品的真正理化性质,而是一种公称性质。

原油凝点的高低与原油的组成有密切关系,含烷烃(石蜡烃)较多的原油凝点较高,含有胶质、沥青质时能降低凝点,若油中含水即使是千分之几的水也可以造成凝点上升。原油的凝点在一些文献中称为凝固点,由于原油并没有像纯化合物那样的凝固点,因此用凝固点一词并不恰当,在国标和行标中用凝点一词。

下面介绍SY/T 0541—2009原油凝点测定法。

将原油预热后装入试管中,以0.5 ~ 1 ℃/min的冷却速度冷却试样至最高预期凝点8 ℃时,每降2 ℃观测一次试样的流动性,直至将试管水平放置5 s而试样不流动时的最高温度即为凝点。

1. 仪器

原油凝点测定装置如图4.7所示。

(1) 圆底玻璃试管高(160 ±5) mm,内径(20 ±1) mm,试管外表上在距底30 mm处有一环形标线。

(2) 外套管高(130 ±5) mm,内径(40 ±2) mm。

(3) 冷却槽。

(4) 冷却剂,试验温度在0 ℃以上用水和冰;在0 ~ -20 ℃用盐和碎冰或雪;在-20 ℃以下用工业乙醚(溶剂汽油、直馏的低凝点汽油或直馏的低凝点煤油)和干冰(固体二氧化碳)。

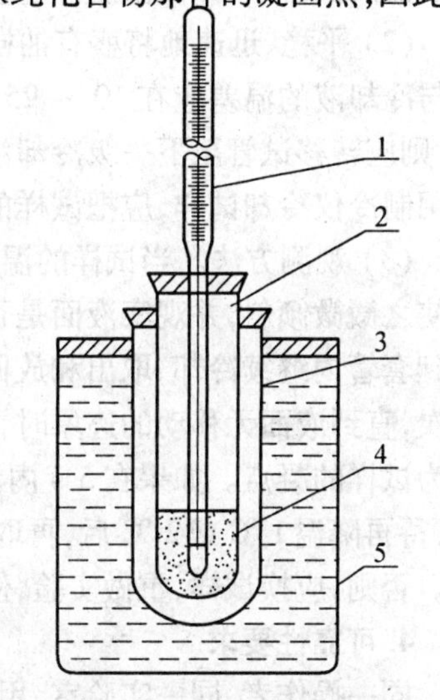

图4.7　干冰法凝点测定装置

1—温度计;2—玻璃试管;3—外套管;4—油样;5—冷却槽

(5) 温度计，-30 ~ +60 ℃，分度值1 ℃。

2. 准备工作

(1) 预热油样。

将盛有油样的磨口瓶置于恒温水浴中，并把油样预热至(50 ±1) ℃，或按用户要求预热油样。当要求的预热温度高于50 ℃时，应在恒温水浴中将油样加热至预热温度后，接通冷却水或打开制冷仪，静置冷却油样至(50 ±1) ℃。在特定条件下，油样可不预热。

(2) 调节凝点温度计位置。

将中央插有凝点温度计的软木塞塞入试管口部，适当调节温度计的位置，使其垂直立于试管中央，并保持水银球离试管底部(20 ±2) mm，然后从试管中取出带温度计的塞子备用。

(3) 预热试管。

把干燥、清洁的2 ~4 支试管预热到(50 ±1) ℃，若油样的预热温度低于50 ℃，则试管的预热温度应与油样的预热温度相同。若在现场或室内取样后立即测试，则应将试管预热至取样温度。

(4) 配制冷却液。

视预期凝点的高低，可准备一个或多个冷却浴，第一级冷却浴的冷却液温度为(25 ±2) ℃，以下各级冷却浴的温度逐级降低15 ℃，以使试样的冷却速度控制在(0.5 ±1) ℃/min。

(5) 套管安装。

将套管垂直安装在预备好的冷却浴中，套管浸入冷却液的深度不应少于100 mm。

3. 试验步骤

(1) 将油样注入2 ~4 支试管内至(50 ±3) mm环形标线处，迅速将带凝点温度计的塞子插入试管中，并使温度计垂直于试管的中央。

(2) 平稳、迅速地将盛有油样的试管放入冷却浴中的套管内，使其静置冷却。此时试样与冷却液的温差应在10 ~ 25 ℃之间。若试样与冷却液温差小于10 ℃，试样仍未凝结，则应转移试管至下一级冷却浴中。转移试管时应连同套管整体转移，且避免晃动。若使用制冷仪冷却试样，应把试样的冷却速度控制在(0.5 ±1) ℃/min的范围内。

(3) 观测方法。当试样的温度已降至比预期凝点高8 ℃时，即开始从套管中取出试管使之微微倾斜，并观察液面是否有移动的迹象。若液面移动，则平移、迅速地将试管放回到套管内继续冷却，取出和放回套管内的时间不应超过3 s。以后油温每下降2 ℃观察一次，直到液面无移动的迹象时，立即将试管水平放置5 s。如液面不发生移动，记录该温度为试样的凝点。如果在5 s内液面还有移动迹象时，则应平稳、迅速地将试管放回套管内，待再降温1 ℃或2 ℃后，再取出试管并水平放置5 s。若液面已不移动，则该温度为凝点。否则，应换试样，重做实验，但应将预期凝点降低4 ℃。

4. 可靠性要求

同一操作者，同一实验室，用同一仪器测定，在相同的实验条件下，对同一油样进行重复测定，所得两次结果之差不得超过2 ℃。

在不同的实验室，由不同操作者对同一油样进行重复测定，所得两次测定结果不得超过3 ℃。

5. 应用

凝点是原油的一项物性参数，大庆原油是蜡基原油，凝点较高（图4.8、图4.9）。凝点越高，含蜡越多。凝点测定在原油的开采、运输、评价油质上是一个重要流变性指标。

一般来讲，凝点在0 ~ 9 ℃为凝析油；20 ~ 35 ℃为轻质原油；35 ~ 47 ℃为重质原油。

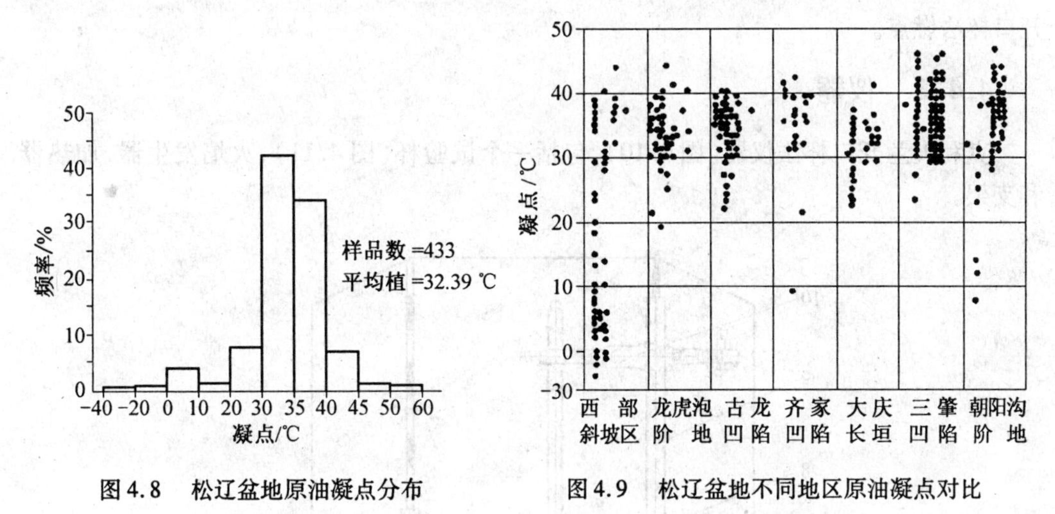

图4.8　松辽盆地原油凝点分布　　图4.9　松辽盆地不同地区原油凝点对比

4.4　原油的闪点、燃点及闪点测定

原油的闪点和燃点属于原油的安全性指标，该类指标还有爆炸极限。闪点是在规定的条件下，加热油品所溢出的蒸汽和空气组成的混合气与火焰接触发生瞬间闪火时的最低温度。用规定的闭口杯闪点测定器测定的闪点称为闭口杯闪点，用规定的开口杯闪点测定器测定的闪点称为开口杯闪点。

在规定的条件下，当火焰靠近油品表面的油蒸汽和空气的混合物时，即会着火并保持燃烧至规定的时间所需要的最低温度称为燃点。

闪点是微小的爆炸，并不是任何油气和空气的混合物都能闪火爆炸。闪火的必要条件是混合气的烃或油气有一定的范围，低于这个范围油气不足，高于这个范围，空气不足，均不能闪火爆炸。根据闪点的定义，闪点测出的是闪火温度的下限。

原油的闪点、燃点与油的化学性质有关，轻质组分较多的原油其闪点、燃点较低，反之亦然。测定闪点的仪器有两种，即闭口杯闪点仪和开口杯闪点仪。它们的区别在于加热蒸发和引火条件不同。开口杯闪点测定时蒸发的蒸汽可直接扩散到空气中，闭口杯法测定时油品的蒸发是在密闭容器中进行的。因此，闭口杯法测定闪点时生成爆炸混合气所需的油蒸发量比较容易达到。这样，同一油品开口杯闪点比闭口杯闪点要高，一般高10 ~30 ℃。开口杯法一般适用于较重的油品，闭口杯法则轻、重油品都适用。

在测定闪点后如果继续提高油品温度，则可继续闪火，生成的火焰越来越大，熄灭所经历的时间也越来越长，当达到某一油温时，引火后所生成的火焰不再熄灭（不少于5 s），这时油品就燃烧了，该油温称为燃点。开口杯法与闭口杯法原理是相同的，下面仅具体介绍开口杯法。

4.4.1 开口杯法的工作原理

在规定条件下,加热油样蒸发的油气与火焰接触而初次发生蓝色火焰闪光时的最低温度称为开口杯法闪点。

在规定条件下,油样加热到能被接触的火焰点着并燃烧不少于5 s时的最低温度称为开口杯法燃点。

4.4.2 仪器

克利夫兰开口杯法仪器(图4.10),包括一个试验杯(图4.11),火焰发生器,加热器和支架。

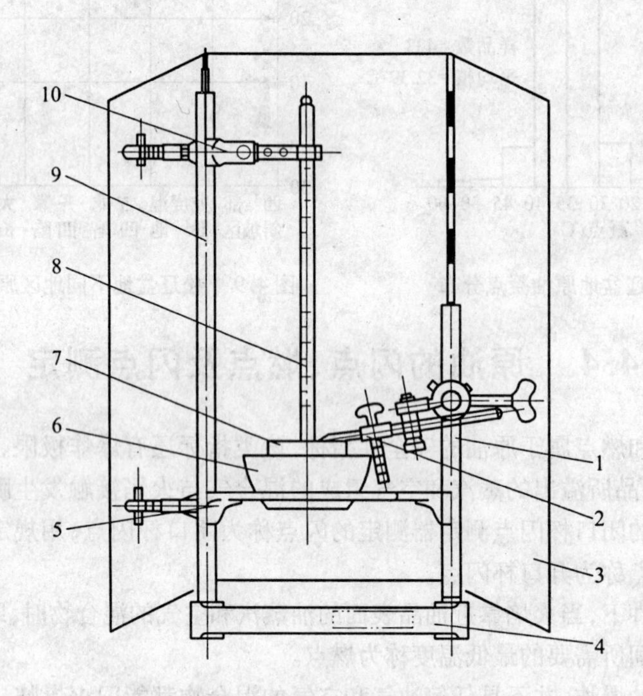

图4.10　开口杯法测定原油闪点示意图

1—点火器支架;2—点火器;3—屏风;4—底座;5—坩埚托;
6—外坩埚;7—内坩埚;8—温度计;9—支柱;10—温度计夹

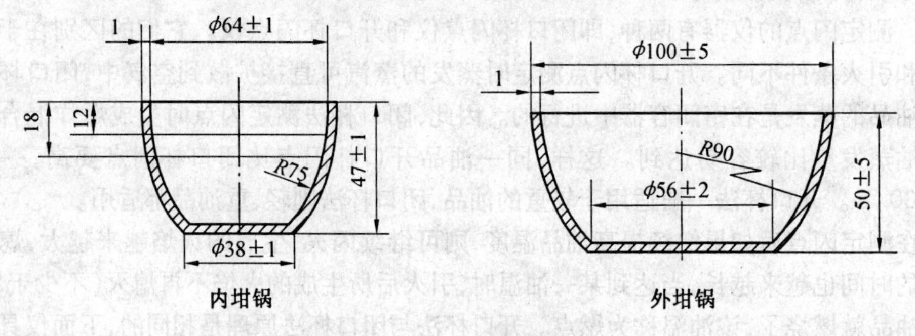

图4.11　坩埚结构图

4.4.3　仪器分析条件的选择

(1) 将试验仪器安放在不通风的房间的平稳试验台上,用适当方法遮住仪器的顶部,使之不见强光,以使闪点易于检出,到预计闪点前最后 17 ℃ 时,必须小心操作,避免由于粗心动作或凑近试杯呼吸,使试杯上蒸汽被扰动(注:有些试样的蒸汽或热解产品是有害的,可允许将有防护屏的仪器安置在通风柜内,调节通风,使蒸汽能被排出,而在距预期闪点前最后 5 ~ 6 ℃,升温时试杯面应无空气流)。

(2) 用溶剂洗涤试杯以除去前次试验留下的所有油迹,或微量胶质。如果存在有炭沉淀,用钢丝刷把它们除去。用冷水冲洗试杯,在热板上干燥几分钟以除去溶剂和水的最后痕迹。使用前冷却试杯至低于预期闪点至少 56 ℃。

(3) 将温度计垂直地固定在杯内油样中间,水银位于杯底和油样液面的中间位置。

4.4.4　测定方法

(1) 在适当的温度下将试样注入试杯,使弯月面的顶部正好到充油刻线。如果注入试杯的油样过多,用吸管和其他方法除去过量的油样。如仪器外面留有油样,应将其倒空清洗,再重新装样。除去油样表面所有气泡(注:黏稠的试样应在注入试杯前先加热成为液状,加热时的温度必须低于预期闪点 56 ℃ 以下)。

(2) 点燃试验火焰,并调节火焰到约 4 mm。

(3) 开始加热时,使油样的升温速度为 14 ~ 17 ℃/min。当油样温度到低于预计闪点约 56 ℃ 时,减慢加热,在闪点前最后 28 ℃ 时,升温速度为 5 ~ 6 ℃/min。

(4) 在预计闪点前 28 ℃ 时,开始用试验火焰扫划,温度计上的温度每升高 2 ℃,就扫划一次。试验火焰须在通过温度计直径的直角线上划过试杯的中心。用平稳、连续的动作扫划,扫划时不是沿直线而是沿半径至少为 150 mm 的周围圆弧来进行。试验火焰的中心必须在一个水平面上移动,不能超越试杯上边缘平面 2 mm 以上,并且只能从一个方向扫划。在下一次扫划试验火焰时,应从相反方向进行。每次通过扫划试验火焰所需时间约为 1 s。

(5) 在油面上任何一点出现闪火时,记录温度计上的温度作为闪点,但不要把有时在试验火焰周围产生的淡蓝色光环与真正闪火相混淆。

(6) 为测定燃点,继续加热,使油样的温度每分钟上升 5 ~ 6 ℃,继续使用试验火焰,每升高 2 ℃ 间隔就扫划一次,直到试验着火,并连续燃烧 5s 为止。记录温度计上这点温度作为试样燃点的测定结果。

4.4.5　精度要求

(1) 同一操作者,用同一仪器测定,得出的闪点或燃点平行试验结果之差,如大于 4 ℃,数值则被认为可疑。

(2) 两个实验室提供的测试结果的偏差,闪点大于 8 ℃,燃点大于 7 ℃,则被认为是可疑的。

松辽盆地原油的闪点主要分布在 40 ~ 160 ℃ 之间,平均值为 93 ℃(图 4.12)。

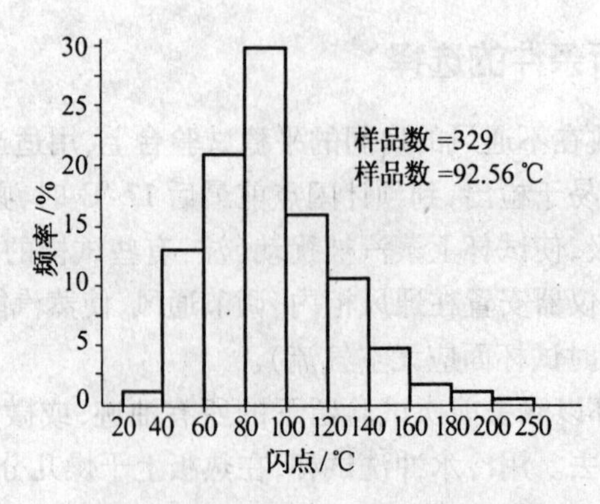

图 4.12　松辽盆地原油闪点分

4.5　原油及烃类平均相对分子质量测定

由于原油是多种化合物构成的复杂混合物，所以原油的相对分子质量是其中各种组分分子质量的平均值，因而称作平均相对分子质量。平均相对分子质量是原油、原油馏分、原油制品的最基本的物理参数，可以与其他物理性能一起用来表征、计算结构组成和多种结构参数。在油藏工程的某些计算中也是一项基础数据。测定分子量的方法较多，一般采用冰点法测定轻质原油或轻质石油产品的平均相对分子质量，采用蒸汽压法测定一般原油及原油重质馏分的平均相对分子质量，也可以根据运动黏度求算原油平均相对分子质量。下面介绍 GB/T 17282—1998 根据运动黏度确定石油相对分子质量的方法。本方法适用于相对分子质量在 230 至 700 范围内的石油样品，包括通常的石油馏分，不适用于那些组成异常或相对分子质量范围相当窄的油品。

4.5.1　方法提要

测定 37.8 ℃ 和 98.9 ℃ 的石油样品运动黏度。按 H 函数表查出对应 37.8 ℃ 黏度的 H 函数值，利用该 H 值及 98.9 ℃ 的黏度、自黏度、H 函数与相对分子质量关系图确定相对分子质量。

4.5.2　步骤

(1) 按 GB/T 265 或 GB/T 11137，测定石油样品在 37.8 ℃ 及 98.9 ℃ 的运动黏度。

(2) 由图 4.13 查到对应 37.8 ℃ 黏度的 H 值（更准确的 H 值根据 GB/T 17282—1998 查得）。

(3) 在图 4.14 上确定对应于纵坐标 H 值及 98.9 ℃ 等黏度线的交点后，沿横坐标读出相应的相对分子质量。在确定 98.9 ℃ 等黏度线时可用线性内插法求得。例如，测得 37.8 ℃ 运动黏度 = 179 mm^2/s，98.9 ℃ 运动黏度 = 9.72 mm^2/s，在图 4.13 中找出 179(mm^2/s) 并读取对应值 H = 461；在黏度、H 函数与相对分子质量关系图（图 4.14）中，利用 H = 461 及 98.9 ℃ 黏度 = 9.72 mm^2/s，一同找出对应的相对分子质量 = 360。以数值最为接近的整数报告相对分子质量。

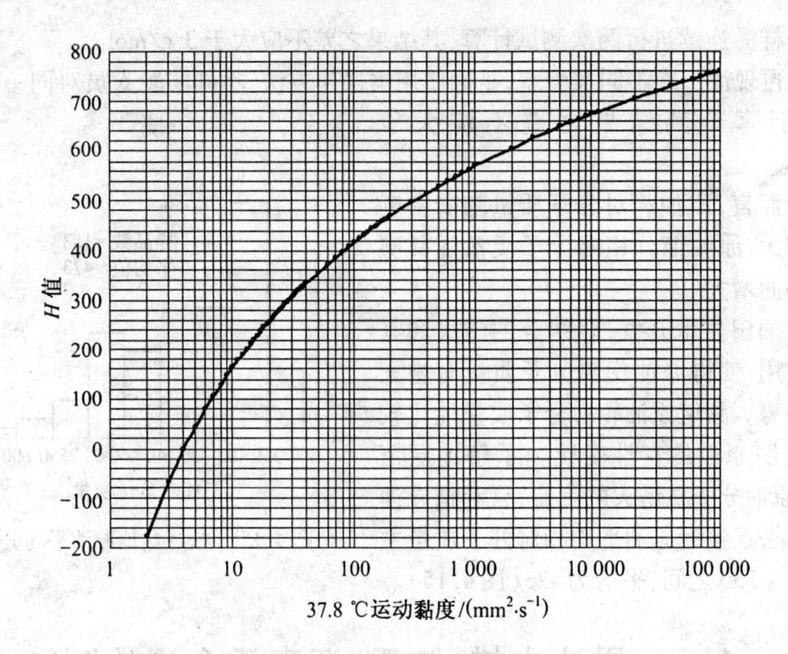

图 4.13　37.8 ℃ 运动黏度的 H 值

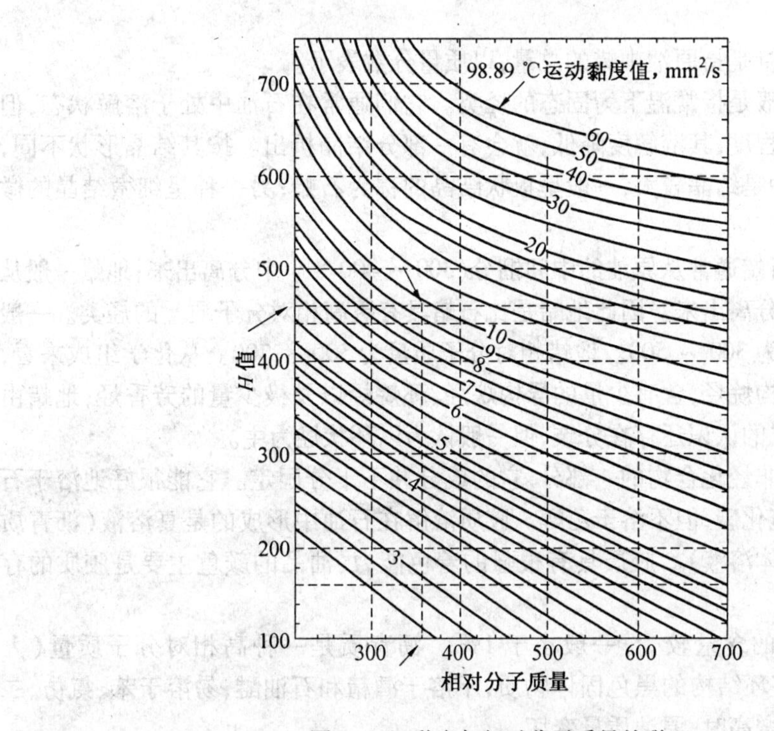

图 4.14　黏度与相对分子质量关联

4.5.3　精密度

按下述规则判断结果的可靠性(95% 置信水平)。

(1) 重复性。在相同的实验条件下，正确使用本操作方法，同一实验人员使用同一仪器对同一样品连续进行两次测试计算,其结果之差不应大于 3 g/mol。

(2) 再现性。在不同实验室,正确使用本操作方法,不同实验人员对同一样品进行两次测试计算,其结果之差不应大于25 g/mol。

一般而言,原油相对分子质量随着密度增大而增大;原油馏分相对分子质量随其沸程的增高而增大。

随着油田注水开发,轻组分的流失和其他氧化作用,使得原油相对分子质量有增大的变化趋势。测定原油相对分子质量能比较明显地表明原油的特性变化。了解地层情况,控制原油分子量增大的因素,有利指导油田开发。松辽盆地原油平均相对分子质量主要在350 ~ 550之间,平均为423(图4.15)。

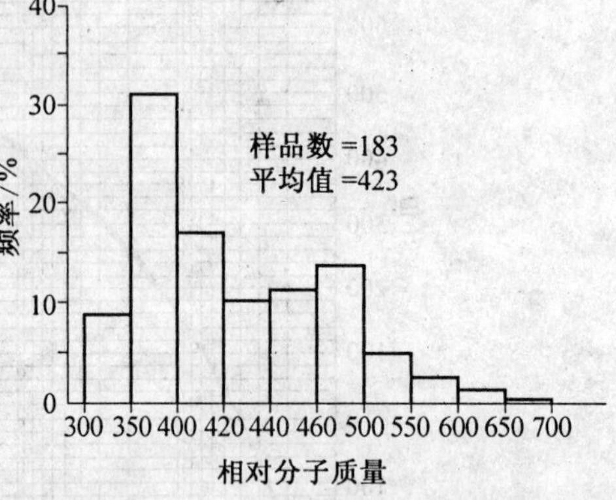

图 4.15　松辽盆地原油平均分子质量

4.6　原油中蜡、胶质、沥青质含量的测定

原油中蜡的含量是指原油中蜡的总量,以质量分数表示。

原油中的蜡一般是指常温下为固态的烃类。它们通常在石油中处于溶解状态,但如果温度降低到一定程度,其溶解度降低,就会有一部分结晶析出。按其结晶形状不同,蜡又可分为两种:一种是结晶较大,一般呈板状结晶的称为石蜡;另一种呈细微结晶的微晶形蜡称之为地蜡。

从来源来看,石蜡通常从原油的中间馏分(300 ~ 400 ℃)中分离出来;地蜡一般从原油的高沸点馏分中分离出来。因此地蜡是比石蜡具有更高相对分子质量的烃类。一般石蜡的相对分子质量为 300 ~ 500。地蜡相对分子质量为 500 ~ 700。从化学组成来看,石蜡的主要成分是正构烷烃,含有少量的异构烷烃、环烷烃以及极少量的芳香烃;地蜡由于分离困难,对其组成的认识还存在分歧,但一般认为以环状烃为主。

胶质是原油中非烃化合物的一部分,它的成分并不十分固定。它能很好地溶于石油馏分、苯、氯仿、二硫化碳,但不溶于乙醇。胶质溶解在石油中形成的是真溶液(沥青质在石油中形成的是胶体溶液)。胶质具有很强的着色能力,油品的颜色主要是胶质的存在造成的。

原油中沥青质的含量较少,一般小于 1%。沥青质是一种高相对分子质量(大于 1 000 以上)具有多环结构的黑色固体物质,不溶于酒精和石油醚,易溶于苯、氯仿、二硫化碳。沥青质含量增高时,原油质量变坏。

原油中蜡、胶质、沥青质含量测定尚无国家标准;石油行业有 2 个相关标准:SY/T 7550—2004 原油中蜡、胶质、沥青质含量测定法和 SY/T 0537—2008 原油中蜡含量测定法。下面介绍 SY/T 7550—2004 原油中蜡、胶质、沥青质含量测定法。

4.6.1　方法概述

沥青质(Asphaltenes),原油中不溶于正庚烷、溶于甲苯的组分。

胶质(Resins),预处理后的原油在氧化铝色谱柱上吸附,用石油醚和甲苯冲洗时不能脱附的部分,扣除沥青质后的组分。

蜡(Wax),氧化铝吸附色谱法得到的油蜡组分,用甲苯丙酮(1∶1)为脱蜡溶剂经冷冻结晶析出的组分。

一份试样用正庚烷溶解,滤出不溶物,用正庚烷回流除去不溶物中夹杂的油蜡及胶质后,用甲苯回流溶解沥青质,除去溶剂,求得沥青质的含量。另一份试样经氧化铝色谱柱分离出油蜡部分,再以甲苯－丙酮混合物为脱蜡溶剂,用冷冻结晶法测定蜡含量。用差减法得到胶质含量,流程如图4.16所示。

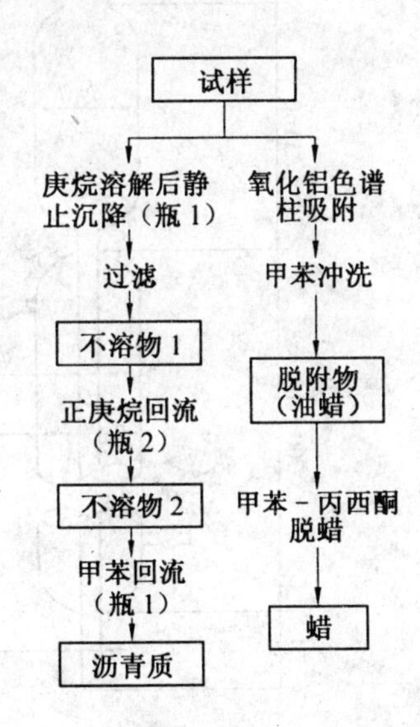

图4.16　原油中蜡、胶质、沥青质含量测定流程

4.6.2　仪器设备

沥青质测定器,如图4.17所示,包括两个24号磨口锥形瓶、抽提器及冷凝器;蜡含量测定仪,如图4.18,滤板孔径20～30 μm;超级恒温水浴,能控制温度波动范围±0.5 ℃;电热套,0.6～1.8 kW,功率可调;油浴,可设定温度120 ℃;水浴,0.6～1.8 kW,功率可调;真空烘箱,可使温度保持在105～110 ℃;玻璃吸附柱,吸附柱外面带循环水夹套;高温炉,最高温度不低于800 ℃;锥形瓶,100 mL;烧杯,50 mL;真空泵,吸滤用;分析天平,感量0.000 1 g;干燥器。

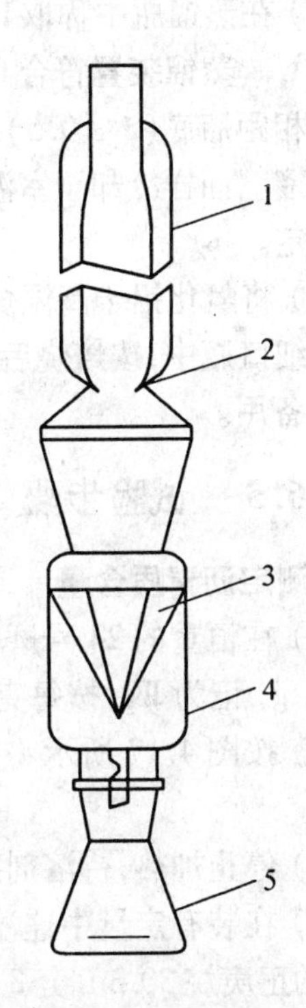

图4.17　沥青质测定器

1—冷凝器;2—四个爪;3—滤纸;4—抽提器;5—磨口三角瓶

4.6.3　试剂

正庚烷,分析纯;甲苯,分析纯;石油醚,分析纯,60～90 ℃;氧化铝,层析用,0.15～0.076 mm(100～200目),中性;丙酮,分析纯;乙醇,工业级。

4.6.4　准备工作

(1)取样应按GB/T 4756执行。样品应放在密闭容器中。

(2)按GB/T 260或GB/T 8929方法测定水含量。当水的质量分数大于0.5%时,则应先按照GB/T 2538进行脱水。

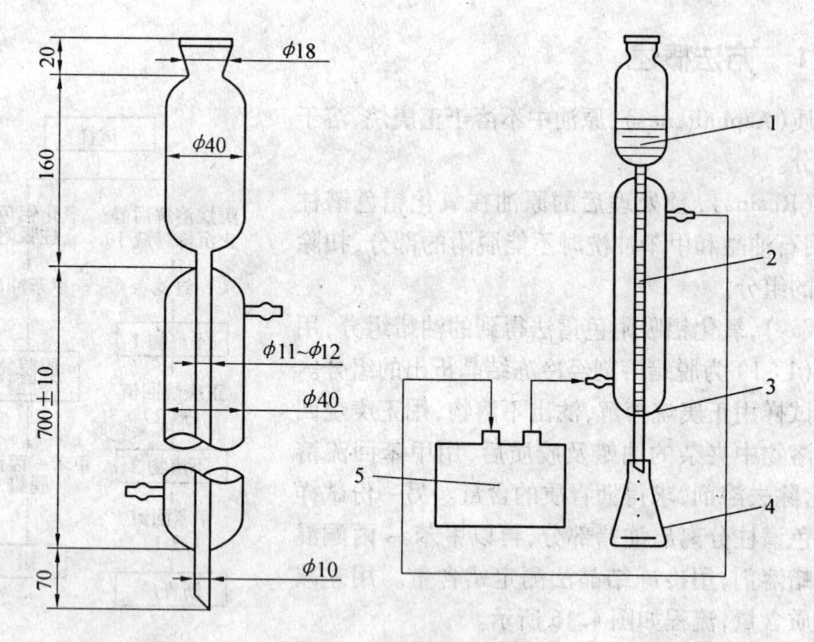

图4.18　色层分离示意图

1—溶剂;2—活性氧化铝;3—脱脂棉;4—接收瓶;5—恒温水浴

(3) 在蒸馏瓶中称取100 g左右的油样,准确至0.01 g,记为W_1;常压蒸馏至液相温度达260 ℃。蒸馏装置符合GB/T 255规定的石油产品馏程测定装置技术条件,但温度计需插入液相距瓶底(2 ±0.5) mm。控制流出速率约每秒钟1滴,不间断连续蒸馏至260 ℃,结束蒸馏。油样冷却至室温,称取残油量记为W_2,计算求得残油收率Y,将残油进行各组分的测定。

(4) 将氧化铝于高温炉内在550 ℃焙烧6 h,取出后立即放入干燥器中,冷却至室温后装入细口瓶中,按焙烧后氧化铝质量加入1% 蒸馏水,盖紧塞子用力振荡5 min,静置24 h后备用。

4.6.5　试验步骤

1. 测定沥青质含量

(1) 在恒重的24号磨口锥形瓶(瓶1) 中称取处理过的残油试样1 ~ 2 g,称准至0.000 1 g,记为W_3,按每克试样加溶剂30 mL的比例加入正庚烷。

(2) 按图4.17所示将瓶1与冷凝器相连,置于电热套上,打开冷却水,加热回流30 min。

(3) 停止加热,待溶剂冷却后取下瓶1,盖好塞子,在暗处静置至少60 min。

(4) 在装有定量中速滤纸的玻璃漏斗上用倾泻法过滤,滤液收集于瓶2中,用50 ~ 60 ℃的正庚烷30 mL分3次洗涤瓶1中的残留物,洗涤滤液入瓶2中。

(5) 折叠带有不溶物1的滤纸并放入抽提器内,将瓶2(盛有滤液) 与抽提器、冷凝器相连,在电热套上回流60 min。

(6) 回流完毕后,冷却,取下瓶2。在瓶1中加甲苯30 mL并与抽提器、冷凝器相连,在电热套上回流60 min。

(7) 回流完毕后，冷却，取下瓶1，在通风橱内将锥形瓶放入120 ℃ 油浴中蒸去大部分溶剂，至近干，然后移入真空烘箱内，在105 ~ 110 ℃ 及53.3 ~ 66.7 kPa负压下干燥60 min，取出放在干燥器内冷却40 min称量，至恒重，准确至0.000 1 g，求得沥青质质量m_1。

2. 测定蜡含量及胶质含量

(1) 按图4.18所示将吸附柱与超级恒温水浴相连，循环水温保持在(45 ±1) ℃，吸附柱下端塞少许脱脂棉，加入活化处理后的氧化铝30 g并敲紧，用20 mL石油醚润湿柱子，吸附柱下面用恒重的锥形瓶(100 mL) 接收流出液。

(2) 在小烧杯(50 mL) 中称取处理过的残油试样约1 g，准确至0.000 1 g，记为W_4。在水浴上加热至试样熔化后，加入10 mL石油醚稀释试样。待吸附柱上部石油醚进入氧化铝层时，倒入稀释的试样，并用10 mL石油醚分3次洗涤锥形瓶，洗涤液倒入吸附柱，待溶液全部进入氧化铝层后，随即加入少量氧化铝于吸附柱中。

(3) 加入60 mL甲苯冲洗油蜡，流出液流出速度应保持在2 ~ 3 mL/min，至无馏出液为止。

(4) 取下锥形瓶，在通风橱内将锥形瓶放入120 ℃ 油浴中蒸去大部分溶剂，至近干，然后将锥形瓶放到真空烘箱中，在100 ~ 110 ℃ 及21 ~ 35 kPa负压下，保持60 min，取出放在干燥器内冷却40 min称量，至恒重，准确至0.000 1 g，求得油蜡质量m_2。

(5) 向油蜡中加入30 mL脱蜡溶剂(甲苯与丙酮1∶1混合)，然后在水浴上慢慢加热，待溶液透明后再冷却至室温，将此混合液转入蜡含量测定仪的试样冷却筒中，再用10 mL脱蜡溶剂分3次洗涤锥形瓶，洗涤液倒入试样冷却筒中。

(6) 将蜡含量测定仪降温至(-20 ±0.5) ℃，把试样冷却筒放入蜡含量测定仪中，不断搅拌试样，保持30 min。

(7) 把蜡含量测定仪的过滤漏斗(预冷至-20 ℃)吊置在试样冷却筒中，用真空泵抽滤被析出的蜡，保持滤速为每秒1滴左右。当蜡层上的溶液将滤尽时，一次加入20 mL预冷至-20 ℃的脱蜡溶剂，洗涤蜡含量测定仪的过滤漏斗、试样冷却筒内壁和蜡层，当脱蜡溶剂在蜡层上消失后，继续抽滤5 min。

(8) 从测定仪中取出试样冷却筒，用预热至30 ~ 40 ℃的石油醚100 mL将冷却筒、蜡含量测定仪过滤漏斗上的蜡溶解在恒重的锥形瓶(100 mL) 中。

(9) 在通风橱内将锥形瓶放入水浴中蒸去大部分溶剂，至近干，移入真空烘箱内，在100 ~ 110 ℃ 及53.3 ~ 66.7 kPa负压下，保持60 min。取出锥形瓶放在干燥器中冷却40 min称量，至恒重，准确至0.000 1 g，求得蜡质量m_3。

4.6.6　计算

沥青质含量ω_1、蜡含量ω_2、胶质含量ω_3以质量分数(%)表示，分别按式(4.5)、式(4.6)、式(4.7)计算，残油率Y按式(4.8)计算。

$$\omega_1 = \frac{m_1}{W_3} \times Y \times 100\% \tag{4.5}$$

$$\omega_2 = \frac{m_3}{W_4} \times Y \times 100\% \text{。} \tag{4.6}$$

$$\omega_3 = \left(1 - \frac{m_2}{W_4} - \frac{m_1}{W_3}\right) \times Y \times 100\% \tag{4.7}$$

$$Y = \frac{W_2}{W_1} \times 100\% \tag{4.8}$$

式中 ω_1—— 沥青质含量,以质量分数表示,%;

ω_2—— 蜡含量,以质量分数表示,%;

ω_3—— 胶质含量,以质量分数表示,%;

m_1—— 沥青质质量,g;

m_2—— 油蜡质量,g;

m_3—— 蜡质量,g;

W_1—— 蒸馏前所用试样质量,g;

W_2—— 蒸馏后试样质量,g;

W_3—— 测沥青质含量所用试样质量,g;

W_4—— 测蜡含量所用试样质量,g;

Y—— 样品残油质量收率,%。

4.6.7 精密度

按下述规定判断试样结果的可靠性(95% 置信度)。

(1) 重复性。同一操作者对同一样品两次平行测定结果的相对偏差不应超过下述值:沥青质:5%;蜡和胶质,10%。

(2) 再现性。同一样品在不同实验室两次测定结果的相对偏差不应超过下述值:沥青质,10%;蜡和胶质,20%。

思考题

1. 简述用密度瓶法测定原油及石油产品密度的步骤。解释什么叫做"水值",并试推导密度瓶法计算密度的计算公式。

2. 什么叫动力黏度与运动黏度? 二者有何区别?

3. 查阅文献,水在 20 ℃ 时的运动黏度、动力黏度各是多少?

4. 什么叫凝点? 原油的凝点有什么特点? 原油凝点的高低与原油的何种组分关系密切? 并简述原油凝点测定的基本原理。

5. 分别解释原油的闪点和燃点,并简要说明开口杯法测定原油闪点的基本原理。

6. 原油中蜡分为哪两种? 它们在馏分和化学组成上有何特点?

7. 简要说明原油含蜡量和含胶量的测定过程。

8. 若使用一支石油产品密度计在 30 ℃ 条件下测定某原油密度为 0.834 5 g/cm^3,则 0.834 5 g/cm^3 是否就是该原油在 30 ℃ 的密度? 为什么?

9. 讨论汽油是否可以用密度计法准确测定其密度。测定水又如何?

10. 什么是再现性? 重复性? 在评价实验室测试数据时有何意义?

11. 原油凝点和纯化合物的凝固点在概念、内涵上有何不同?

12. 什么是沥青质、胶质、蜡? 根据它们的测定过程能说明它们各自的化合物组成特点吗?

第5章　有机物分离技术

地质体中有机质包括不溶于常规有机溶剂的有机质(干酪根)和可溶有机质。其中,干酪根约占有机质的80% ~90%。为了研究方便,通常要将岩石中的可溶有机质和干酪根从岩石中分离出来,也就有了可溶有机质的萃取和分离、制备,以及干酪根的分离、纯化等实验技术。

5.1　岩石中氯仿沥青及其测定

岩石中可溶有机质萃取,目前普遍采用的仍是索氏抽提法,以氯仿作为萃取溶剂。近些年来,也相继出现超声抽提、搅拌抽提、气体加压抽提等,抽提效率最高的为快速抽提装置。这里主要介绍SY/T 5118—2005岩石中氯仿沥青的测定,该规范适用于岩石中氯仿沥青质量分数大于0.004%的样品的测定。

用氯仿萃取岩石中可溶有机质,其萃取物称氯仿沥青,也称为岩石中可溶有机物或氯仿沥青"A"。萃取完成后一般要计算岩样中氯仿沥青占岩石质量的百分含量,这便是常用的氯仿沥青"A"值。

5.1.1　抽提装置

在SY/T 5118—2005中没有规定装置类型,因此可以使用不同的抽提装置。

1. 索氏抽提器

索氏抽提装置如图5.1所示。干燥、粉碎的样品取一定量装入用滤纸做成的袋中,放在抽提器的样品室内,通过溶剂回流,将样品中有机质萃取出来。早期的索氏抽提器采用回流式,目前多改用直流式,以提高萃取效率,如回流式萃取氯仿沥青要60 h以上,而采用直流式最多用16 h。

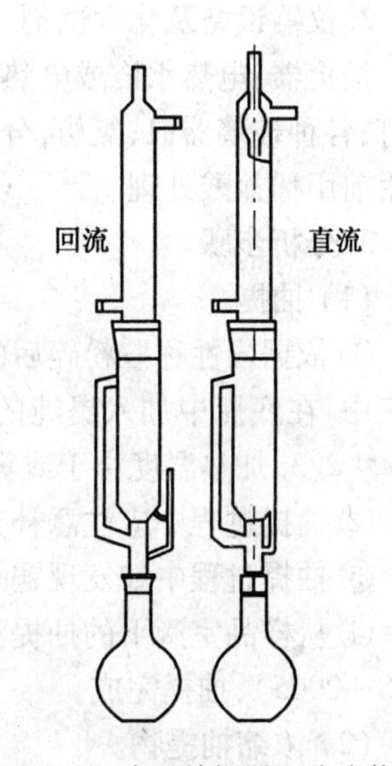

图5.1　索氏抽提器和改造装置

2. 快速抽提装置

快速抽提仪是在索氏抽提器基础上发展的一种高效率抽提装置,图5.2为一种全自动搅拌抽提仪。该装置采用恒温水浴加热,列管冷凝,夹套保温,加机械搅拌方式进行抽提萃取,并装有温度、时间、转速、停水、断电及停电延时等自控装置。该仪器大幅度提高抽提效率,使一块样品抽提时间降至8 h以内,且使用安全,不损坏样品。

图 5.2 YS 全自动搅拌抽提仪结构示意图

1— 传动控制箱体;2— 底板;3— 搅拌拉杆;4— 中间离合器;5— 列管冷凝器;6— 连接轴;7— 带搅拌滤筒上盖;8— 滤筒;9— 滤筒底盖;10— 平底烧杯;11— 底座;12— 恒温水浴;13— 保温套;14— 夹套抽提器;15— 活动夹;16— 立柱;17— 橡皮管;18— 停水断电器;19— 清零;20— 定时按盘;21— 工作电源开关;22— 定速拨盘;23— 定温拨盘;24— 加热电源开关;25— 电源插座;26— 传感器;27— 滑套;28— 导杆;29— 延时关开

5.1.2 氯仿沥青的测定

1. 样品制备

样品应没有污染。样品粉碎前应在 40 ~ 45 ℃ 干燥 4 h 以上。干燥后的全部样品应在不超过 50 ℃ 下粉碎至粒径 18 mm 以下,并保持干燥。

2. 仪器设备及化学试剂

抽提器;电热水浴或电热套;托盘天平及 1/ 万分析天平;真空干燥箱和电热烘箱;荧光灯;各种玻璃器皿;氯仿,分析纯;石油醚(30 ~ 60 ℃),分析纯;铜片(含铜99% 以上),使用前用稀盐酸处理。

3. 分析步骤

(1) 抽提。

① 依据岩性称取粉碎后的样品适量(一般在 100 ~ 500 g) 样品,包好,装入抽提器样品室中,在底瓶中加入提纯的氯仿和数块用于脱硫的铜片,氯仿加入量应为底瓶容量的 1/2 ~ 2/3,加热温度小于或等于 85 ℃。

② 抽提过程中应注意补充氯仿。

③ 抽提过程中如发现铜片变黑,应再加铜片至不变色为止。

④ 从样品室滴下的抽提液荧光减弱至荧光 3 级以下时(荧光系列配制方法见 SY/T 5118—2005),抽提完成。

(2) 浓缩抽提物。

浓缩抽提物溶液,加热温度应小于或等于 85 ℃,将浓缩液经过滤转移至已恒重的称量瓶中,在温度小于或等于 40 ℃ 的条件下挥发至干。

(3) 脱盐。

如抽提得到的氯仿沥青有盐析出，用氯仿再过滤一次。

(4) 恒重。

在相同条件下，空称量瓶两次(间隔 30 min) 称量之差小于或等于 0.2 mg，装有氯仿沥青的称量瓶两次(间隔 30 min) 称量之差小于或等于 1.0 mg，视为恒重。

4. 计算

氯仿沥青的质量分数按下式计算：

$$M = \frac{G_1 - G_2}{m} \times 100\%$$

式中　M—— 氯仿沥青的质量分数，%；

G_1—— 容器加氯仿沥青的质量，g；

G_2— 容器质量，g；

m—— 样品质量，g。

5. 质量标准

从样品室滴下的抽提液荧光级别不能高于 3 级。平行分析的样品数以样品总数的 5% ~ 10% 进行。平行分析的结果之差应符合表 5.1 的规定。

表 5.1　平行样分析结果允许误差范围(SY/T 5118—2005)

氯仿沥青含量范围/%	允许偏差/%
> 0.2	> 0.004
> 0.1 ~ 0.2	> 0.002 ~ 0.004
0.05 ~ 0.1	0.001 ~ 0.002
< 0.05	< 0.001

5.2　干酪根的制备与提纯

干酪根为kerogen译音，系指存在于沉积岩中不溶于含水碱性溶剂和普通有机溶剂中的有机质。干酪根是由杂原子键和脂族链联结的缩合环状核所形成的大分子聚合物，在细粒沉积岩石中普遍存在。由于干酪根与组成岩石的矿物(如黏土矿物) 结合的十分紧密，需要一系列物理的和化学的方法才能将干酪根分离出来。分离的目的是方便研究，当然，分离的过程也破坏了干酪根在岩石中的原始赋存状态，也在一定程度上改变了干酪根的组成和结构，但是若不把干酪根从岩石中分离出来，许多针对干酪根的分析项目则难以进行。下面根据 GB/T 19144—2003 扼要介绍从岩石中分离出干酪根的过程。该规范既适用于干酪根分离，也适用于现代沉积物不溶有机质的分离。

5.2.1　干酪根分离和制备

制备干酪根的基本思路是采用化学和物理的方法，除去岩石中无机矿物和可溶有机质，使干酪根和无机矿物分离。

1. 仪器设备和主要化学试剂

酸反应罐;电热磁力搅拌器;离心机;电热干燥箱;电冰箱;超声波清洗机;1/万分析天平;马福炉;盐酸、氢氟酸、醋酸、硝酸银、氢氧化钠、氯仿、无砷锌粒,均为分析纯;重液(相对密度 d_4^{20} 为2.0 ~ 2.1)。GB/T 19144—2003 中有重液配制方法。

2. 样品制备

根据 GB/T 19144—2003 要求,泥岩、页岩的有机碳的质量分数大于0.4%,碳酸盐岩有机碳的质量分数大于0.1%。

根据干酪根的用途,岩样粉碎为1.0 ~ 0.5 mm 或 < 0.18 mm 粒径,然后洗油。

3. 分离步骤

(1) 前处理。

称取一定量洗油后的岩样(一般为30 ~ 100 g,需根据后续分析项目的需要和岩石中有机碳的含量综合估算)放入酸反应器中,用蒸馏水浸泡,使岩样中的泥质充分膨胀,2 ~4 h 后除去上部清液。

(2) 酸处理。

① 处理后的样品放入酸反应罐中,按每克样品加入6 ~ 8 mL的比例,加入6 mol/L的盐酸于样品中,在60 ~ 70 ℃ 下搅拌2 h,除去碳酸盐,若碳酸盐含量高,可重复处理几次,每次处理后用蒸馏水洗涤至中性。

② 按岩样:盐酸(6 mol/L):氢氟酸(40%)为1 g:24 mL:36 mL,依次加入盐酸、氢氟酸,溶解硅酸盐,在60 ~ 70 ℃ 下搅拌2 h,除去酸液,再用1 mol/L 盐酸洗涤3 次。

③ 按每克样品加入6 ~ 8 mL 盐酸的比例,加入6 mol/L 盐酸,在60 ~ 70 ℃ 下搅拌1 h,除去酸液后,再用1 mol/L 盐酸洗涤3 次。

④ 按 ② 再次加入6 mol/L 盐酸和40% 氢氟酸,搅拌4 h。

⑤ 重复 ③ 操作,然后用蒸馏水洗涤至中性。

(3) 碱处理。

碱处理适用于现代沉积物样品。在不断搅拌下,取0.5 mol/L 氢氧化钠200 mL 加入样品中,连续搅拌30 min,除去碱液,反复进行碱液抽提,直至碱抽提溶液无色,除去碱液,用蒸馏水洗涤至中性。

(4) 重液悬浮。

将上述处理过的样品,置于相对密度为2.0 ~ 2.1 的重液离心管内(50 mL),在超声清洗器内处理20 min,用离心机在2 500 r/min 下离心20 min,待分层后取出上部干酪根;底部剩余物再用重液进行第二次浮选,待分层后取出上部干酪根;合并两次浮选后的干酪根再用重液浮选一次,分层后取出上部干酪根;然后用蒸馏水洗涤干酪根,洗涤至用1%硝酸银检查无卤离子为止。

5.2.2 烧失量测定

称取10 ~ 20 mg 的干酪根样品,置于恒重的坩埚内,在100 ℃ 的干燥箱中第一次烘1 h,第二次以后烘30 min,直至恒重,然后将其放入高温中升至800 ℃,灼烧1 h,取出冷却30 min 后称重,再灼烧30 min,冷却,直至恒重(±0.2 mg),逸失部分即为烧失量。

$$w = \frac{m_2 - m_a}{m_2 - m_1} \times 100\%$$

式中　w—— 烧失量质量分数,%,保留2位小数;

m_2—— 干酪根样 + 石英坩埚重,g;

m_1—— 坩埚重,g;

m_a—— 视灰分 + 石英坩埚重,g,其中视灰分是指800 ℃ 灼烧时所得灰分。

在干酪根中,若黄铁矿大于28% 时,可加入6 mol/L盐酸,多次加入少量无砷锌粒,待无硫化氢嗅味时,再用重液浮选除去杂质,用蒸馏水洗涤至无氯离子为止。

为了获得纯度更高的干酪根,可采用二次电解等其他物理、化学分离方法,干酪根纯度可达到95% 以上。

5.2.3　干酪根制备质量检验

干酪根的烧失量应大于75%。

5.3　族组分分离

原油或氯仿沥青的化学组成十分复杂,为了进一步研究的方便,通常要将其进一步分离、分离成4个族分:饱和烃、芳香烃、非烃、沥青质,这一过程称为族组成分离。族组成分离在油气地球化学样品处理、测试中占有十分特殊的地位,对后续分析项目影响很大。

族组成的分离方法有3种:柱层析分析方法(SY/T 5119—1995)、棒薄层火焰离子化分析方法(SY/T 5119—2008)和高效液相色谱法(SY/T 0527—93)。其中柱层析法使用得最多,也是最经典的方法。本节主要介绍柱层析法,另外两种方法作简单介绍。

5.3.1　原理

根据原油中族组分流经分离柱内的吸附剂时,同吸附剂间的吸附性能不同,以及各种有机冲洗剂的极性不同,其脱附能力也不同的原理,选择适当的吸附剂配比及冲洗剂的用量时,可以达到原油中族组分的脱附分离作用。

岩石中可溶有机物或原油中的沥青质用正己烷沉淀,其滤液部分通过硅胶氧化铝层析柱,采用不同极性的溶剂,依次将其中的饱和烃、芳烃和胶质组分分别淋洗出,挥发溶剂,称量恒重,求得试样中各组分的含量。

柱层析法适用于各类岩石中可溶有机物及原油(不含轻质原油及凝析油)的族组分分析。

所谓族组分是指利用不同有机溶剂对岩石中可溶有机物或原油的不同族性成分和结构的化合物类型进行选择性分离所得到的若干化学性质相近的混合物。一般分离为饱和烃、芳香烃、胶质、沥青质4个族组分。其中,胶质,仅指原油沥青中一种相对分子量较高的含硫、氮、氧等杂原子的复杂有机化合物的暗色混合物,与过去使用非烃术语等同使用。

5.3.2　样品的预处理

样品必须预先经过脱硫并将样品恒重后,方可取样分析。

原油样品须经脱水除去杂质，并在40 ℃、0.053 MPa条件下烘至恒重或蒸馏切割到205 ℃。

5.3.3 仪器与试剂

万分之一分析天平；电热干燥箱；马福炉；电热水浴锅；真空干燥箱（附真空泵）；红外线干燥箱；具塞三角瓶（50 mL，100 mL，250 mL）；短颈漏斗；称量瓶（30 mL）；洗瓶；烧杯；层析柱（内径7 ~ 10 mm，长400 ~ 500 mm）。

正己烷（分析纯）、二氯甲烷（分析纯）、无水乙醇（分析纯）、氯仿（分析纯）等试剂使用前务必重蒸馏（必要时过硅胶柱以除去试剂中的芳环物质）。有条件者，可用紫外或红外光谱检查，无有机官能团杂质后，方可使用。

硅胶，筛取粒径为0.177 ~ 0.149 mm（80 ~ 100目）的层析硅胶，用氯仿抽提至不发荧光，在140 ~ 150 ℃电热干燥箱中活化8 h，在干燥器中冷却后装入磨口瓶中备用，保存时间不超过3周。

氧化铝，筛取粒径为0.149 ~ 0.074 mm（100 ~ 200目）的层析氧化铝，在400 ~ 450 ℃马福炉中活化4 h，移入干燥器中冷却后装入磨口瓶中，置于干燥器中保存备用，保存时间不超过2周。

5.3.4 分析步骤及计算

在万分之一分析天平上准确称取20 ~ 50 mg可溶有机物或原油（原油需脱水，去杂质）样品，加入30 mL正己烷摇匀，静置12 h，使沥青质沉淀。

用塞有棉花的短颈漏斗过滤沥青质（棉花不可塞的过紧），以正己烷淋洗三角瓶及棉花至无荧光显示。

用氯仿淋洗三角瓶及漏斗棉花上的沥青质，至不发荧光，滤液用已恒重的称量瓶承接。

将除去沥青的滤液，在75 ~ 80 ℃水溶中蒸馏回收正己烷，至3 ~ 5 mL时取下，待作柱层（析）分离。

色层柱应安装在室温15 ~ 28 ℃的通风柜中，在层析柱底部塞少量棉花，先加入3 g硅胶，再加入2 g氧化铝，轻击柱壁，使吸附剂填充均匀，并立即加入6 mL正己烷润湿柱子。

待润湿柱子的正己烷的上液面流至接近层析柱顶部界面时，将样品浓缩液转入层析柱，以每次3 ~ 5 mL正己烷共6次淋洗饱和烃，并用已恒重好的称量瓶承接饱和烃组分。

当最后一次正己烷流至接近层析柱上端界面时，继续加入3 ~ 5 mL二氯甲烷与正己烷（2∶1）的混合剂，共4次，淋洗芳烃，待第一次混合溶剂流进柱内3 mL时，取下承接饱和烃的称量瓶换上承接芳香烃的称量瓶，继续淋洗芳烃。

待最后一次二氯甲院与正己烷的混合溶剂流至层析剂上端界面时，先用10 mL无水乙醇，后用10 mL氯仿淋洗胶质，当无水乙醇流进柱内3 mL时，取下承接芳香烃的称量瓶，换上承接非烃的称量瓶。

将上述分离好的各组分承接瓶，分别置于恒温40 ℃的溶剂挥发器中挥发至干，而胶质、沥青质分别在不高于60 ℃条件下挥发溶剂至干。

在相同条件下,空瓶每隔 30 min 称量一次,两次称量之差不超过 0.2 mg 视为恒重,装有族组分的称量瓶在溶剂挥发至干后每隔 30 min 称量一次,两次之差不超过 0.3 mg 视为恒重。

各族分计算公式为:

$$M = \frac{m_1 - m_2}{m} \times 100\%$$

式中　M—— 某族分质量分数,%;

m_1—— 某族分和瓶质量,g;

m_2—— 瓶质量,g;

m—— 样品质量,g。

5.3.5　质量检查

(1)4 个组分总收率达到 85% ~ 105% 为合格,达不到这一要求的试样,应作平行样分析。

(2) 分析样品必须做 10% ~ 20% 的平行样品进行抽查,若平行样品中 50% 达不到偏差要求,则这批样品需要重新分析。

(3) 每批样品必须做空白值。

(4) 精密度,各组分在不同含量范围内的重复性测试允许绝对值范围如表 5.2 所示。结果保留有效数字为 4 位。

(5) 如原油中重质成分含量高时,分离中非烃的色环下降到氧化铝层的 1/2 容限上就停止不动时,应增加吸附剂的量,同时该样品要重新分离。

(6) 柱温是分离的关键,要求室内必须装有空调机,以保证在常温下进行分离,另外冬季气温过低时,可在小柱子外层加一玻璃循环水套管用超级恒温水浴控制柱温。

表 5.2　不同组分的质量分数重复性测试允许绝对值范围

组分质量分数范围 /%	重复性 /%	组分质量分数范围 /%	重复性 /%
< 3	< 0.80	> 30 ~ 50	< 3.50
3 ~ 10	< 1.50	> 50 ~ 70	< 4.50
> 10 ~ 30	< 2.50	> 70	< 5.00

5.3.6　其他方法

1. 棒薄层火焰离子化分析方法

岩石可溶有机物或原油用氯仿溶解,点在烧结的硅胶层析棒上,选择不同极性的溶剂,依次将样品中的饱和烃、芳香烃、非烃和沥青质分离,经火焰离子化检测器检测,以峰面积归一化法计算每个族组分的质量分数。

该方法的适用范围与柱层析法相同。特点是具有样品用量少、分析周期短等特点。不足之处是不能作为制备饱和烃、芳香烃、胶质、沥青质的技术使用,精度也不及层析法高。

2. 原油族组成分析高效液相色谱法

准确称取样品，加入一定量正己烷，使不溶物沉淀，过滤分离并用质量法测定其含量。除去不溶物的可溶组分在液相色谱中用氰基键合相色谱柱，以正己烷为流动相被分离。饱和烃、芳香烃先后流出色谱柱，极性物以反冲方式从色谱柱中冲出。以示差折光和紫外吸收检测器检出。饱和烃和极性物以外标法定量，芳香烃以减差法定量。

该方法适用于含水不超过0.5%（质量）的、已脱出正己烷不溶物且经110 ℃处理的原油族组成分析，也适用于渣油的族组成分析。

思考题

1. 油气地球化学研究中常用的可溶有机质萃取方法是什么？简要叙述其原理。

2. 干酪根的制备过程中需要去除哪些物质？方法是什么？

3. 原油族组分分离能分离出哪些组分？它的分离原理是什么？为什么要分离？

4. 氯仿沥青“A”测定的质量控制要求中为什么没有重复性，而是用平行样分析误差来控制质量？

5. 氯仿沥青“A”测定要用岩样100～500 g，现在只有10 g泥岩要做氯仿“A”，是否可行？

6. 根据干酪根的制备过程，谈谈什么是干酪根？

7. 黄铁矿为什么易与干酪根共存，但不易与干酪根分离？

8. 根据5.3节的内容和4.6节内容，说明原油族组成的“饱、芳、非、沥”和原油的“蜡、胶质、沥青质”之间的关系。

第6章　有机地球化学分析

有机地球化学分析是石油地质实验的重要组成部分，也是高新实验技术相对集中的领域。这与油气地球化学强烈依赖于实验有关。有机地球化学分析包含实验项目较多，不同项目之间有较强的顺序性，这在第1章中已作过介绍。欲正确理解和使用不同的分析项目，不仅需要本章将要学习的内容，还要有油气地球化学理论知识的支撑。本章只介绍有机地球化学研究中最常用的一些测试内容。

6.1　岩石中有机碳分析

有机碳是沉积岩中与有机质有关的碳元素；有机碳含量是指有机碳占干岩样的质量分数。这是一个使用最为广泛的反映沉积岩中有机质含量的指标。有机碳测定的基本思路是去掉岩石中的无机碳，将余下的有机碳转化为 CO_2，然后测定 CO_2 的数量。依据 CO_2 测定原理的不同可分为体积法、质量法、容量法和仪器法4种。在行业标准中（SY/T 5116—1997）采用的方法是仪器法和干烧质量法；在国标 GB/T 19135—2003 中采用的是仪器法，适用于沉积岩和现代沉积物中总有机碳的测定。仪器法精度高、速度快、重现性好。下面介绍仪器分析法。

6.1.1　测定原理

样品用稀盐酸除去无机碳，在高温氧气流中燃烧氧化，有机碳转化为 CO_2，再经红外检测器或 TCD 检测器检测 CO_2 的含量，从而计算出总有机碳的含量（图6.1）。

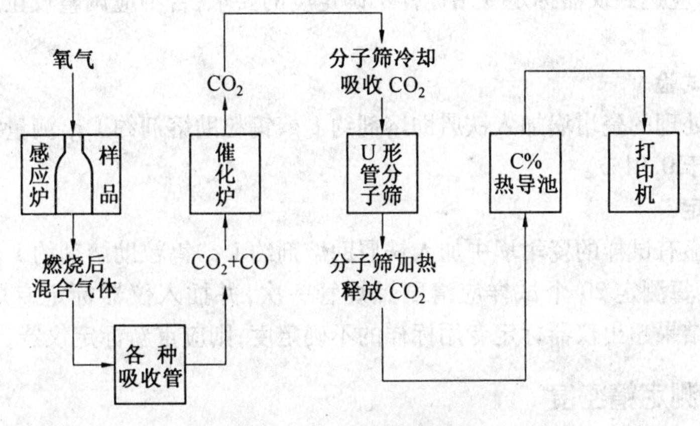

图6.1　CO_2 测定原理图

6.1.2　器材

1. 仪器和设备

碳硫测定仪或碳测定仪；瓷坩埚，碳硫分析专用，使用前应置于马福炉中，在900 ~ 1 000 ℃ 灼烧2 h；分析天平，感量为0.1 mg；马福炉；可控温电热板或水浴锅；烘箱；真空泵；抽滤器；坩埚架。

2. 试剂和材料

盐酸溶液：用分析纯盐酸按 $V(HCl) : V(H_2O) = 1 : 7$ 配制；无水高氯酸镁（分析纯）；碱石棉；玻璃纤维；脱硫专用棉；铂硅胶；铁屑助熔剂：$w(C) < 0.002\%$，$w(S) < 0.002\%$；钨粒助熔剂：$w(C) < 0.001\%$，$w(S) < 0.0005\%$，粒径0.35 ~ 0.83 mm；各种碳含量的仪器标定专用标样；氧气，纯度不低于99.9%；压缩空气或氮气（无油，无水）。

6.1.3　样品处理

样品处理的目的是除去无机碳。方法如下：一般将不少于10 g样品粉碎至0.2 mm粒径以下。根据样品的岩性，用万分之一天平称取0.01 ~ 1.00 g，装入坩埚后，依次按顺序摆放在瓷盘中。向瓷盘中徐徐加入过量5% 盐酸，放在电热板上，温度控制在60 ~ 80 ℃，溶样至少2 h以上，直至反应完全为止。将溶好的样品转移到置于抽滤器上的坩埚里，用蒸馏水洗净残留的酸液；再置于70 ~ 80 ℃ 烘箱内干燥待用。

6.1.4　分析步骤

1. 开机

检查各吸收剂的效能。开机稳定时间按仪器说明书进行。接通氧气及动力气，按仪器要求调整压力。待仪器稳定后，按仪器说明书进行系统检查。

2. 标定

根据样品类型对选定的通道选用高、中、低3种碳含量合适的仪器标定专用标样进行测定，测定结果应达到仪器标定专用标样不确定度的要求，否则应调整校正系数重新进行标定。

3. 做空白试验

取一经酸处理的瓷坩埚加入铁屑助熔剂约1 g、钨粒助熔剂约1 g，测量结果为碳的质量分数不应大于0.01%。

4. 样品测定

在烘干的盛有试样的瓷坩埚中加入铁屑助熔剂约1 g、钨粒助熔剂约1 g，输入试样质量，上机测定。每测定20个试样应清刷燃烧管一次，并插入仪器标定专用标样检测仪器。如果检测结果超出仪器标定专用标样的不确定度，则应重新标定仪器。

6.1.5　测定精密度

每批样品测定应有10% 的平行样，两次或两次以上测定结果（以质量分数（%）表示）的重复性和再现性应符合以下规定：

在正常和正确的操作情况下，由同一操作人员，在同一实验室内，使用同一仪器，并在短期内,对相同试样所做两个单次测试结果之间的差值超过重复性,平均来说,20 次中不多于 1 次。

在正常和正确操作情况下,由两名操作人员,在不同实验室内,对相同试样所做两个单次测试结果之间的差值超过再现性,平均来说,20 次中不多于 1 次。

如果两次测量结果之间的差值超过了相应的重复性或再现性数值(表 6.1),则认为这两个测量结果是可疑的。

表 6.1　总有机碳(TOC) 值各相应水平 m 的重复性 r 和再现性 R

m/%	r/%	R/%
≤ 0.10	≤ 0.05	≤ 0.06
> 0.10 ~ 0.50	≤ 0.07	≤ 0.11
> 0.5 ~ 1.00	≤ 0.09	≤ 0.17
> 1.00 ~ 2.00	≤ 0.13	≤ 0.29
> 2.00 ~ 3.00	≤ 0.17	≤ 0.41
> 3.00 ~ 5.00	≤ 0.24	≤ 0.64
> 5.00 ~ 10.00	≤ 0.43	≤ 1.24
> 10.00	$r = 0.0384\,m + 0.05$	$R = 0.1186\,m + 0.05$

注:其中 m 为两次或两次以上测定的平均值。

1. 同一实验室内进行两次以上测试

如果在同一实验室内,在重复性条件下,进行两组测试,第一组进行 n_1 次测试,平均值为 $\overline{Y}_1$;第二组进行 n_2 次测试,平均值为 $\overline{Y}_2$;则 $|\overline{Y}_2 - \overline{Y}_1|$ 表示总有机碳含量95% 概率的平均值的临界差值应满足:

$$|\overline{Y}_2 - \overline{Y}_1| \leqslant r\sqrt{\frac{1}{2n_1} + \frac{1}{2n_2}} \tag{6.1}$$

2. 两个实验室各进行一次以上测试

如果上述实验在两个实验室完成,则 $|\overline{Y}_2 - \overline{Y}_1|$ 值应满足:

$$|\overline{Y}_2 - \overline{Y}_1| \leqslant \sqrt{R^2 - r^2\left(1 - \frac{1}{2n_1} - \frac{1}{2n_2}\right)} \tag{6.2}$$

6.1.6　有机碳的地质意义

由于地质体中烃类及其他有机质主要由碳、氢元素组成,所以岩石中有机碳含量可较确切地反映有机质含量,是评价生油岩的一项重要基础资料。岩石中有机质含量与有机碳含量存在一定比例关系,对于古代沉积岩,经验数字是有机物质/有机碳比值为1.22 ~ 1.33。

氯仿沥青或总烃与有机碳的比值,是反映有机质向石油转化程度的重要度量指标;同时有机碳本身也是烃源岩评价和生烃量计算的一个重要参数。

有观点认为,在成岩过程中存在有机质的生排烃作用,实测有机碳含量仅仅是残余有机碳含量,而不是原始有机碳。二者之间的关系与多种因素有关,其中热演化程度(表 6.2)和母质类型最为重要。湖相腐泥型有机质成烃的最大碳损失率可达 75%;腐殖型有机质的成烃最大碳损失率较低,在 15% 左右。因此,高演化程度源岩的残余有机碳已不能反映其原始有机碳,必须进行恢复,有关内容阅读相关文献。但也有人认为有机碳不必恢复。

表6.2 泌80井生油岩(未成熟)的有机碳恢复系数

序号	Ro/%	实测残余 C/%	计算原始 C/%	恢复系数
1	未成熟	4.230 0	4.23	1
2	0.46	4.136 1	4.23	1.022 7
3	0.55	3.994 0	4.23	1.059 0
4	0.70	3.565 0	4.23	1.183 3
5	0.95	2.587 5	4.23	1.634 8
6	1.17	1.604 1	4.23	2.637 1
7	1.40	1.302 5	4.23	3.247 8

6.2 有机元素分析

有机元素是指组成石油及沉积岩中有机质(氯仿沥青或干酪根)的基本元素,其中以C,H元素为主,还有S,N,O等元素。有机元素分析就是测定这5种元素。目前执行的是GB/T 19143—2003岩石有机质中C,H,O元素分析方法,适用于测定干酪根、有机溶剂抽提物、煤及原油中的C,H,O元素。该方法中不包含N,S测定。

有机元素分析是使用元素分析仪完成的,可以分析C,H,N,O,S 5种元素。油气地球化学样品分析中通常不测S元素,而N可以同C,H一同分析完成。下面结合GB/T 19143—2003介绍C,H,O,N的分析。

6.2.1 仪器结构及原理

1. C,H,O分析

样品有机质中的C,H,N在通入氧气的高温燃烧管中被氧化成二氧化碳、水和氮的氧化物。再通过还原管,氧化氮被还原成氮。生成的二氧化碳、水和氮由色谱柱或硅胶柱分离,热导检测器检测。仪器结构如图6.2所示。有机质在通入氧气的高温(1 030 ±10) ℃石英燃烧管中燃烧,燃烧产物在氦 - 氧气流带动下,经过三氧化铬和四氧化钴层氧化成二氧化碳、水和氮的氧化物;再经过(650 ±20) ℃的还原铜层,氮的氧化物被还原成氮。生成的二氧化碳、水和氮由色谱柱或硅胶柱分离,热导检测器检测。

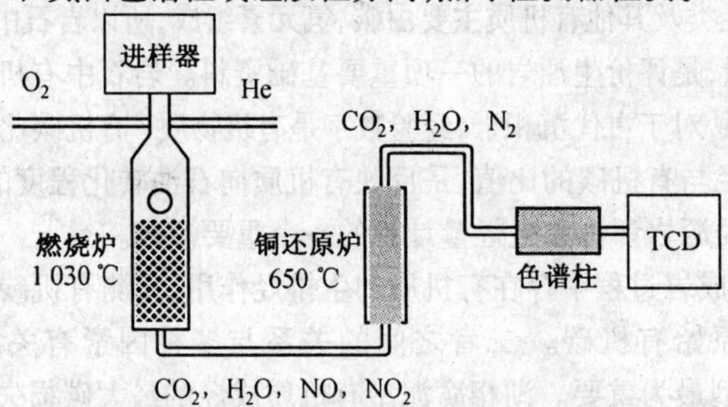

图6.2 元素分析仪C,H,N元素测试原理图

2. O 分析

氧的测试原理与测 C,H,N 的原理类似。样品有机质中的氧在裂解管中高温裂解反应生成一氧化碳,由热导检测器或红外检测器检测。样品在石英裂解管(1 060 ±10) ℃中高温裂解,裂解产物在氦气流带动下,经镍碳层或镍铂碳层还原,其中氧被定量转化成一氧化碳,一氧化碳经 100 ℃ 的分子筛色谱柱与氮、氢等分离,用检测器直接检测裂解气体混合物中的一氧化碳。

6.2.2　器材和试剂

元素分析仪;电子天平,感量 0.001 mg;烘箱。标准试剂有:乙酰苯胺、硝基苯胺、胆固醇、磺胺、苯甲酸、对甲基乙酰苯胺、苯磺酸等,国家一级标准或等同于国家一级标准。催化剂有:三氧化二铬、二氧化铈、镀银四氧化三钴、三氧化二铝、三氧化钨等,分析纯。还原铜,纯度(质量分数)为99.9%;氧化铜:纯度(质量分数)为99.9%;铬酸铅:纯度(质量分数)为99%;五氧化二磷,分析纯;烧碱石棉,分析纯;无水过氯酸镁,分析纯;镀镍碳或炭黑。氦气,纯度(体积分数)不低于99.99%;氧气,纯度(体积分数)不低于99.99%;氮气或空气;混合气,$V(N_2):V(H2)=95:5$,纯度(体积分数)不低于99.99%;固体和液体样品的锡容器和银容器;石英毛、银毛、石英砂、镍毛或铂丝;玻璃干燥管。

6.2.3　分析步骤

1. 样品预处理

要分析岩石中有机质的有机元素,必须先将有机质从岩石中分离出来。干酪根或其他固体样品用玛瑙研钵研细混匀,在烘箱中于60 ℃ 干燥 4 h,储存于干燥器中备用。

2. C,H 的测定

检查分析系统的气路,启动仪器,按操作条件调节仪器,输入分析参数,称样量为0.5 ~ 5.0 mg。称取液体样品及易挥发性的样品,使用液体封口器密封(含水原油样品必须脱水)。将称好的标样及待测样品装入自动进样盘中,输入分析程序,分析开始至分析完成。

3. O 的测定

仪器转换成氧分析状态,其他操作步骤同上。

6.2.4　计算

1. 感量因子的计算

标准样品中某元素的感量因子按式(6.3)计算:

$$K=\frac{t\cdot m_s}{I_s} \tag{6.3}$$

式中　K—— 标准样品中某元素的感量因子,mg/mV(或 mg/mm^2);

t—— 标准样品中某元素的理论质量分数,%;

m_s—— 标准样品的质量,mg;

I_s—— 标准样品的积分值,mV(或 mm^2)。

2. 元素质量分数的计算

元素(C,H,O)的质量分数按式(6.4)计算:

$$w(\mathrm{C})(\text{或}\ w(\mathrm{H}),w(\mathrm{O}))=\frac{\bar{K}\cdot I}{m}\times 100\% \tag{6.4}$$

式中　$w(\mathrm{C})(\text{或}\ w(\mathrm{H}),w(\mathrm{O}))$——碳或氢、氧元素的质量分数,%;

$\bar{K}$——平均感量因子(算术平均值),mg/mV(mg/mm²);

I—样品的积分值,mV(mm²);

m—样品的质量,mg。

3. 日校正系数的计算

日校正系数按式(6.5)计算:

$$K_{\mathrm{d}}=\frac{A}{B} \tag{6.5}$$

式中　K_{d}——日校正系数;

A——标准样品的理论值;

B——标准样品的测量值。

4. 质量要求

元素标样3次重复测定结果的绝对误差应符合表6.3的规定。

表6.3　标样重复测定绝对误差

称量范围/mg	绝对误差/%
0.50 ~ 5.00	< ±0.3

测定均匀性较差的样品,各元素平行样分析结果之差值应符合表6.4的规定。

表6.4　各元素平行样分析结果允许差值

元　素	元素质量分数/%	绝对误差/%
C	≥50	< 1.2
	< 50	< 1.5
H	—	< 0.8
O	> 10	< 1.2
	1 ~ 10	< 0.8

6.2.5　有机元素的地质意义

无论干酪根还是沥青质,氯仿沥青、原油等有机元素的组成,均与生油母质类型和有机质演化有关。因此,有机元素资料可作为生油母质类型划分,表征有机质演化的参数。尤其是干酪根的C,H,O元素资料是干酪根类型划分的主要依据,见表6.5和图6.3,还可以用于有机质转化率及源岩排油量的估算。

表 6.5　干酪根的元素分类

	Ⅰ	$Ⅱ_1$	$Ⅱ_2$	Ⅲ
H/C	> 1.5	1.5 ~ 1.2	1.2 ~ 0.8	< 0.8
O/C	0.1	0.1 ~ 0.2	0.2 ~ 0.3	> 0.3

6.3　气相色谱分析

气相色谱是指用气体作流动相的色谱分离方法,包括气体吸附色谱和气液分配色谱两类。用气体做流动相的优点是气体黏度小,扩散系数大。因此组分在两相的传递快,有利于快速高效分离,已被用于沸点在 500 ℃ 以下,热稳定好的各种组分的分离和测定。

6.3.1　仪器简介

1. 仪器结构与原理

(1) 仪器结构。

简单地讲,气相色谱仪由气路系统、分离和检测系统、数据处理系统 3 部分构成(图 6.4)。

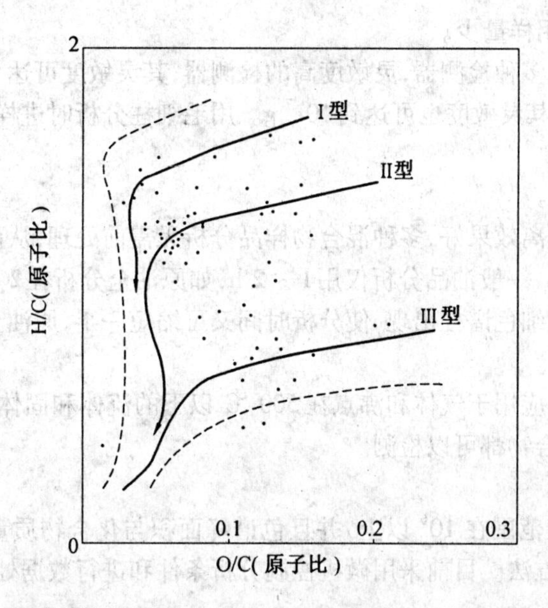

图 6.3　我国泥质岩烃源岩的干酪根类型,根据 6 个盆地 70 个样品绘制

① 气路系统主要由载气和检测器用的助燃气、燃气等气路组成,并包括各项控制、调节阀、测量用流量计、压力表及气体净化用的干燥管等。

② 分离系统主要有进样器、柱箱及色谱柱,控温系统及电气控制单元。

③ 检测、记录及数据处理系统包括检测器、控温单元、放大器、微处理机等(图 6.4)。

(2) 气相色谱原理。

样品被注入进样系统,由载气带入色谱柱后,各组分在固定相和流动相之间不断地反复进行分配。由于不同组分在两相中的分配系数有差异,随着反复分配次数的增加,最终各组分从色谱柱出口流出的时间不同,从而达到对样品中各组分进行分离的目的。

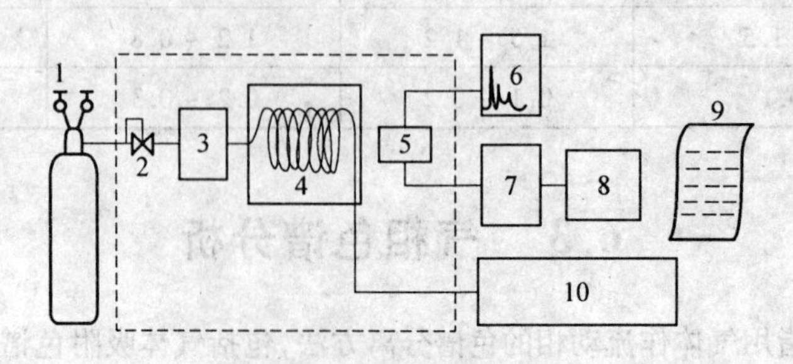

图6.4　气相色谱流程图

1— 载气;2— 稳流阀;3— 进样系统;4— 色谱柱;5— 检测器;
6— 记录仪;7— 接口;8— 数据处理机;9— 打印机;10— 辅助装置

2. 气相色谱分析特点

(1) 分离效能高。

可使沸点相近、组成或化学性质接近的异构体得到有效分离,又能同时满足低沸点各类化合物和高沸点各类化合物的有效分离,高效色谱柱还能分离某些同位素和差向异构体。

(2) 灵敏度高、用样量少。

气相色谱仪配有多种检测器,灵敏度高的检测器,其灵敏度可达 $10^{-10} \sim 10^{-12}$ g,灵敏度低的 TCD 检测器,其灵敏度也可达到 10^{-7} g。用毛细柱分析时进样量仅用几微克,适用于微量和痕量分析。

(3) 分析速度快。

由于色谱本身分离效果好,多种混合物样品分析无需前处理,从而大大提高了分析速度,缩短了分析周期。一般油品分析仅用1 ~ 2 h,如原油全分析在2 h内完成,检测近600个组分。目前高效毛细色谱柱出现,使分析时间又可缩短一半,原油全分析仅用 1 h。

(4) 适用范围广。

气相色谱法广泛应用于气体和沸点在 500 ℃ 以下的流体和固体(易汽化) 化合物的分析,同时对各种化合物都可以检测。

(5) 定量准确。

常用检测器线性范围在 10^6 以上,并且色谱峰面积与化合物质量含量或浓度直接相关,可采用多种定量方法。目前采用微机控制分析条件和进行数据处理,使定量分析精度与准确度大大提高。

此外,气相色谱仪还可与多种分析仪器联机,发挥色谱高效分离长处,解决了其他仪器对复杂混合物分离的困难和前处理的麻烦。

3. 色谱柱分类及特点

色谱柱大致可分为填充柱和毛细管柱。

在色谱柱内固定相有两种存放方式:一种是柱内盛放颗粒状吸附剂,或盛放涂敷有固定液的惰性固体颗粒(载体或称担体);另一种是把固定液涂敷或化学交联于毛细管柱的内壁。用前一种方法制备的色谱柱称为填充色谱柱,后一种方法制备的色谱柱称为毛细管色谱柱(或称开管柱)。

填充柱常用内径 2 ~ 5 mm、长 0.5 ~ 10 m 的金属管或玻璃管,填充柱渗透性差,柱前压力高,从而柱效差些;但柱负荷大,对轻、重组分无分馏效应,适于定量分析和样品制备,同时,成本低,对分析条件要求不太严格。

开管柱又可分为壁涂渍开管柱(WCOT)、固体涂渍开管柱(SCOT)及多孔层开管柱(PLOT)。开管柱内径在 0.05 ~ 0.5 mm,一般为 0.25 mm,柱长 10 ~ 100 m,经常使用的是 25 ~ 50 m。开管柱渗透性好,在 100 m 以上时,载气线速度仍保持不变,故可采用长柱,总柱效大大提高,适合于复杂混合物分析。开管柱液膜均匀,厚度在 0.35 ~ 1.5 μm,可在较低柱温下分析高沸点化合物,又因载气线速大,所以分析速度快,且因开管柱不受担体吸附影响,故保留指数重复性好。但开管柱对分析条件选择要求严格,定量分析时,轻、重组分之间有一定偏差。

4. 检测器分类及选择

色谱检测器分浓度型和质量型检测器两种。浓度型检测器的响应信号和组分进入检测器的浓度成比例,如热导检测器、电子捕获检测器;质量型检测器与进入检测器的组分的质量绝对量成比例,如氢火焰离子化检测器。一个好的检测器应具以下特点:

① 敏感。要求检测器对被测组分微小的含量变化能给出可靠的响应。

② 应答快。要求对进入检测器的痕量变化给出迅速的响应,否则检测就会失真。

③ 线性范围宽。要求检测器对组分含量变化呈线性响应的深度范围越宽越好。

④ 通用性和特征性。通用性即检测器对绝大多数化合物都有响应,甚至有相近的响应,以便用于多种类化合物的定性和定量分析;特征性即仅对某些或某类化合物有响应,以便在复杂样品中直接测定某些特定组分。

⑤ 性能稳定可靠,操作方便。

气相色谱仪中常用检测器性能如表 6.6 所示。

表 6.6　常用气相色谱检测器性能

检测器	敏感度	线性范围	适用范围
热导池	10^{-9} g/mL	10^4 ~ 10^5	通用型检测器,只要被测成分和载气的热导系数有差别即可以检出,以选用 H_2,He 做载气为佳
氢火焰离子化	10^{-12} g/s	10^6 ~ 10^7	通用型检测器,只要在火焰中能电离的皆可检测,对烃类成分的检测尤为合适,检测器在富氧条件下燃烧
电子捕获	10^{-14} g/mL	10^2 ~ 10^4	选择性检测器,被测成分的电负性越强灵敏度越高,以选用 N_2 或 Ar + 5% CH_4 气做载气为好
火焰光度:磷型 硫型	10^{-12} g/s 10^{-11} g/s	~ 10^4	选择性检测,对含磷、含硫及有关的金属有机化合物效果好
氮磷检测器:氮型 磷型	10^{-11} g/s 10^{-12} g/s	10^3 10^3	选择性检测器,对含氮、含磷化合物有特征,检测器需稳定的低氢气流
光离子化检测器	10^{-12} g/s	10^7 ~ 10^8	用于检测电离势低于 11.6 或 10.2 eV 的组分,可用空气做载气

在石油地质实验室中最常用的检测器是热导检测器和氢火焰离子化检测器。

(1) 热导检测器。

热导检测器(Thermal Conductivity Detector,TCD)是应用比较多的浓度型检测器。

其基本理论依据是利用待测组分与载气之间的热导率差异实现定量。不论对有机物还是无机气体都有响应。热导检测器由热导池池体和热敏元件组成(图6.5、图6.6)。热敏元件是两根电阻值完全相同的金属丝(钨丝或白金丝),作为两个臂接入惠斯顿电桥中,由恒定的电流加热。如果热导池只有载气通过,载气从两个热敏元件带走的热量相同,两个热敏元件的温度变化是相同的,其电阻值变化也相同,电桥处于平衡状态。如果样品混在载气中通过测量池,由于样品气和载气的热导系数不同,两边带走的热量不相等,热敏元件的温度和阻值也就不同,从而使得电桥失去平衡,记录器上就有信号产生。TCD检测器是一种通用型检测器。理论上,只要被测组分与载气之间有热导率差异就可以被检测出来。当然,被测物质与载气的热导系数相差越大,灵敏度也就越高;相反,灵敏度越低。此外,载气流量和热丝温度对灵敏度也有较大的影响。热丝工作电流增加1倍可使灵敏度提高3 ~ 7倍,但是热丝电流过高会造成基线不稳和缩短热丝的寿命。热导检测器结构简单、稳定性好,对有机和无机气体都能进行分析,其缺点是灵敏度低。

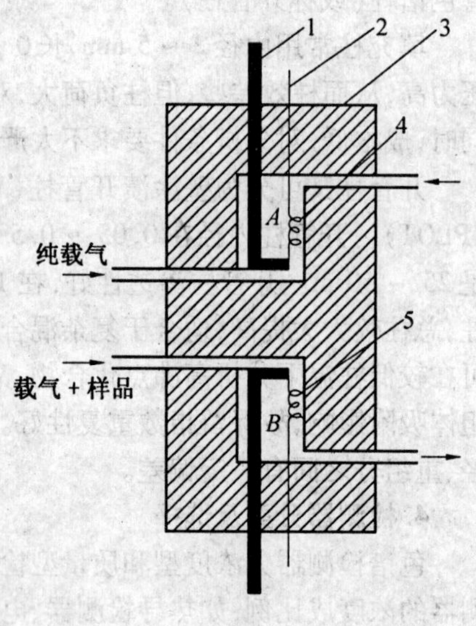

图6.5　热导检测器结构示意图

1— 热丝支架;2— 热丝引线;3— 金属块;4— 热丝(参考臂);5— 热丝(工作臂)

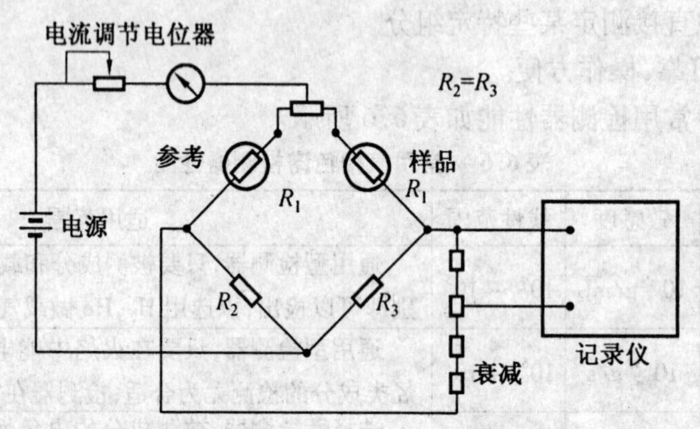

图6.6　热导检测器电路原理图

(2) 氢火焰离子化检测器。

氢火焰离子化检测器(Flame Ionization Detector,FID)简称氢焰检测器,是一种主要用于烃类检测的质量型检测器。它的主要部件是一个用不锈钢制成的离子室,离子室由收集极、极化极(发射极)、气体入口及火焰喷嘴组成(图6.7)。在离子室下部,氢气与载气混合后通过喷嘴,再与空气混合点火燃烧,形成氢火焰。无样品时两极间离子很少,当有机物进入火焰时,发生离子化反应,生成许多离子。在火焰上方收集极和极化极所形成的静电场作用下,离子流向收集极形成离子流。离子流经放大、记录即得色谱峰。关于有机物在氢火焰中离子化反应的机理,一般认为,当氢和空气燃烧时,进入火焰的有机物发生高温裂解和氧化反应生成自由基,自由基又与氧作用产生离子。在外加电压作用下,这些离子形成离子流,经放大后被记录下来。所产生的离子数与单位时间内进入火焰的碳原子质量有关,因此,氢焰检测器是一种质量型检测器。这种检测器对绝大多数有机物都有响应,其灵敏度比热导检测器要高几个数量级,易进行痕量有机物分析。其缺点是不能检测惰性气体、空气、水、CO、CO_2、NO、SO_2 及 H_2S 等。

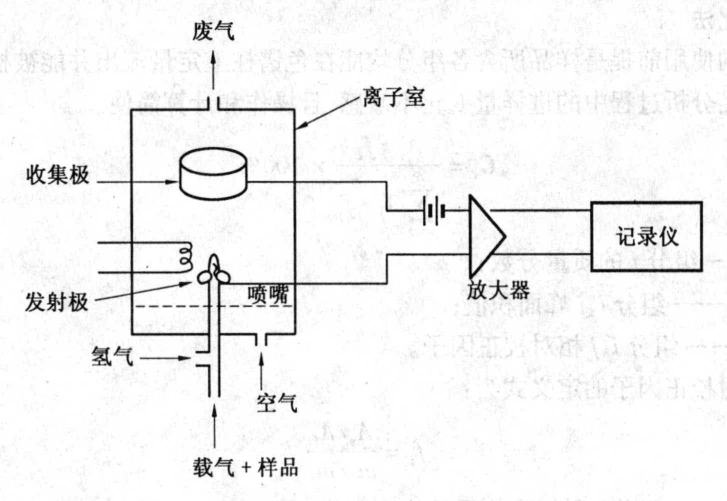

图 6.7 离子化氢火焰检测器

(3) 电子捕获检测器。

电子捕获检测器是一种选择性很强的检测器,它只对含有电负性元素的组分产生响应,因此,这种检测器适于分析含有卤素、硫、磷、氮、氧等元素的物质。在电子捕获检测器内一端有一个多放射源作为负极,另一端有一正极(图 6.8)。两极间加适当电压,当载气(N_2) 进入检测器时,受多射线的辐照发生电离,生成的正离子和电子分别向负极和正极移动,形成恒定的基流。含有电负性元素的样品进入检测器后,就会捕获电子而生成稳定的负离子,生成的负离子又与载气正离子复合,结果导致基流下降。因此,样品经过检测器,会产生一系列的倒峰。电子捕获检测器是常用的检测器之一,其灵敏度高,选择性好,主要缺点是线性范围较窄。

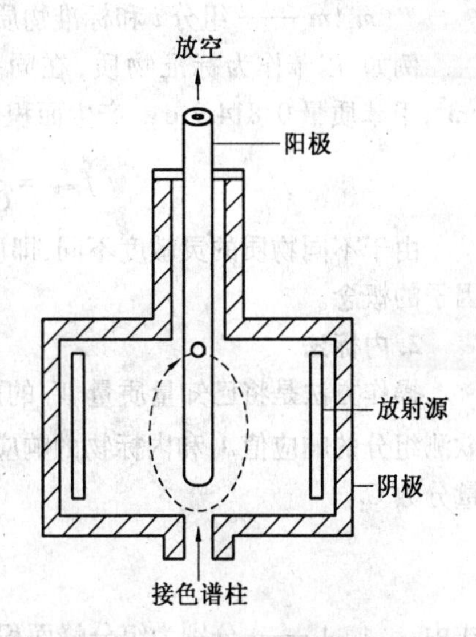

图 6.8 电子捕获检测器示意图

6.3.2 定性分析

气相色谱法是一种分离技术,作为定性分析有一定难度,尽管利用色谱的保留时间值可对某些化合物定性,但并不充分和准确。当前色谱分析的鉴定工作主要采取方法是,利用保留时间值、保留指数等定性;利用内标注入法定性;利用化学反应定性;与质谱、红外光谱等联机直接定性;利用不同检测器的选择性进行定性;利用软件定性。定性工作复杂,需阅读专门著作。

6.3.3　定量分析

气相色谱仪基本上都带有积分仪或微处理机，可直接给出每个色谱峰的面积积分值和归一化数据，通常可采用下述3种方法进行定量分析。

1. 归一化法

该方法的使用前提是样品所含各组分均能在色谱柱上定量流出并能被检测器定量检测。它对样品分析过程中的进样量变化不敏感，且操作和计算简便。

$$C_i = \frac{A_i \cdot f_i}{\sum_{j=1}^{n} A_j \cdot f_j} \times 100\% \tag{6.6}$$

式中　C_i——组分 i 的质量分数；

A_i, A_j——组分 i, j 峰面积值；

f_i, f_j——组分 i, j 相对校正因子。

质量相对校正因子的定义式为：

$$f_i = \frac{A_s / A_i}{m_s / m_i} \tag{6.7}$$

式中　A_i, A_s——组分 i 和标准物质的峰面积值；

m_i, m_s——组分 i 和标准物质的质量。

例如，以苯作为标准物质，在同一次测试分析中，苯质量0.472 μg，产生面积2.6 cm^2；甲苯质量0.814 9 μg，产生面积4.1 cm^2；则甲苯的质量相对校正因子 $f_{甲苯}$：

$$f_{甲苯} = \frac{2.6/4.1}{0.472/0.8149} \approx 1.09$$

由于不同物质的灵敏度不同，即质量相同形成的色谱峰面积不同，因此引入相对校正因子的概念。

2. 内标法

操作方法是将已知量质量 W_s 的内标物加入的样品后中质量为 W，注入色谱柱，得到欲测组分的响应值 A_i 和内标物的响应值 A_s，根据已知的系数 f_i，f_s，即可求出欲测组分的质量分数 C_i：

$$C_i = \frac{A_i \cdot f_i}{A_s \cdot f_s} \times \frac{W_s}{W} \tag{6.8}$$

式中　A_i, A_s——分别为组分峰面积值和内标物峰面积值；

f_i, f_s——分别为组分 i 和内标物质相对校正因子；

W_s——内标物的质量；

W——样品的质量(含内标物)；

C_i——样品中待测组分的质量分数，%。

内标法的特点：操作过程中样品和内标是混合在一起注入色谱柱的，进样数量的变化不会影响定量结果，还可以抵消流动相及检测器的影响。与归一化法相比，这一方法需称重配样，稍嫌麻烦。

内标法适用条件是色谱图中有足够的空白能插入内标物的色谱峰；样品中有部分组

分不能以色谱峰面积表示;样品馏分很宽,很复杂,所关心的只是其中的个别组分。

选择内标物应遵循的基本原则是,内标物的物理及物理化学性质应与被测物相近,当操作条件发生变化时,内标物与被测物均受到相近的影响,两者相对校正因子基本不变。

3. 外标法

采用外标法计算质量分数的基本公式是:

$$C_i = \frac{A_i}{A_s} \times C_s \tag{6.9}$$

式中　A_s—— 标样组分峰面积值;

C_s—— 标样组分质量分数。

操作方法是用被测化合物的纯品作为标准样品,配制成一系列的已知浓度的标样,注入色谱柱得到其响应值(峰面积)。在一定范围内,标样的浓度与响应值之间存在较好的线性关系,即 $W = f \times A$,制成标准曲线。在完全相同的实验条件下,注入未知样品,得到欲测组分的响应值。根据已知的系数 f,即可求出欲测组分的浓度。

外标法在应用时,一般标准样中所配的标准物与待测组分应该是相同的,但若已知待测组分和标准物的校正因子,也可以用一个标准物同时标定多个待测组分,此时式(6.9)中应将校正因子考虑进去。

外标法的优点:操作、计算简单,是一种常用的定量方法,无需各组分都被检出,但要求标样及未知样品的测定条件一致,进样量要准确。

外标法的缺点:实验条件要求高,如检测器的灵敏度,流速、流动相组成不能发生变化;每次进样体积要有好的重复性。

6.3.4　原油轻烃分析

原油中的轻烃多指汽油馏分的烃类(C_5 ~ C_{10})。地球化学研究使用的轻烃分析方法有两种:PTV 切割反吹法和油样(或轻烃)直接分析。

这里介绍主要 GB/T 18340.1—2001 地质样品有机地化测试轻质原油气相色谱分析方法。

该标准规定了轻质原油气相色谱分析中的轻质原油取样、分析步骤、定性、定量、轻烃参数计算和精密度等,适用于轻质原油包括凝析油中 nC_7 以前的单体烃,以及 C_8 ~ C_{40} 正构烷烃等烃类化合物的色谱分析。

1. 方法

试样汽化后随载气通过高效毛细管柱使正庚烷以前的单体烃和 C_8 ~ C_{40} 正构烷烃与异构烷烃分离,用火焰离子化检测器对相继流出的各单体烃进行检测,通过色谱数据处理机绘制出色谱图,用标准样品标定法或保留指数法定性,以面积归一化法计算各组分的质量分数,并按相应的公式计算各项轻烃参数。

2. 器材、试剂

气相色谱仪,具有毛细管柱分流或无分流进样系统、程序升温及火焰离子化检测装置;色谱数据处理机;冰箱。

二硫化碳,分析纯;C_1 ~ C_5 天然气标样;色谱标样,含 C_{13} ~ C_{40} 范围内任意几个碳数的正构烷烃;色谱柱,固定相为聚甲基硅酮交联型石英毛细管柱,柱长 35 ~ 50 m,内径

0.22 ~0.25 mm,柱效不低于3 500理论板/m,最高使用温度不低于320 ℃;微量注射器,1 μL,10 μL;玻璃注射器,5 mL,10 mL,50 mL;具塞小口棕色试剂瓶;氮气或氦气,纯度(质量分数)不低于99.99%;氢气,纯度(质量分数)不低于99.9%;净化压缩空气。

3. 采样和保存

试采过程中取样,选定合适的层位,用玻璃注射器采取8 ~ 10 mL脱气的原油,转移至具塞小口棕色试剂瓶。

油井开采过程中取样,在井口用玻璃注射器,采取流动的原油试样8 ~ 10 mL,密闭。若原油含水,视油水比取样,取样体积应保证脱水后试样为8 ~ 10 mL,密闭。在实验室将注射器倒置,在40 ~ 50 ℃下恒温1 ~ 2 h。油水分离后,在室温下将水排除,转移至具塞小口棕色试剂瓶。

试样采集后即可分析,或直接放在冰箱中保存。

4. 分析步骤

(1) 打开气相色谱仪气路和电路系统。

(2) 设置气相色谱仪和色谱数据处理机的分析条件。可参照下列分析条件:色谱柱初始温度40 ℃,恒温10 min,以3 ~ 8 ℃/min升到310 ℃,恒温至无色谱峰流出;汽化室和检测室温度320 ℃;分流比1∶60 ~ 1∶120;载气为氮气或氦气,线速17 ~ 22 cm/s;氢气流量30 ~ 50 mL/min;空气流量300 ~ 500 mL/min。

(3) 仪器校准。点火后,启动程序升温,待色谱分析基线走稳后,即可进行样品分析。

(4) 样品分析。先后用CS_2溶剂和试样洗涤微量注射器数次,再用微量注射器抽取0.2 ~ 1.0 μL试样,注入气相色谱仪气化室,同时启动程序升温和色谱数据处理机,记录色谱图和各单体烃的原始数据。

5. 定性与定量计算

C_1 ~ C_5正构烷烃用天然气标样定性,C_6以上正构烷烃用正构烷色谱纯化合物定性,nC_7以前轻烃的各单体烃用保留时间法或色谱 - 质谱鉴定法定性。GB/T 18340.1—2001方法能够定性的C_1 ~ C_7化合物共38个,见表6.7,化合物的出峰顺序见表6.8。

表6.7　轻质原油轻烃色谱定性

峰号	化合物	峰号	化合物
1 - 1	甲烷	6 - 2	2,2 - 二甲基戊烷
2 - 1	乙烷	6 - 3	甲基环戊烷
3 - 1	丙烷	6 - 4	2,4 - 二甲基戊烷
3 - 2	异丁烷	6 - 5	2,2,3 - 三甲基丁烷
4 - 1	正丁烷	6 - 6	苯
4 - 2	2,2 - 二甲基丙烷	6 - 7	3,3 - 二甲基戊烷
4 - 3	2 - 甲基丁烷	6 - 8	环己烷
5 - 1	正戊烷	6 - 9a	2 - 甲基己烷
5 - 2	2,2 - 二甲基丁烷	6 - 9b	1,1 - 二甲基环戊烷
5 - 3	环戊烷	6 - 10	2,3 - 二甲基戊烷
5 - 4	2 - 甲基戊烷	6 - 11	3 - 甲基己烷

续表 6.7

峰号	化合物	峰号	化合物
5 - 5	3 - 甲戊烷	6 - 12	顺 - 1,3 - 二甲基环戊烷
6 - 1	正已烷	6 - 13	反 - 1,3 - 二甲基环戊烷
6 - 14	1,反 2 - 二甲环戊烷	7 - 6	2,4 - 二甲基已烷
7 - 1	正庚烷	7 - 7	1,反 2,顺 4 - 三甲基环戊烷
7 - 2	甲基环已烷	7 - 8	3,3 - 二甲基已烷
7 - 3	2,2 - 二甲基已烷	7 - 9	1,反 2,顺 3 - 三甲基环戊烷
7 - 4	乙基环戊烷	7 - 10	2,3,4 - 三甲基戊烷
7 - 5	2,5 - 二甲基已烷	7 - 11	甲苯

表 6.8　色谱操作条件实例

项目		饱和烃	芳烃	原油全烃
流量设定	柱内载气流速:氮气或氦气/($cm \cdot s^{-1}$)	15 ~ 25	15 ~ 25	15 ~ 25
	氢气:流量/($mL \cdot min^{-1}$)	30 ~ 50	30 ~ 50	30 ~ 50
	空气:流量/($mL \cdot min^{-1}$)	300 ~ 500	300 ~ 500	300 ~ 500
气调节	尾吹气:氮气或氦气/($mL \cdot min^{-1}$)	30	30	30
	分流比	20 : 1 ~ 50 : 1	20 : 1 ~ 50 : 1	30 : 1 ~ 50 : 1
温度设置	汽化室/℃	310	310	310
	检测室/℃	320	320	320
	色谱柱	初始温度 60 ~ 120 ℃,程序升温速率 5 ~ 8 ℃/min,终温 310 ℃,恒温至无峰显示	初始温度 60 ~ 120 ℃,程序升温速率 4 ~ 5 ℃/min,终温 310 ℃,恒温至无峰显示	初始温度 40 ℃,恒温 10 min,程序升温速率 3 ~ 8 ℃/min,终温 310 ℃,恒温至无峰显示
进样方式	分流	0.2 ~ 2.0 μL	0.2 ~ 2.0 μL	0.2 ~ 2.0 μL
	无分流:先关闭分流阀,60 s 后打开分流阀	1.0 ~ 5.0 μL	1.0 ~ 5.0 μL	1.0 ~ 5.0 μL,凝析油或轻质油的进样量应小于 1.0 μL

用色谱数据处理机以面积归一化法计算 C_7 以前各单体烃,以及 C_8 ~ C_{40} 正构烷烃的质量分数。

(1) 甲基环已烷指数($MCH - I$):

$$MCH - I = \frac{MCH}{nC_7 + \sum RCPC_7 + MCH} \times 100\% \tag{6.10}$$

式中　MCH—— 甲基环己烷；

$\sum RCPC_7$——1,1 - 二甲基环戊烷、反 - 1,3 - 二甲基环戊烷、顺 - 1,3 - 二甲基环戊烷、反 - 1,2 - 二甲基环戊烷、乙基环戊烷之和；

nC_7—— 正庚烷。

(2) 石蜡指数(异庚烷值)：

$$石蜡指数 = \frac{2-MC_6 + 3-MC_6}{\sum DMCYC_5} \tag{6.11}$$

式中　$2-MC_6$——2 - 甲基己烷,%；

$3-MC_7$——3 - 甲基己烷,%；

$\sum DMCYC5$——1,1 二甲基环戊烷、反 - 1,3 - 二甲基环戊烷、顺 - 1,3 - 二甲基环戊烷、1,反 2 - 二甲基环戊烷之和。

(3) 庚烷值：

$$庚烷值 = \frac{nC_7}{\sum (CYC_6 \sim MCYC_6)} \times 100\% \tag{6.12}$$

式中　$\sum (CYC_6 \sim MCYC_6)$—— 环己烷与甲基环己烷之间流出物之和,%。

(4) 油气生成温度参数 T(℃)：

$$T = 140 + 15\ln \frac{2,4-二甲基戊烷}{2,3-二甲基戊烷} \tag{6.13}$$

(5) 苯指数：

$$苯指数 = \frac{Bz}{nC_6} \times 100\% \tag{6.14}$$

式中　Bz—— 苯,%；

nC_6—— 正庚烷,%。

(6) 环烷指数：

$$环烷指数 = \frac{\sum RCPC_7}{nC_7} \times 100\% \tag{6.15}$$

6. 精密度

色谱图要求,正构烷烃、姥鲛烷、植烷谱峰形对称,正庚烷以前单体烃不少于 22 个；顺 -1,3 - 二甲基环戊烷与反 - 1,3 - 二甲基环戊烷之间及反 - 1,3 - 二甲基环戊烷与反 - 1,2 - 二甲基环戊烷之间分离度不小于 0.5；正十七烷与姥鲛烷之间分离度不小于 0.9(以低峰高度为准)。

精度要求,同一样品两次平行分析,其轻烃参数分析结果的相对双差符合表 6.9 规定。

表 6.9　样品平行分析允许相对双差 *RD* 值

轻烃参数	*RD*/%
甲基环己烷指数	< 10
庚烷值	< 10
石蜡指数	< 10

按式(6.16)计算相对双差 RD:

$$RD = \frac{2(A - B)}{A + B} \times 100\% \tag{6.16}$$

式中 A—— 第一次测量值;

B—— 第二次测量值。

7. 轻烃分析的PTV切割反吹法

由图6.9所示的PTV装置的工作示意图可以看到,开始设PTV为200 ℃,压力为 $p_1 > p_2$,样品随载气流入色谱柱。当 C_8 以前的组分全部流入分析柱,而较重组分基本上仍保留在前置柱时,进行反吹,即设PTV由200 ℃以50 ℃/min的速率升至350 ℃,压力改为 $p_1 < p_2$,此时,分析柱继续分离已流入的较轻组分,而较重的组分全部经前置柱反冲出去。同时,在汽化室温度为200 ℃时样品中未被汽化的重组分也在350 ℃高温下被汽化后反吹出汽化室。预分离柱是一根很短的且价格低廉的色谱柱,其作用是实现轻烃与重烃的分离。让轻烃进入后面的分析色谱柱,而重烃被放空。这样可起到延长分析色谱柱寿命和提高轻烃分离效果的作用。轻烃分析图谱如图6.10所示。

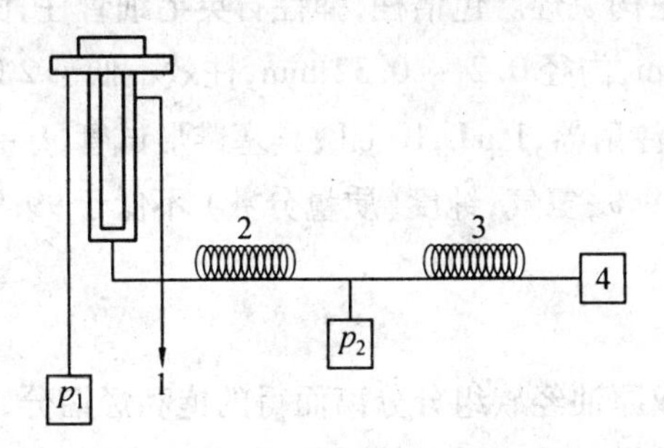

图6.9 PTV装置的工作示意图

1— 分离气出口;2— 预分离柱;3— 分析柱;4— 检测器

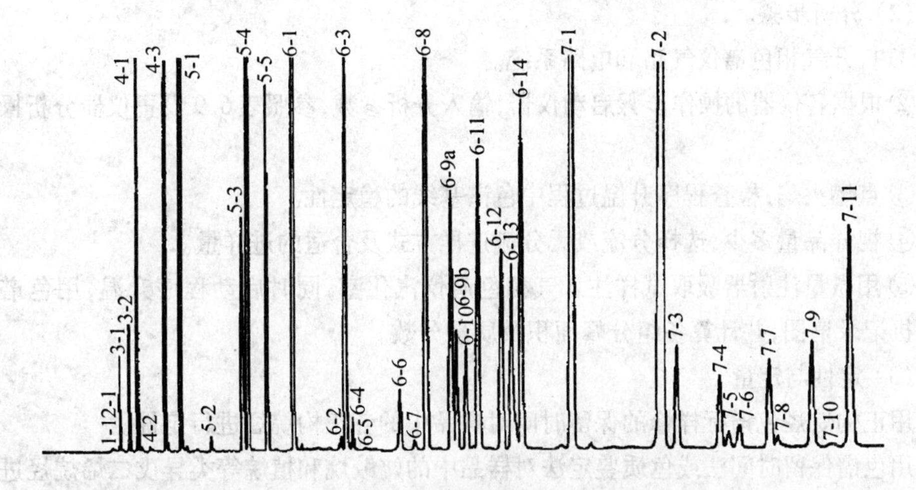

图6.10 轻烃分析图谱(编号与对应化合物见表6.8)

6.3.5　岩石可溶有机物和原油中饱和烃、芳烃及原油全烃气相色谱分析

参阅 SY/T 5779—2008 石油和沉积有机质烃类气相色谱分析方法编写。本部分介绍了饱和烃、芳烃及原油全烃气相色谱分析的仪器设备、试剂和材料、样品制备和保存、测定步骤、定性定量、分析质量要求和分析精密度。

1. 原理

将饱和烃、芳烃及原油样品采用分流或无分流进样方式注入气相色谱仪中的汽化室，试样汽化后随载气流通过毛细管柱分离，用火焰离子化检测器检测相继流出的各组分。由色谱工作站采集、处理数据并输出谱图及测定结果，用色谱保留时间法或色质鉴定法定性，以面积归一化法计算各组分的质量分数，并按相应的公式计算各项色谱地化参数。

2. 器材

气相色谱仪，具有毛细管柱分流或无分流进样系统，程序升温和火焰离子化检测器装置；色谱工作站；冰箱。正己烷、异辛烷，分析纯；二硫化碳，色谱纯；色谱标样，含 C_{13} ~ C_{40} 范围内任意几个碳数的正构烷烃。色谱柱，弹性石英毛细管柱，固定相为甲基硅酮或苯基甲基硅酮，柱长 20 ~ 30 m，内径 0.2 ~ 0.32 mm，柱效不低于 2 000 理论板/m，最高使用温度不低于 320 ℃；微量注射器，1 μL，10 μL；具塞锥形试管，1 ~ 2 mL；氮气或氦气，纯度（质量分数）不低于 99.99%；氢气，纯度（质量分数）不低于 99.9%；净化压缩空气。

3. 饱和烃分析

(1) 样品制备。

将岩石可溶有机物或原油经族组分分离而得的饱和烃馏分，转移至具塞锥形试管中，放在冰箱内保存。分流进样方式，用少量正己烷溶解样品；无分流进样方式，用适量异辛烷溶解样品。

(2) 分析步骤。

① 打开气相色谱仪气路和电路系统。

② 根据各仪器的操作步骤启动仪器，输入分析参数，参照表6.9 设置仪器分析操作条件。

③ 点燃火焰，检查程序升温过程中色谱基线的稳定性。

④ 视样品量多少，选择分流或无分流进样方式及合适的进样量。

⑤ 用微量注射器吸取试样注入气相色谱仪汽化室，同时启动程序升温，用色谱数据处理机记录谱图，并计算各组分峰面积及质量分数。

(3) 定性与定量。

用正构烷烃色谱标样峰的保留时间对样品中的各正构烷烃进行定性。

用色谱保留时间法或色质鉴定法对样品中的姥鲛烷和植烷等类异戊二烯烷烃进行定性。

用色谱数据处理机以峰面积归一化法计算正构烷、姥鲛烷和植烷等类异戊二烯烷烃的质量分数，计算公式如下：

$$\omega_i = \frac{A_i \cdot f_i}{\sum (A_i \cdot f_i)} \tag{6.17}$$

式中 ω_i—— 正构烷烃某组分、姥鲛烷和植烷等类异戊二烯烷烃的质量分数,%;

A_i—— 正构烷烃某组分、姥鲛烷和植烷等类异戊二烯烷烃的峰面积值;

f_i—— 正构烷烃某组分、姥鲛烷和植烷等类异戊二烯烷烃的相对质量校正因子。

由于火焰离子化检测器对所测正构烷烃各组分,姥鲛烷烷和植烷等类异二烯烷烃的相对质量校正因子都接近于1,故式(6.17)可简化。

(4) 计算色谱地化参数。

① 主峰碳数:样品中质量分数最大的正构烷烃碳数。

② 奇偶优势(OEP 值):

$$OEP = \left(\frac{C_{K-2} + 6C_K + C_{K+2}}{4C_{K-1} + 4C_{K+1}} \right)^{(-1)^{K+1}} \tag{6.18}$$

式中 K—— 主峰碳数;

C_K—— 正 K 烷的质量分数,其余类推。

③P_r/P_h 比值:

$$P_r/P_h = \frac{P_r}{P_h} \tag{6.19}$$

式中 P_r—— 姥鲛烷的质量分数;

P_h—— 植烷的质量分数。

④P_r/C_{17} 比值、P_h/C_{18}。

仿照 P_r/P_h 的计算进行计算。

(5) 质量要求。

在色谱图上,饱和烃出峰范围通常为 C_{12} ~ C_{40};正构烷烃的色谱峰形要求对称;正十七烷和姥鲛烷的峰高分离度不应小于90%(以低峰高度为准)。

饱和烃和油全烃分析的重复性 r 和再现性 R 计算公式见表6.10。

表6.10 饱和烃和油全烃分析的重复性 r 和再现性 R 计算公式

m/%	r/%	R/%
0.12 ~ 19.65	$r = 0.1132m^{0.63}$	$R = 0.1838m^{0.72}$

注1:m 为水平范围。

注2:在重复性条件下获得的两次独立测试结果的绝对差值不大于0.1132,以大于0.1132的情况不超过5%为前提。

注3:在再现性条件下获得的两次独立测试结果的绝对值不大于0.1838,以大于0.1838的情况不超过5%为前提。

如果在同一实验室内,在重复性条件下,进行两组测试,第一组进行 n_1 次测试,平均值为 $\overline{Y}_1$;第二组进行 n_2 次测试,平均值为 $\overline{Y}_2$;则 $|\overline{Y}_2 - \overline{Y}_1|$ 表示95%概率的平均值的临界差值应满足:

$$|\overline{Y}_2 - \overline{Y}_1| \leqslant \sqrt{\frac{1}{2n_1} + \frac{1}{2n_2}} \tag{6.20}$$

如果上述实验是在两个实验室完成的，则 $\overline{Y}_2 - \overline{Y}_1|$ 值应满足式：

$$|\overline{Y}_2 - \overline{Y}_1| \leqslant \sqrt{R^2 - r^2\left(1 - \frac{1}{2n_1} - \frac{1}{2n_2}\right)} \tag{6.21}$$

4. 原油全烃分析

(1) 样品制备。

进行全烃分析的凝析油、轻质油无需稀释，重油可用适量二硫化碳稀释。

(2) 测定步骤。

同饱和烃的测定步骤。色谱操作条件见表 6.9。

(3) 定性。

原油全烃中轻烃组分采用混合标样并结合保留指数，或采用色谱质谱方法对其定性。色谱操作条件见表 6.9。烷烃组分同饱和烃色谱图如图 6.11 所示。

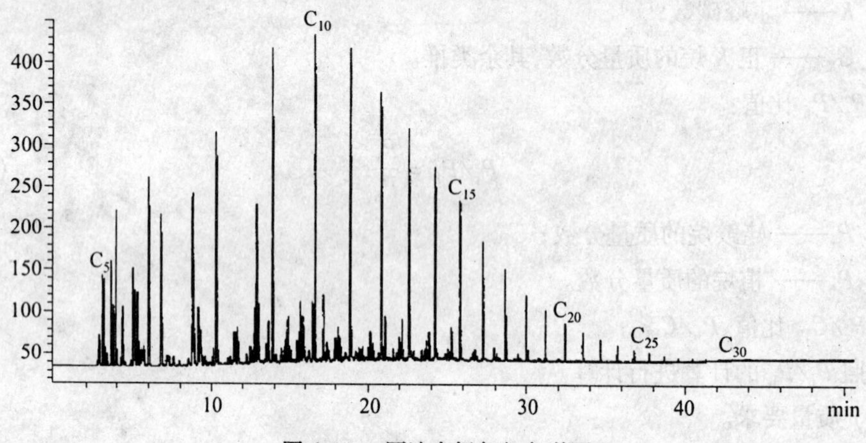

图 6.11　原油全烃气相色谱图

(4) 定量。

正构烷烃的定量及地化参数的计算同饱和烃。轻烃可计算参数见前述轻烃分析。

(5) 谱图要求及精密度要求。

与饱和烃基本相同。

5. 芳烃气相色谱分析

(1) 样品制备。

由氯仿抽提物或原油分离出芳烃，浓缩后置于带盖的瓶中，将样品瓶放入冰箱中待用。

采用分流进样时，用适量二氯甲烷稀释样品；采用无分流进样时，用适量异辛烷稀释样品。

(2) 测定步骤。

同饱和烃。色谱操作条件见表 6.9。

(3) 定性。

芳烃萘、菲系列化合物采用色谱标样并结合保留指数，或采用色谱 - 质谱方法对芳

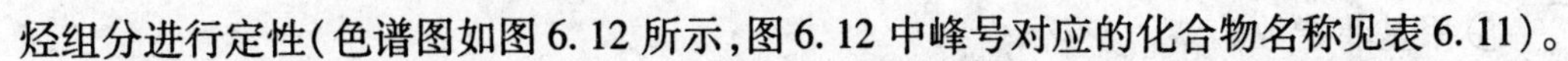

烃组分进行定性(色谱图如图 6.12 所示,图 6.12 中峰号对应的化合物名称见表 6.11)。

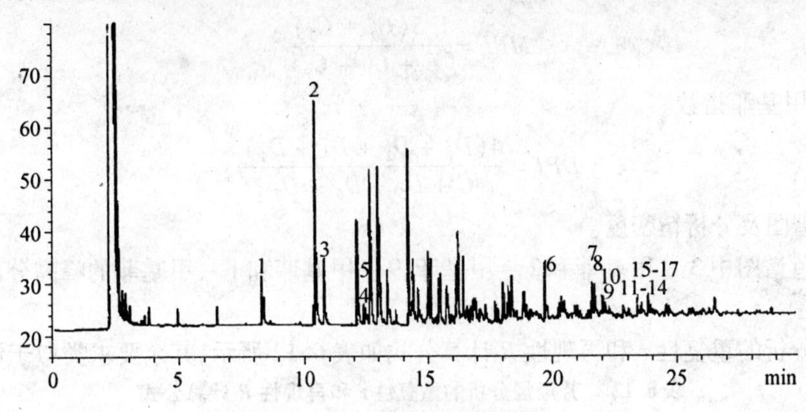

图 6.12　芳烃气相色谱图

表 6.11　芳烃化合物名称、峰号及峰代号

峰号	名称	峰代号	峰号	名称	峰代号
1	萘	A	10	1 - 甲基菲	C_1
2	2 - 甲基萘	A_2	11	二甲基菲	D_1
3	1 - 甲基萘	A_1	12	二甲基菲	D_2
4	2 - 乙基萘	B_2	13	二甲基菲	D_3
5	1 - 乙基萘	B_1	14	二甲基菲	D_4
6	菲	C	15	二甲基菲	D_5
7	3 - 甲基菲	C_3	16	二甲基菲	D_6
8	2 - 甲基菲	C_2	17	二甲基菲	D_7
9	9 - 甲基菲	C_9			

(4) 定量。

芳烃中萘、菲系列化合物的各组分均以峰高定量。

芳烃地化参数如下(公式中的峰代号见表 6.11):

① 甲基萘比。

$$MNR = \frac{A_2}{A_1} \tag{6.22}$$

② 乙基萘比。

$$ENR = \frac{B_2}{B_1} \tag{6.23}$$

③ 甲基菲比。

$$MPR = \frac{C_2}{C_1} \tag{6.24}$$

④ 二甲基菲比。

$$DPR = \frac{D_3 + D_4}{D_5 + D_6} \tag{6.25}$$

⑤ 甲基菲指数。

$$MPI = \frac{1.5(C_2 + C_3)}{C + C_1 + C_9} \tag{6.26}$$

⑥ 二甲基菲指数。

$$DPI = \frac{4(D_1 + D_2 + D_3 + D_4)}{C + D_5 + D_6 + D_7} \tag{6.27}$$

(5) 谱图及分析精密度。

芳烃色谱图中3－甲基菲和2－甲基菲、9－甲基菲和1－甲基菲的峰高分离度不小于79%。

芳烃分析的重复性 r 和再现性 R 计算公式如表6.12所示，其余要求类似于饱和烃。

表6.12　芳烃烃分析的重复性 r 和再现性 R 计算公式

m/%	r/%	R/%
0.24 ~ 13.29	$r = 0.0351 + 0.0915m$	$R = 0.0616 + 0.0848m$

注1：m 为水平范围。

注2：在重复性条件下获得的两次独立测试结果的绝对差值不大于 X，以大于 X 的情况不超过5% 为前提。

注3：在再现性条件下获得的两次独立测试结果的绝对值不大于 X，以大于 X 的情况不超过5% 为前提。

6.3.6　气相色谱分析资料在油气勘探中应用简介

气相色谱在油气勘探中主要完成5方面工作：天然气组分分析；全油色谱分析；饱和烃色谱分析；轻烃色谱分析；芳烃色谱分析。本节只介绍后4种。

1. 生油岩评价参数

(1) 母质类型划分。

① 正烷烃的主峰碳：藻类为主的有机质在 C_{15} ~ C_{19}，陆相高等植物为主的有机质在 C_{25} ~ C_{29}。

② 正烷烃分布：富含水生生物沉积有机质在 nC_{20} ~ nC_{23} 之后正烷烃分布趋于平直，包络线为前峰型；陆源植物为主时，由于植物蜡相对分子质量大于脂类相对分子质量，包络线为后峰型；混合型母质则常出现双峰分布。

③ 甲基环己烷指数 MCH－I。

MCH－I < 35 ±2　　为 Ⅰ 型

MCH－I = (35 ±2) ~ (50 ±2)　　为 Ⅱ

MCH－I = (50 ±2) ~ (65 ±2)　　为 Ⅲ

MCH－I > 65 ±2　　为 $Ⅲ_2$

④ p_r/nC_{17}，p_h/nC_{18}。

p_r/nC_{17}，p_h/nC_{18} 是同前划分烃源岩和原油母质类型十分有效的参数，如图6.13所示。

(2) 烃类成熟度。

① 正烷烃主峰碳：随成熟度提高，向低碳数转移；

② 正烷烃 C_{21}^{-}/C_{22}^{+}：随成熟度提高，其比值增大；

③OEP 值:生油门限值为 1.2 左右,随成熟度提高,趋近于 1 左右;

④ 庚烷值和异庚烷值是反映原油成熟度的重要参数,利用这两个参数可方便分析油的成熟度,如图 6.14 所示。

⑤p_r/nC_{17}、p_h/nC_{18}:随成熟度提高,其比值逐渐减少(图 6.14 ~ 图 6.16);p_r/p_h 可能没有明显变化趋势。

芳烃中甲基萘比、二甲基萘比、甲基菲比、二甲基菲比、甲基菲指数、二甲基菲指数、甲基二苯并噻吩指数等都是成熟度参数。

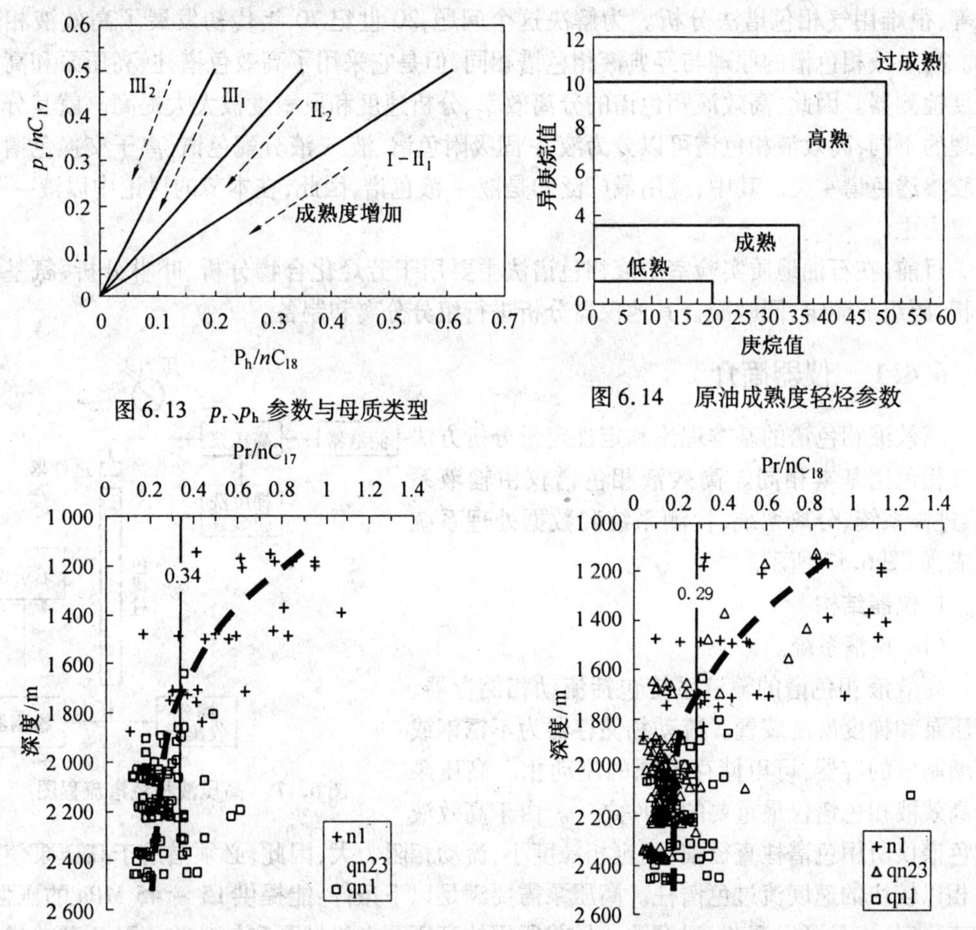

图 6.13　p_r、p_h 参数与母质类型

图 6.14　原油成熟度轻烃参数

图 6.15　齐家古龙泥岩 p_r/nC_{17} 随深度变化

图 6.16　齐家古龙泥岩 p_h/nC_{18} 随深度变化

2. 油气运移参数

一般认为沿着原油运移方向,非烃化合物含量相对减少,高分子烃类化合物含量相对减少,轻芳烃含量增加,正烷烃含量增加,C_{21}^-/C_{22}^+ 变大,$(nC_{21}+nC_{22})/(nC_{28}+nC_{29})$ 增大,正烷烃分布范围变窄,主峰碳数减少,正烷烃包络线向轻组分方向移动等。

3. 生物降解原油判识

利用正烷烃分布、异戊间二烯烃分布、芳烃分布等可确定轻微降解原油和中等降解原油。轻微降解原油中正烷烃部分损失,其他组分不变,利用 p_r/nC_{17}、p_h/nC_{18} 即可判别。对于中等降解原油,正烷烃基本消失,姥鲛烷和植烷等有所减少。

6.4 液相色谱分析

气相色谱法是一种很好的分离、分析方法,它具有分析速度快、分离效能好和灵敏度高等优点。但是气相色谱仪能分析在操作温度下能汽化而不分解的物质。据估计,在已知化合物中能直接进行气相色谱分析的化合物约占 15%,加上制成衍生物的化合物,也不过 20% 左右。对于高沸点化合物;难挥发及热不稳定的化合物、离子型化合物及高聚物等,很难用气相色谱法分析。为解决这个问题,20 世纪 70 年代初发展了高效液相色谱。高效液相色谱的原理与经典液相色谱相同,但是它采用了高效色谱柱、高压泵和高灵敏度检测器。因此,高效液相色谱的分离效率、分析速度和灵敏度被大大提高。就其分离机理的不同,高效液相色谱可以分为液 - 固吸附色谱、液 - 液分配色谱、离子交换色谱和凝胶渗透色谱 4 类。其中,应用最广泛的是液 - 液色谱,因此,在本节的讨论中以液 - 液色谱为主。

目前,在石油地质实验室中液相色谱法主要用于芳烃化合物分析、卟啉分析、氨基酸分析、族组成测定;同时配合其他仪器分析进行组分分离和制备。

6.4.1 仪器简介

高效液相色谱的基本理论和定性定量分析方法与气相色谱基本相同。高效液相色谱仪由输液系统、进样系统、分离系统、检测系统和数据处理系统组成,如图 6.17 所示。

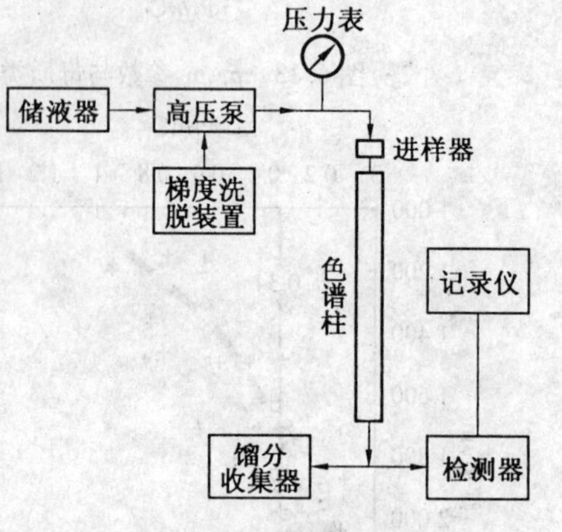

图 6.17 高压液相色谱流程图

1. 仪器结构

(1) 输液系统。

高效液相色谱的输液系统包括流动相储存器、高压泵和梯度淋洗装置。流动相储存器为不锈钢或玻璃制成的容器,可以储存不同的流动相。高压泵是高效液相色谱仪最重要的部件之一。由于高效液相色谱仪所用色谱柱直径细,固定相粒度小,流动相阻力大,因此,必须借助于高压泵使流动相以较快的速度流过色谱柱。高压泵需要满足以下条件:能提供 15 ~ 45 MPa 的压强;流速稳定,流量可以调节;耐腐蚀。目前所用的高压泵有机械泵和气动放大泵两种。梯度淋洗装置可以将两种或两种以上的不同极性溶剂,按一定程序连续改变组成,以达到提高分离效果、缩短分离时间的目的。它的作用与气相色谱中的程序升温装置类似。梯度淋洗装置分为两类:外梯度装置和内梯度装置。外梯度装置是流动相在常压下混合,靠一台高压泵压至色谱柱;内梯度装置是先将溶剂分别增压后,再由泵按程序压入混合室,再注入色谱柱。一般高效液相色谱多采用六通阀进样。先由注射器将样品常压下注入样品环,然后切换阀门到进样位置,由高压泵输送的流动相将样品送入色谱柱。样品环的容积是固定的,因此进样重复性好。

高压输液泵,一般要求压力在 15 ~ 25 MPa,压力无脉冲,流量稳定,有恒流泵和恒压泵两类。恒流泵适用于分析型仪器,而恒压泵适用于制备型仪器。

(2) 分离系统。

分离系统包括色谱柱、连接管、恒温器等。色谱柱是高效液相色谱仪的心脏。它是由内部抛光的不锈钢管制成,一般长10 ~ 50 cm,内径2 ~ 5 mm,需增长可串联,柱内装有固定相。液相色谱的固定相是将固定液涂在担体上而成。担体有两类:一类是表面多孔型担体;另一类是全多孔型担体。近年来又出现了全多孔型微粒担体。这种担体是由纳米级的硅胶微粒堆积而成,又称为堆积硅珠。由于颗粒小,所以柱效高,是目前最广泛使用的一种担体。在高效液相色谱分析中,适当提高柱温可提高柱效,缩短分析时间。因此,在分析时可以采用带有恒温加热系统的金属夹套来保持色谱柱的温度。温度可以在室温到60 ℃ 间调节。

(3) 进样装置。

通常采用隔膜 - 注射进样和高压进样阀进样。

(4) 检测器。

高效液相色谱的检测器很多,最常用的有紫外检测器、示差折光检测器和荧光检测器等。

① 紫外检测器。

紫外检测器是液相色谱中应用最广泛的检测器,适用于含有紫外吸收物质的检测。在进行高效液相色谱分析的样品中,约有80% 的样品可以使用这种检测器。紫外检测器的工作原理如下:由光源产生波长连续可调的紫外光或可见光,经过透镜和遮光板变成两束平行光,无样品通过时,参比池和样品池通过的光强度相等,光电管输出相同,无信号产生;有样品通过时,由于样品对光的吸收,参比池和样品池通过的光强度不相等,有信号产生。根据朗伯 - 比尔定律,样品浓度越大,产生的信号越大,这种检测器灵敏度高,检测下限约为 10^{-10} g/mL,而且线性范围广,对温度和流速不敏感,适于进行梯度洗脱。

多数的这种检测器工作波长为253.7 nm,也有的有两个波长,即253.7 nm、280 nm;少数仪器能同时工作在不同波长下。该检测器因不易受温度和流速波动影响,而得到广泛应用,适用于分子含芳香环化合物、大多数酮类和醛类化合物。

② 示差折光检测器。

示差折光检测器是根据不同物质具有不同折射率来进行组分检测的。凡是具有与流动相折射率不同的组分,均可以使用这种检测器。如果流动相选择适当,可以检测所有的样品组分。示差折光检测器分为反射式和折射式两种。

反射式示差折光检测器是根据下述原理制成的:光在两种不同物质界面的反射百分率与入射角和两种物质的折射率成正比。如果入射角固定,光线反射百分率仅与这两种物质的折射率成正比。光通过仅有流动相的参比池时,由于流动相组成不变,故其折射率是固定的;光通过工作池时,由于存在待测组分而使折射率改变,从而引起光强度的变化,测量光强度的变化,即可测出该组分浓度的变化。

偏转式示差折光检测器的工作原理:当一束光透过折射率不同的两种物质时,此光束会发生一定程度的偏转,其偏转程度正比于两物质折射率之差。示差折光检测器的优点是通用性强,操作简便;缺点是灵敏度低,最小检出限约为 10^{-7} g/mL,不能作痕量分析,对温度十分敏感。此外,由于洗脱液组成的变化会使折射率变化很大,因此,这种检测器也不适用于梯度洗脱。

③ 荧光检测器。

物质的分子或原子经光照射后,有些电子被激发至较高的能级,这些电子从高能级跃至低能级时,物质会发出比入射光波长较长的光,这种光称为荧光。在其他条件一定的情况下,荧光强度与物质的浓度成正比。许多有机化合物具有天然荧光活性,另外,有些化合物可以利用柱后反应法或柱前反应法加入荧光化试剂,使其转化为具有荧光活性的衍生物。在紫外光激发下,荧光活性物质产生荧光,由光电倍增管转变为电信号。荧光检测器是一种选择性检测器,它适合于稠环芳烃、氨基酸、胺类、维生素、蛋白质等荧光物质的测定。这种检测器灵敏度非常高,其检出限可达 10^{-12} ~ 10^{-13} g/mL,比紫外检测器高 2 ~ 3 个数量级,适合于痕量分析,而且可以用于梯度洗脱。其缺点是适用范围有一定的局限性。

2. 液相色谱的分类

(1) 固液吸附色谱。

流动相是液体,固定相为固体,是利用固体吸附剂对不同组分的吸附能力的差异实现对混合物进行分离的。固液吸附色谱适合于分析不同类型的异构体,不适合分析同系物。

(2) 液液分配色谱。

流动相和固定相均为液体,这两种液体互不相溶,作为固定相的液体是涂在惰性担体上的。当带有试样的流动相进入色谱柱后,组分分子在两相之间很快达到分配平衡,并按分配系数进行分配,由于不同组分的分配系数不同,从而实现对混合物的分离。液液分配色谱应用较为广泛,既适合于分析极性化合物,又适合于分析非极性化合物。

(3) 离子交换色谱。

离子交换色谱的固定相为离子交换树脂,离子交换剂由一个不溶解的结构组成,其突出的部位带有共价键合的可以离解的官能团。在强极性洗脱液中至少部分电离的物质可以用这种办法分离。它是基于同离子交换骨架中对离子(带相反电荷离子)相互作用的样品离子和留在洗脱液中的离子亲和力的差异而进行分离。离子交换色谱适合于分析在溶剂中能形成离子的化合物,如有机酸、金属络合物的金属离子分析。

(4) 凝胶色谱。

按试样中分子大小的不同来进行分离的。

6.4.2 液相色谱的应用

液相色谱在有机地化研究中主要应用于苝、芳烃、卟啉、氨基酸测定。

1. 分析

(1) 样品要求。

通过柱层析法或薄层色谱法分离制备芳烃馏分,供苝测定用。

(2) 液相色谱工作条件选择。

① 色谱柱,C_{18} 色谱柱(μBondapak);

② 流动相,V(甲醇) : V(水) = 80 : 20;

③ 流速,1 mL/min;

④ 柱压,8 MPa;

⑤ 检测器,紫外检测器;荧光检测器激发波长 430 nm,发射波长 470 nm。

2. 芳烃分析

(1) 样品要求。

通过柱层析法或薄层色谱法分离制备芳烃馏分,供芳烃测定用。

(2) 液相色谱工作条件选择。

① 色谱柱,C_{18} 色谱柱(μBondapak);

② 流动相,V(甲醇):V(水)=80:20;

③ 流速,1 mL/min;

④ 等浓度淋洗;

⑤ 进样量,5 ~ 10 μL;

⑥ 检测器,紫外检测器254 nm;荧光检测器,激发波长430 nm,发射波长470 nm,1 ~ 4 环芳烃使用紫外检测器检测,5 环以上芳烃使用荧光检测器。

6.5　岩石快速热解评价

热解色谱分析是近30年发展起来的一种石油地质实验室快速分析方法。目前该方法已广泛用于生油岩快速评价工作中,在评价生油岩成熟度、有机质类型和计算产油潜量方面效果显著;并且在恢复原始生油岩地化参数方面,也可以快速提供重要的资料。

近几年又将上述分析用于储层评价中,国内已有专用仪器生产,将这些仪器用于钻井现场测试,结合其他录井资料,可快速检测和评价油气层,已经成为地球化学录井的基本技术手段,为油气层识别提供了重要依据。下面参照GB/T 18602—2001介绍岩石热解分析。

岩石热解分析适用于实验室和地质录井现场的泥岩、碳酸盐岩、碎屑岩及其他岩石和矿物中的气态烃、液态烃、热解烃及残余有机碳的测定。

6.5.1　岩样挑选和预处理

挑选未经烘烤、本层代表性强的岩屑,岩心和井壁取心取其中心的部位。现场录井岩屑样品随钻挑选。

储集岩岩屑样应除去钻井液,用滤纸吸去水分后分析。烃源岩样粉碎至0.07 ~ 0.15 mm;送实验室分析的储集岩岩屑样,用瓶装加水密封。

6.5.2　试剂、材料和标准物质

氦气,纯度 > 99.99%;氮气,纯度 > 99.99%;氢气,纯度 > 99.990%;空气,经干燥净化。

无水硫酸钙,化学纯;二氧化碳吸附剂,化学纯;二氧化锰,化学纯;氧化铜,化学纯;5A分子筛,化学纯;镍催化剂,化学纯。

岩石热解标准物质为国家质量技术监督局批准、发布的岩石热解标准物质。

6.5.3　仪器原理及工作过程

1. 方法原理

由氢火焰离子化检测器检测岩样在热解过程中排出的烃。热解后的残余有机质加热氧化生成的二氧化碳，由热导检测器或红外检测器检测，或催化加氢生成甲烷后再由氢火焰离子化检测器检测。

2. 工作过程

热解仪核心部件是带有程序升温的热解炉，升温速率10～59 ℃/min可调，热解温度由室温至600 ℃ 可调，热解炉下部有两只千斤顶，可关闭或打开炉子以及退下或顶上样品坩埚(图6.18)。热挥发和裂解烃类由FID检测器检测，裂解的CO_2由TCD(或红外)检测器检测。为测定CO_2，仪器带有5A分子筛吸附阱。

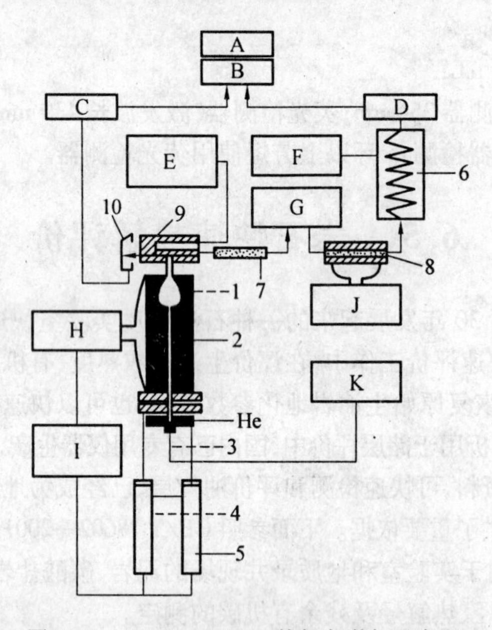

图6.18　ROCK－EVAL热解色谱仪示意图

A—积分仪；B—记录仪；C—静电计；D—热导鉴定器；E—温度控制；F—高分子小球柱加热控制；G—分析气动阀；H—程序升温控制；I—气动千斤顶控制；J—分子筛柱加热控制；K—升温线信号放大；1—坩埚；2—竖式热解炉；3—热电偶；4,5—气动千斤顶；6—高分子小球柱；7—水阱；8—分子筛柱；9—分馏头；10—氢离子火焰鉴定器

仪器既可以分析烃源岩也可以分析储集岩，但二者采用的升温程序可能不同。作为烃源岩分析通常采用如图6.19的三峰程序，即分析S_1,S_2,S_3,T_{max}，不测S_0。而分析储集岩，一般要测S_0，但可不测S_3和T_{max}。其原因是烃源岩分析的S_3和T_{max}有重要地球化学意义，而S_0可比性较差。

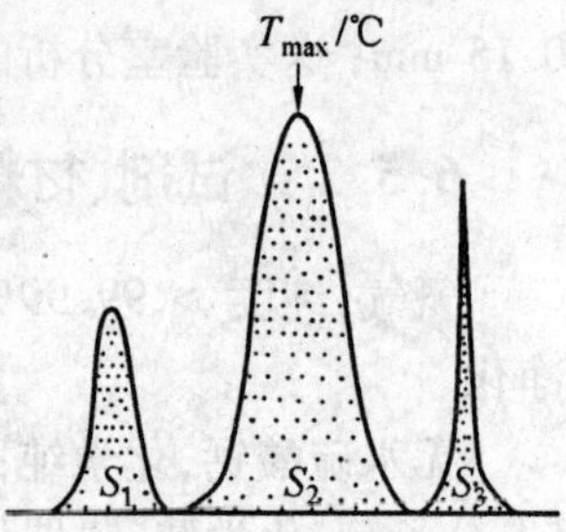

下面以烃源岩热解三峰分析过程为例介绍仪器的分析基本步骤。

图6.19　热解纪录图谱

无论是空白、标样还是岩样，仪器的分析周期都是分为3个阶段(图6.20)。

(1) 开机待仪器稳定后，进行不少于两次的空白运行。

(2) 标样分析。

准确称量的同一标准物质，平行分析不少于两次，其S_2值及T_{max}值应符合分析精密度要求。

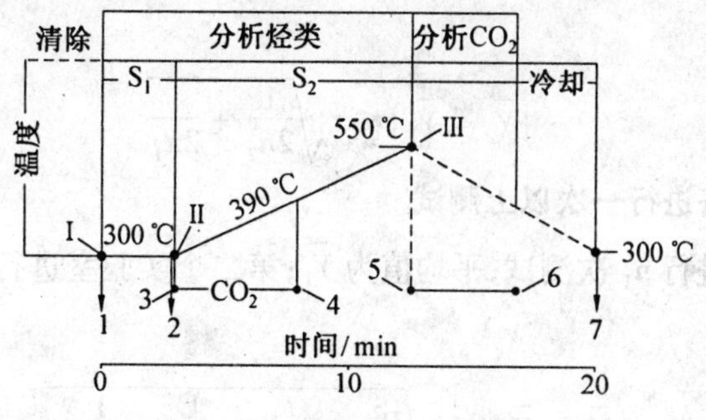

图6.20　分析周期示意图

1—分析S_1开始;2—程序升温开始;3—二氧化碳入阱;4—390 ℃二氧化碳阱关闭;5—550 ℃恒1 min后二氧化碳阱被加热;6—二氧化碳阱停止加热;7—下一个样品分析准备

以岩石热解标准物质标定岩样分析各参数,岩样分析的升温速率(℃/min)及仪器运行条件必须与标样分析一致。如果T_{max}达不到要求,可移动热解炉壁的测控温元件位置,在25 ℃/min升温速率下,至标样分析T_{max}值不超过标样的T_{max}值 ±5 ℃。

(3)岩样分析。

准确称量待测样品进行分析。

在300 ℃下用He清洗岩样2 min后,岩样进入热解炉。

在300 ℃下岩样恒温3 min,分析残留烃S_1。

以50 ℃/min程升加热岩样,从300 ~ 550 ℃,分析裂解烃S_2,同时在300 ~ 390 ℃范围内CO_2进入5A分子筛柱。

550 ℃恒温1 min后二氧化碳阱(5Å分子筛柱)被加热释放CO_2,在载气的带动下进入TCD检测器,得到S_3峰;同时热解炉停止加热,开始降温,准备下一个样品分析。一个样品的分析周期约20 min。

连续开机分析超过12 h,应重新测定一次标准物质,其测定值应符合分析精密度要求。

6.5.4　精密度要求

标准物质或烃源岩热解两次或两次以上分析的S_2和T_{max}的重复性和再现性应符合以下规定,在正常和正确操作情况下,由同一操作人员,在同一实验室内使用同一仪器,并在短期内,对相同试样所作两个单次测试结果之间的差值超过重复性,平均20次中不多于1次(95%概率水平)。

在正常和正确操作情况下,由两个操作人员,在不同实验室内,对相同试样所作两个单次测试结果之间的差值超过再现性平均20次中不多于1次(95%概率水平)。

如果两个单次测试结果之间的差值超过了相应的重复性或再现性数值,则认为这两个测试结果是可疑的。

1. 同一实验室内进行两次以上测试

在同一实验室内,在重复性条件下,进行了两组测试:第一组进行n_1次测试,平均值

为 $\overline{Y}_1$；第二组进行 n_2 次测试，平均值为 $\overline{Y}_2$。以 $|\overline{Y}_2-\overline{Y}_1|$ 表示95%概率的平均值的临界差值：

$$|\overline{Y}_2-\overline{Y}_1| \leqslant r\sqrt{\frac{1}{2n_2}+\frac{1}{2n_1}} \tag{6.29}$$

2. 两个实验室各进行一次以上测试

第一个实验室进行 n_1 次测试，平均值为 $\overline{Y}_1$；第二个实验室进行 n_2 次测试，平均值为 $\overline{Y}_2$，则：

$$|\overline{Y}_2-\overline{Y}_1| \leqslant \sqrt{R^2-r^2\left(1-\frac{1}{2n_2}-\frac{1}{2n_1}\right)} \tag{6.30}$$

表6.13为岩石热解分析的 S_2 和 T_{max} 的重复性 r 和再现性 R 计算公式；表6.14为岩石热解标准物质 S_2 值各水平的 r 和 R；表6.15为岩石热解标准物质 T_{max} 值各水平的 r 和 R。

表6.13 岩石热解分析的 S_2 和 T_{max} 的重复性 r 和再现性 R 计算公式

岩石热解分析参数	重复性 r 计算公式	再现性 R 计算公式
$S_2/(mg \cdot g^{-1})$	$r=0.089m^{0.65}$	$R=0.4814+0.0197m$
T_{max}/℃	$r=1.3044+0.0029m$	$R=2.5821+0.0059m$

注：1. m 为 S_2 或 T_{max} 两次或两次以上分析的平均值。

2. 本精密度数据及公式在2000年由8个实验室对6个水平的试样所作的试验中确定的。

表6.14 岩石热解标准物质 S_2 值各水平的 r 和 R

$m/(mg \cdot g^{-1})$	$r/(mg \cdot g^{-1})$	$R/(mg \cdot g^{-1})$
1.53	0.117 3	0.511 5
2.04	0.141 5	0.521 6
4.02	0.219 9	0.560 6
6.04	0.286 5	0.600 4
6.92	0.312 9	0.617 7
16.92	0.559 6	0.814 7

注：m 为 S_2 两次或两次以上分析的平均值。

表6.15 岩石热解标准物质 T_{max} 值各水平的 r 和 R

T_{max}/℃	$r/(mg \cdot g^{-1})$	$R/(mg \cdot g^{-1})$
436	2.568 8	5.154 5
437	2.571 7	5.160 4
438	2.574 6	5.166 3
439	2.577 5	5.172 2
440	2.580 4	5.178 1

6.5.5　地化参数及意义

1. 地化参数

热解色谱资料可提供下述基本地化参数：

S_0(mg/g)，岩石中轻烃(C_1 ~ C_7)含量；通常烃源岩不分析 S_0；

S_1(mg/g)，岩石中残留烃含量(若测 S_0 时，不包括 C_1 ~ C_7 烃)；

S_2(mg/g)，岩石中裂解烃含量(对于油砂而言，为部分非烃、沥青质等含量)；

S_3(mg/g)，岩石热解生成的 CO_2 量；

T_{max}(℃)，S_2 峰响应最大时对应的热解温度；

由 S_1，S_2，S_3 等还可计算出8个参数；

产油潜量，$P_g = S_1 + S_2$，(mg/g)；

产率指数，$I_P = S_1/(S_1 + S_2)$；

类型指数，$I_t = S_2/S_3$；

氢指数，$I_H = S_2/TOC \times 100$，(mg/g)；

氧指数，$I_O = S_3/TOC \times 100$，(mg/g)；

有效碳，$C_P = (S_1 + S_2) \times 0.083$，(%)；

降解潜率，$D = C_P/TOC \times 100\%$，(%)；

烃指数，$I_{HC} = S_1/TOC \times 100$，(mg/g)；

其中 TOC 为岩样有机碳含量(%)。

表6.16为烃源岩(储集岩)热解分析基本参数的物理意义；表6.17为储集岩热解分析基本参数的物理意义。

表6.16　烃源岩(储集岩)热解分析基本参数的物理意义

符号	物理含义	基本地化意义	加热方式	单位
S_0	90 ℃检测的单位质量岩石中的烃含量	岩石中气态烃	90 ℃恒温2 min	mg/g
S_1	300 ℃检测的单位质量岩石中的烃含量	岩石中的残留烃	300 ℃恒温3 min	mg/g
S_2	>300 ~ 600 ℃检测的单位质量岩石中的烃含量	岩石中的裂解烃	50 ℃/min	mg/g
S_3	300 ~ 390 ℃检测的单位质量岩石中的 CO_2 含量	岩石中有机 CO_2		mg/g
T_{max}	S_2 峰的最高点相对应的温度			℃

表6.17　储集岩热解分析基本参数的物理意义

符号	物理含义	基本地化意义	加热方式	单位
S_0	90 ℃检测的单位质量储集岩中的烃含量	气态烃	90 ℃恒温2 min	mg/g
S_{11}	200 ℃检测的单位质量储集岩中的烃含量	汽油	200 ℃恒温1 min	mg/g
S_{21}	>250 ~ 350 ℃检测的单位质量储集岩中的烃含量	煤油和柴油	50 ℃/min	mg/g
S_{22}	>350 ~ 450 ℃检测的单位质量储集岩中的烃含量	重油	50 ℃/min	mg/g
S_{23}	>450 ~ 600 ℃检测的单位质量储集岩中的烃含量	胶质和沥青质	50 ℃/min	mg/g
S_4	单位质量储集岩热解后的残余有机碳含量	残余有机碳		mg/g

2. 参数意义

(1) 划分有机质类型。

利用 I_H、I_O 和 T_{max} 图版，I_t 值和 D 值，D 和 T_{max} 图版划分有机质类型。但必须注意，其参数值均以未成熟生油岩热解资料为依据，其他演化阶段的热解资料若用于类型划分时，要做适当修正。图 6.21 ~ 图 6.24 为上述参数应用实例。

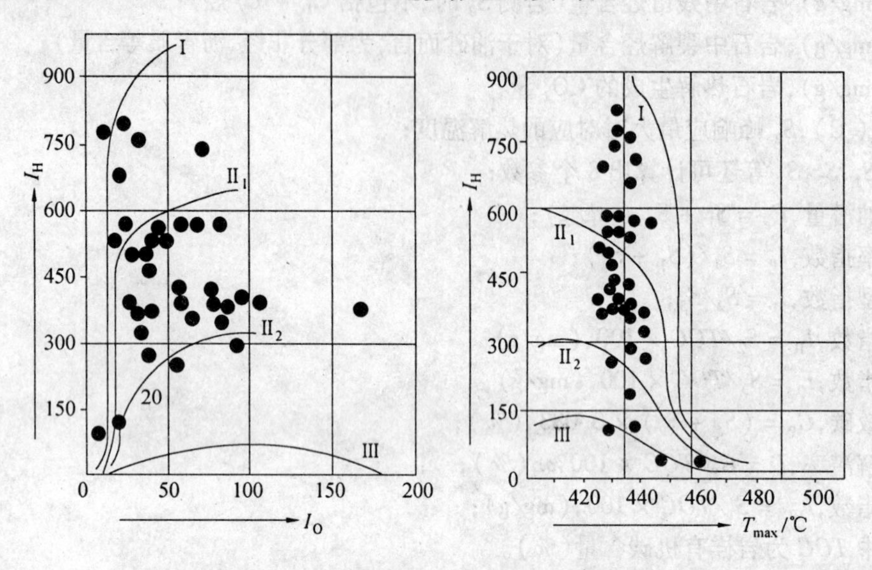

图 6.21 氢指数、氧指数生油岩有机质类型图版

图 6.22 氢指数、T_{max} 生油岩有机质类型图版

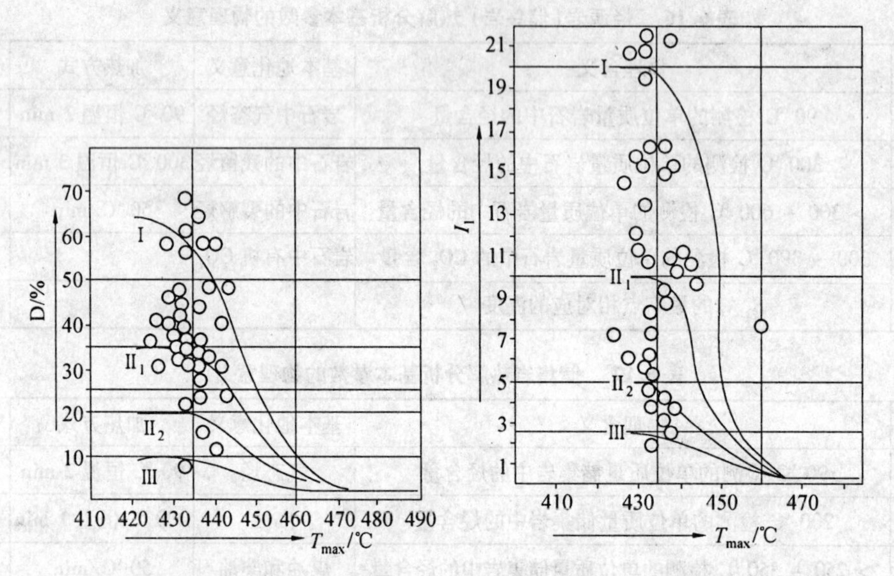

图 6.23 降解潜率 D，T_{max} 生油岩有机质类型图版

图 6.24 类型指数、T_{max} 生油岩有机质类型图版

(2) 确定有机质丰度和热演化程度。

利用 P_g，C_p 等热解参数可评价生油岩的有机质丰度。

T_{max} 是表征生油岩成熟度的较好参数，与 R_o 值有较好的正相关关系。也有人利用 S_2 峰的起始温度（T_{min}）作为成熟度参数，一般情况下 T_{min} 随成熟度增大而增加，其效果也较好，但 T_{min} 测定误差大，需注意。

（3）生烃量计算。

一个盆地或地区只要做一定数量的热解分析，就可以根据分析结果定出有机质类型、产烃率、结合其他地质资料就能计算出生油量。

盆地每一点的单位生油量 Q 的计算：

$$Q = C_{原} \times D/0.083 \times M \times d$$

式中，$C_{原}$ 为原始有机碳；D 为降解率；M 为生油岩厚度；d 为生油岩密度。

（4）储层油气检测及评价。

利用油气检测评价仪或地化录井仪现场测试储层样品，可得到 S_0，S_1，S_2 及 T_{max} 等数值，结合孔隙度资料，能够定量评价储层油气产能。

6.6　色谱 - 质谱分析

色谱 - 质谱分析是利用色谱仪对复杂混合物的高效率分离和质谱仪对单个化合物准确鉴定的特长，并与计算机联用，在复杂混合物的组分分析及结构鉴定中有着特殊有效作用，因此广泛应用于有机地化分析的各个领域。

石油是由成千上万种化合物组成的，不难想象其组分分析和鉴定是极为困难的。特别是一些微量和痕量组分，在引入色谱 - 质谱分析技术之前，几乎不可能分析。近20多年来，由于这一分析技术的应用，使得有机地球化学分析取得了质的飞跃，其中生物标志化合物广泛应用于有机地球化学研究和石油勘探中，就是一个很好的例证。以下对色谱 - 质谱分析技术，特别是质谱分析技术作以简要介绍。

6.6.1　色谱 - 质谱分析（GC - MS）

不同的化合物由于组分和结构上的差异，经过电离可以得到不同质荷比（m/z）的碎片离子和分子离子，分子离子可反映出被测化合物的分子质量，而碎片离子可以反映出化合物的组成和分子结构，利用这一原理研制了质谱仪，其得到的信息为质谱图，在质谱图上离子按质荷比由小到大排列，并反映出不同离子的强度（相对含量），利用质谱图就可对有机化合物进行鉴定。

1. 色谱 - 质谱仪的结构

典型的气相色谱 - 质谱仪具6种功能（图6.25）：（1）气相色谱完成化合物的分离；（2）传输线把分离出的化合物输入到质谱仪的离子化室（离子源）中；（3）在离子化室将化合物离子化并沿飞行管道加速；（4）质量分析器完成离子质量分离；（5）电子倍增器检测聚集离子；（6）计算机采集、处理及分析数据。

一般的质谱仪在结构上主要由5大部分组成：进样系统；电离系统；质量分析系统；离子接收、放大及数据处理系统，真空系统。

（1）质谱仪的进样系统。

包括标准进样口、直接探针进样口和色谱进样系统。直接探针进样口是难挥发的流

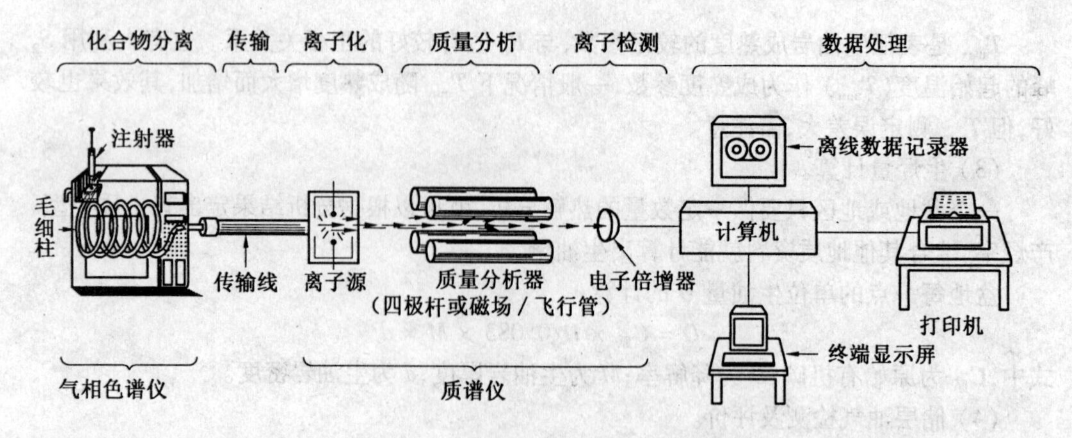

图 6.25　典型气相色谱／质谱仪

体样品和固体样品的导入口。在色谱 - 质谱仪中的色谱部分实际上是质谱仪的一个进样系统，即色谱进样系统。

(2) 质谱仪的电离系统。

主要功能是完成使中性的样品分子变成带电的分子离子或碎片离子，这一过程称为电离。另外还要完成离子的聚集、加速，使之成为带有一定能量的离子束进入质量分析器中。

完成电离任务的部件称为离子源(电离源)，常用离子源为电子轰击源(EI)。另外还有具有特殊功能的化学电离源(CI)、场致电离源(FI)、场解吸源(FD)、快电子轰击源(FAB) 等。其中，EI 源和 CI 源通常是质谱仪的标准配置。

①EI 源。

EI 源的一般结构如图 6.26 所示，电离使用具有一定能量的电子直接轰击样品分子，使其电离。基本过程是，被分析样品分子以气态通过分子漏孔(进样管) 进入电离室后，样品分子由于受到电子轰击而失去一个电子，这就是分子离子。当电离能量很大时，分子离子可直接裂解成质量数不等的碎片离子，同时碎片离子也可以继续裂解成新的更小的离子。轰击分子的电子是由离子源内的灯丝发射的，电子在电离室呈螺旋形轨迹运动，以提高与分子碰撞几率，改变电离电压可改变电离能量，从而可改变电离效率、分子离子与碎片离子的比例。同时，通过改变离子源内的聚集电场和偏转电场，使离子聚集成很细的离子束，沿着狭缝的中心运动，同时通过推斥电压和加速电压对离子束加速，以进入质量分析器中。

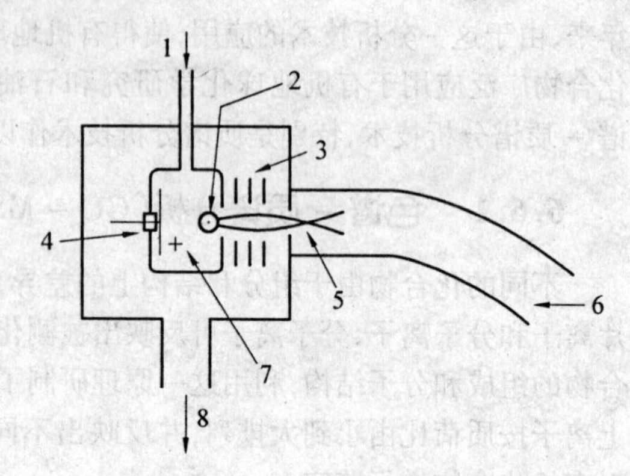

图 6.26　一种 EI 源结构图

1— 进样管；2— 指向图平面的电子束；3— 加速与聚焦极；4— 推斥极；5— 离子束；6— 分析室；7— 离子源；8— 抽气系统

EI 源结构简单，操作方便，电离效率高，信息量大，适合各种类化合物的电离，是目前使用最广泛的电离方式。通常各种质谱数据库和标准谱图收录的是以 EI 电离源在 70eV

下获得的谱图。在这个能量下灵敏度接近最大值,而且分子离子的碎裂不受电子能量的细小变化影响。

②CI源。

电离方式以离子分子反应为主。首先是反应气体分子被电离成离子,其离子又与反应气体分子再进行离子-分子反应,形成稳定的等离子体,它再与样品分子进行离子-分子反应,由于反应能量很低,主要产生分子离子或准分子离子,而碎片离子很少。这样就弥补了EI源对某些种类化合物电离时分子离子极少这一不足之处。因此,CI源适用于EI电离分子离子丰度极弱或不出现的化合物分析,如醇等。目前,商品仪器中多数为EI和CI自动交替测定的质谱仪,对谱图解释效果更好。

③FI、FD源。

适合于非挥发性及热不稳定样品的测定,其分子离子丰度特别强,但灵敏度低,而且仅能直接进样分析。

(3) 质量分析器。

质量分析器是质谱仪的核心,其作用是将离子束进一步聚焦,同时按质荷比将不同质量的离子分开。常见的质量分析器有两类:磁偏转式和四极矩(杆)式。

磁偏转式质量分析器,利用扇形电场和磁场实现离子束的方向聚集和能量聚集,通过改变磁场强度或加速电压实现质量色散。

四极矩质量分析器由四根平行的双曲线或圆杆所组成,相对的两杆连在一起,所加电压为一直流电压 U 和一射频成分 V_0。在四极间形成复合场,当 U,V_0 一定时,只具有一定质荷比的离子才能通过复合场到达检测器,通过维持 U/V_0 为一定值,改变 U 和 V_0 实现质量色散。

(4) 检测、记录系统。

经过质量分析器分离后的离子束,按质荷比的大小先后通过出口狭缝,到达收集器,它们的信号经电子倍增器放大后用记录仪记录在感光纸上或送入数据处理系统,由计算机处理以获得各种处理结果。

(5) 真空系统。

真空系统是质谱仪的基础,为保证样品在低压下易汽化,消除空气干扰,分子在真空下电离,离子在运动中没有空气分子碰撞,同时加速电场及倍增器高压发射电子的灯丝都只有在真空下才能工作等,都要求仪器在进样系统、离子源、分析系统及收集、放大,检出器等处达到 $10^{-2}\sim10^{-6}$ Pa的真空度。通常采用机械泵、油扩散泵或涡轮分子泵等组合使用获得高真空度。

2. 质量分析器原理简述

下面以磁偏转式质量分析器为例说明质量分析的原理(图6.27)。它应用一静电透镜对进入弯曲飞行管周围磁场的离子束聚集,进行质量分析,离子飞行的路径是随磁场的强度而变化(扫描)。较窄的接受狭缝只能使特定质量的离子在扫描的任何时刻进入检测器。有机化合物分子在离子源中电离后生成离子(以一价正离子为主),在离子室的出口处,通过加速电极使离子获得能量,运动速度加大,此时离子的动能为 $1/2m\cdot u^2$。

则在加速电场中有:

$$1/2mu^2 = eV$$

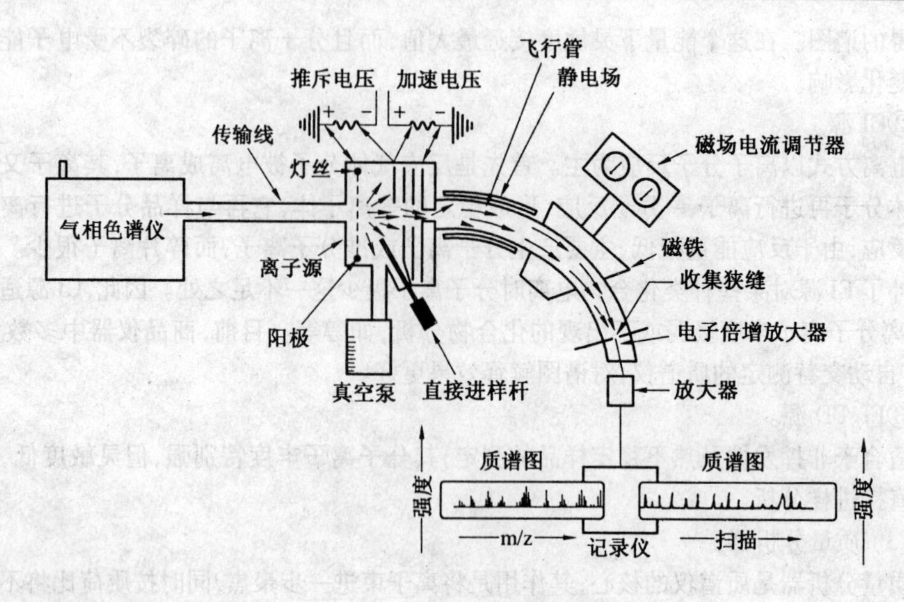

图 6.27 静电质量分析器

经加速后的正离子,进入到均匀电场后,由于磁场作用,使其离子做圆周运动。此时

因为
$$Heu = \frac{mu^2}{r}$$

$$r = \frac{mu}{He}$$

又:
$$u = \sqrt{\frac{2eV}{m}}$$

所以:
$$r = \frac{m}{He}\sqrt{\frac{2eV}{m}} = \frac{\sqrt{2V}}{H}\sqrt{\frac{m}{e}} \tag{6.31}$$

式中 m—— 离子质量;

u—— 离子的速度;

r—— 轨道半径;

H—— 磁场强度;

V—— 加速电压。

上式说明,当 V,H 一定时,r 与 m/z 呈正相关,即 m/z 越大,旋转半径越大,这样不同 m/z 的离子碎片在飞行管的出口端便呈"一"字形散开,磁场对离子起到了色散作用。当然,也可以通过改变 V 或 H,可使不同质量的离子有选择地进入位置固定的收集狭缝到达电子倍增放大器被定量检测。因此通过磁场扫描和电场扫描,可连续接受不同质量离子,达到质谱分析的目的。

6.6.2 色谱 - 质谱分析专业术语介绍

1. 离子化

离子化就是使中性分子或分子碎片带电的过程。

（1）电子碰撞离子化。

电子碰撞(EI)为GC－MS离子化的一般方式。在电子碰撞(EI)离子化中,流出的化合物直接从色谱柱进入质谱仪的离子化室(离子源),由电子束进行离子化。电子碰撞源由灯丝、电子阱、推斥极及一些适当的聚焦极组成。电子束由电流(＜1 mA)通过10 μm铼或镉丝形成。电阻使丝加热,释放出电子,然后电子在约70电子伏特(eV)中加速进入电子阱。

大多数MS系统的电子碰撞方式,流出化合物离子化的电压为70 eV。选择70 eV离子化电压是基于分子在50～90 eV范围内离子化最有效这一实验现象。在50 eV以下,电子碰撞不能将足够的能量传递给目标分子,因此不能形成最有效的离子化。大于90 eV,电子的能量过大,不能与目标分子发生反应。在EI状态下,样品分子约有1/1 000发生电离。

在电子碰撞离子化中,从GC中流出的每一个分子(M)与高能电子撞击形成分子离子($M.^+$)如下式:

$$M + e^- \rightarrow M.^+ + 2e^-$$

分子离子可进一步裂解或重排形成其他离子($F.^+$,$F1.^+$)、中性分子(N_1,N_2)或基团离子。

$$M.^+ \rightarrow F.^+ + N_1$$

$$F.^+ \rightarrow F1.^+ + N_2$$

（2）化学离子化。

除电子碰撞外,其他技术如化学离子化(CI)GC－MS或场离子化(FI)GC－MS也用于提供分子量的信息。化学离子化是通过离子—分子的反应使组分离子化,而不是通过电子碰撞或其他的离子化形式。反应气体R(大量过剩)的离子化通常先由电子碰撞激发,之后发生离子－分子反应,其中包括中性分子(M)和反应气离子(R^+)。该途径形成的分子离子(M^+)可以进一步反应,形成其他碎片离子(如F^+,$F1^+$,等)及中性物质(如N,N_1,N_2等)。

2. 扫描周期、扫描数

扫描时间是指在设置的质量范围内完成一次扫描所需要的循环时间,包括从起始质量到终点质量质谱峰的采集处理时间、从终点返回起点的时间,还有程序处理时间。在典型的分析过程中,检测器每隔固定的时间(一般为每3 s)对离子质量范围为 m/z 50～600(即每3 s扫过550个离子)的每一质荷比的离子数量(强度)进行一次检测,这一过程称为扫描,完成一次扫描所需要的时间称为扫描周期。也就是说,在一个扫描周期内分别检测 m/z = 50,51,52,…,600的每一质荷比的离子数量。被分析的组分连续地通过质量分析器进入电子倍增器接受检测。检测器连续扫描进行数据采集,检测器工作所经历的时间与扫描周期的比值就是扫描数,扫描数是扫描时间的另一种表示方法,是数字化的时间间隔。扫描分析的原理由图6.28三维图解说明。图6.28中,x,y和z轴分别代表时间或扫描数、离子的质荷比和检测器的响应值。

在图6.28中,x(水平)、y(垂直)、z(进入纸内)轴分别表示扫描数或保留时间、检测器响应值及质/荷比。如x轴所示扫描数,它和GC保留时间是相关的。每一秒扫描的质量范围一般m/z50～600。例如,分析60 min(3 600 s)之后,可完成200次扫描。该例中,

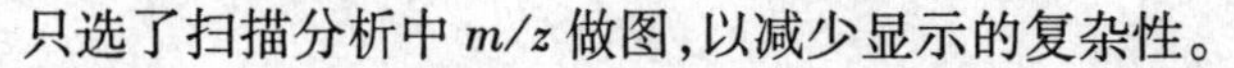
只选了扫描分析中 m/z 做图,以减少显示的复杂性。

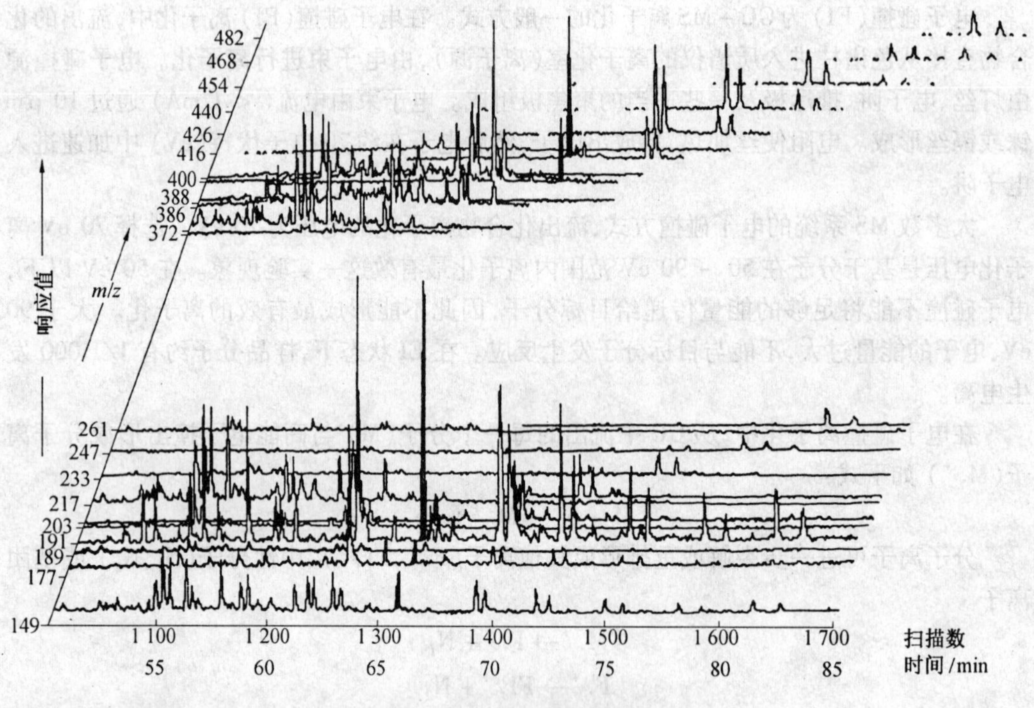

图 6.28　质谱扫描分析原理三维图解

3. 扫描方式

GC - MS 分析一般具有两种可选的扫描方式:全扫描方式和选择离子扫描方式。

(1) 全扫描(GC - MS)。

在“全扫描”中,磁场或四极杆在每一个扫描周期内对 $m/z = 50 \sim 600$ 的所有离子要逐一检测。全扫描分析的优点是可以产生化合物定性鉴定所需要的完整的质谱图。

(2) 选择离子扫描。

选择离子检测(SIM) 有时称多离子检测(MID)。这种扫描方式是在 $m/z = 50 \sim 600$ 范围内有目的地选择出一部分重要离子进行检测,其他离子不进行检测。它是生物标记化合物分析常用的GC - MS的数据获取分式。大多数生物标记化合物的研究是采用熟悉的化合物类型,如藿烷和甾烷。每一种化合物特定的质/荷比加上GC保留时间往往可以判断化合物的结构,从而可以对化合物进行鉴别。

全扫描方式每一次扫描(每3 s) 记录几百个离子,因此每一个质量的保留时间为小0.007 5 s/离子。相比之下,SIM 方式的采集每秒记录约25 个离子,它的保留时间较长(约0.04 s/离子),其灵敏度和信噪比要比全扫描方式高出一个量级。例如,甾烷、藿烷、单芳甾烷及三芳甾烷分别用 m/z 217,191,253 和231 进行检测。因此,SIM 方式获得的生物标记化合物定量分析数据要优于全扫描方式。与SIM不同,全扫描方式没有数据损失,几乎可以扫描在离子源中形成离子的完整谱图。如果要进行化合物定性,则必须使用全扫描方式。不同扫描方式的优缺点对比见表6.18。

表6.18　生物标记化合物 GC - MS 的分析方式

方式:SIM 或 MID
方法:只扫描所选择的离子(如 m/z 217,191 和 253 等)
结果:选择离子的质量色谱图可以作为所选择化合物类型的指纹(如甾烷、藿烷或单芳甾烃)
利弊:与全扫描数据相比,一个扫描周期内每一个离子的停留时间较长,因而灵敏度较高,需要知道要研究的分子的保留时间及裂解特征。通常缺少要鉴定的未知化合物的完整质谱数据

方式:GC - MS
方法:一个扫描周期内扫描范围为 m/z 50 ~ 600
结果:提供结构解释所需要的质谱图及所有的离子的质量色谱图
利弊:质谱图可以推测化合物的结构。与 MID 方式不同,它没有数据损失。灵敏度较低,因为停留时间比 MID 方式短

4. 总离子色谱图

经色谱分离流出的组分不断进入质谱,质谱连续扫描进行数据采集,每一次扫描得到的所有离子强度相加,得到一个总的离子流强度(每一次扫描的总离子流强度随着色谱流出组分浓度变化而变化),这样以总离子流强度为纵坐标、时间(扫描数)为横坐标作图,得到每次扫描所获得的总离子流强度随扫描数(保留时间)变化所构成的曲线,该曲线称为总离子流色谱图。这样获得的总离子流色谱图实际上是由质谱处理后再现的色谱图,又称为重建离子流色谱图(TIC 或 RIC)。在全扫描方式下,该图基本上与色谱图一致,色谱峰上的每一个点,是一张质谱图中所有离子的总强度,所表示的一系列峰代表了流出化合物的相对量。石油的全扫描 RIC 和 GC 图基本一致,唯一的差别在于 GC 使用的是常规的火焰离子检测器(FID)检测,而 RIC 要用 MS 检测。

5. 质谱图、质谱表、基峰

从 GC 中流出的每一种化合物进入质谱仪后,经过电离、离子分离后,由离子检测器进行接收、记数并转换成电信号,经计算机采集处理得到按不同 m/z 值排列和对应离子丰度的图形,这种以质核比 m/z 为横坐标、离子相对强度为纵坐标来表示质谱数据的图形称为质谱图。因为多电荷的离子罕见,所以质谱图的横坐标实际上即为离子的质量。离子的丰度有两种表示方法:一种是所有离子流强度之和为 100%;另一种是以离子流强度最强的峰(该峰称为基峰)为 100%,其他离子按比例计算。其中第二种方法较为常用。如图6.29 中的 m/z = 191 是两种化合物的基峰。完整的质谱图是鉴定化合物组成和结构的最基本、最重要资料。

质谱表是用表格形式表示质谱数据。由质谱表可以准确地给出 m/z 值及相对强度,有利于进一步结构分析。

生物标记化合物的质谱图十分有用,因为它们往往显示了分子质量(某些分子发生离子化,但不进一步裂解)的大小,以及用于推断结构的特殊碎片形式。理想的情形是,每一个 GC 峰只表示一种已分离的化合物,它只有唯一的一张质谱图,可用于鉴别。实际上大多数峰为两种或多种未分开的化合物的混合型式,因此解释起来比较复杂。

6. 质量色谱图

质量色谱图是由总离子流色谱图重新建立的特定质量离子强度随时间扫描数(扫描时间)变化的离子流图,也可以理解为从每一次扫描范围内选择一个质量或几个特征质量的离子,所以有时也称为提取离子流色谱图。总离子流色谱图显示的是经色谱柱流出

的所有组分的色谱峰，而质量色谱图只反映部分色谱峰，即具有所选择特征质量的那些组分的色谱峰。图6.29、图6.30是油气地球化学研究中最常用的 $m/z=191$ 和 $m/z=217$ 质量色谱图。

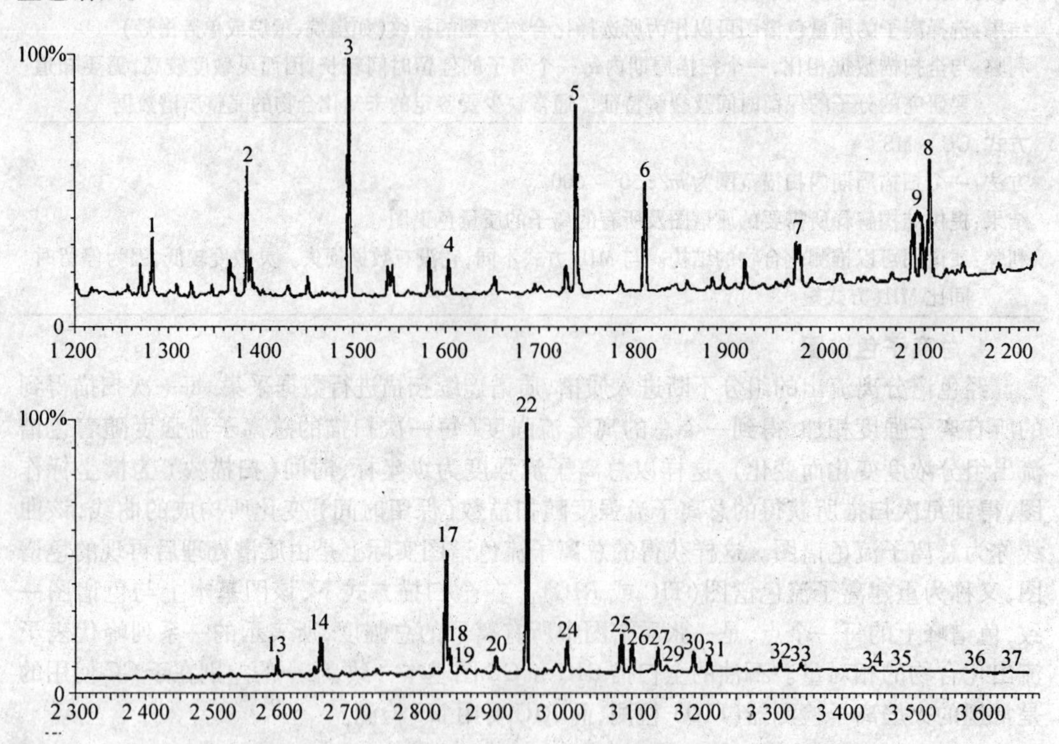

图6.29　饱和烃 $m/z=191$ 质量色谱图

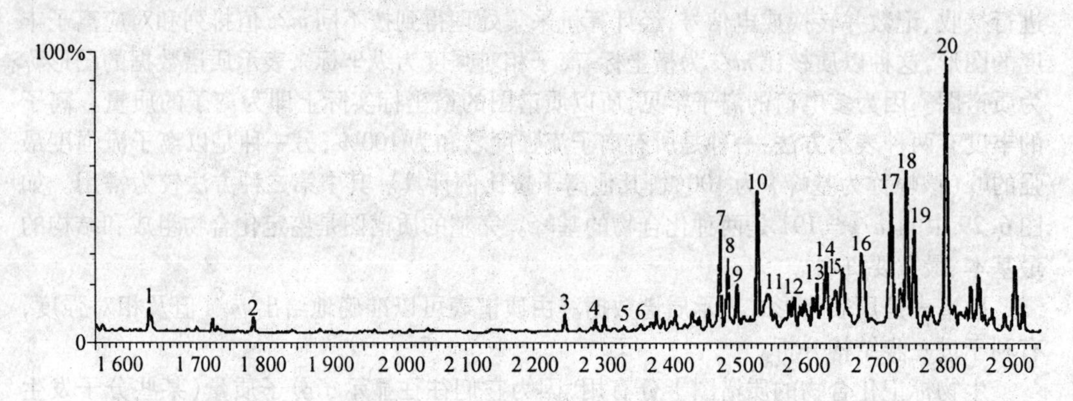

图6.30　饱和烃 $m/z=217$ 质量色谱图

利用质量色谱图，根据某些化合物的特征离子，可以初步判断某些化合物的存在和分布，同时可以区分某些在色谱中无法分离的化合物。

7. 分子离子

分子受电子轰击后失去一个电子成为正离子称为分子离子，其质荷比等于相对分子质量。分子离子是质谱图中质荷比最大的离子（除去分子离子的同位素离子），根据分子离子可确定化合物的相对分子质量。在图6.31上，$m/z=398$ 就是 $17\alpha(H)21\alpha(H)-30$

降藿烷的相对分子质量。并非所有的化合物的分子离子在其质谱图上都一定能出现,因此需要 CI 方式帮助确定相对分子质量。

8. 碎片离子

当电子轰击的能量超过分子离子电离所需的能量时,可能使分子离子的化学键进一步断裂,产生质量数较低的碎片,称为碎片离子。碎片离子也可继续断裂,成为更小的碎片离子。不同组成和不同结构的化合物,所形成的碎片离子不尽相同,同系物其分子电离和裂解有一定规律。因此,利用一些特征的碎片离子可以初步判别某种或某个系列化合物的存在。

9. GC - MS - MS

质谱 - 质谱的串联方式很多,既有空间串联型,又有时间串联型。空间串联型又分磁扇型串联、四极杆串联、混合串联等。如果用 B 表示扇形磁场,E 表示扇形电场,Q 表示四极杆,TOF 表示飞行时间分析器,那么串联质谱主要方式有:

(1) 空间串联。

磁扇型串联方式:BEB;EBE;BEBE 等;

四极杆串联:Q - Q - Q。

混合型串联:BE - Q Q - TOF,EBE - TOF。

(2) 时间串联。

离子阱质谱仪和回旋共振质谱仪。

无论是哪种方式的串联,都必须有碰撞活化室,从第一级 MS 分离出来的特定离子,经过碰撞活化后,再经过第二级 MS 进行质量分析,以便取得更多的信息。

6.6.3　质谱和化合物的鉴别

质谱是未知化合物结构解释的一个重要方法。质谱表示出了一定分子的质量和来自分子的碎片质量。检测器约在每 2 s 一次扫描某特定的质量范围(通常为 50 ~ 600 amu)就可形成一个质谱图。因此,每一张质谱图绘出了在扫描其间撞击在检测器上离子的质/荷比和响应值的关系。图 6.31 为两种常用生物标记化合物的质谱图。Philp(1985 年)编纂了一本有大量生物标记化合物的质谱图的图集。

几种分析技术结合,其中包括质谱学、核磁共振(NMR) 谱学、X 衍射晶体学及其他知识,对于证实从气相色谱中流出的单体化合物的结构组成是十分必要的。只有未知化合物和实验室中合成出真正标准化合物的上述分析相同时,或具有相同的 X 衍射结果时,未知化合物的结构才能予以证实。应用质谱结合其他方法,如二维 NMR 谱对化合物严格的鉴定,已超出了本书的范围,此处就不再进一步论述。

未知化合物的临时鉴别通常可通过与标样共注和质谱图的对比完成。与标样共注为鉴别未知化合物的一种辅助性色谱技术。合成或商业上的标准化合物与含该种待鉴别化合物的样品进行混合(该过程称掺和)。如果该标样和未知化合物同时从气相色谱中流出,那么该混合物色谱上未知化合物峰的相对强度比纯净(未掺和) 时要高。标准化合物和未知化合物共流说明二者可能是相同的,但不能予以证实。通常共流实验应用另一种不同固定相的色谱柱重复进行。两种不同的化合物偶然在某一种柱上共流,但在另一种柱上也共流是不可能的。

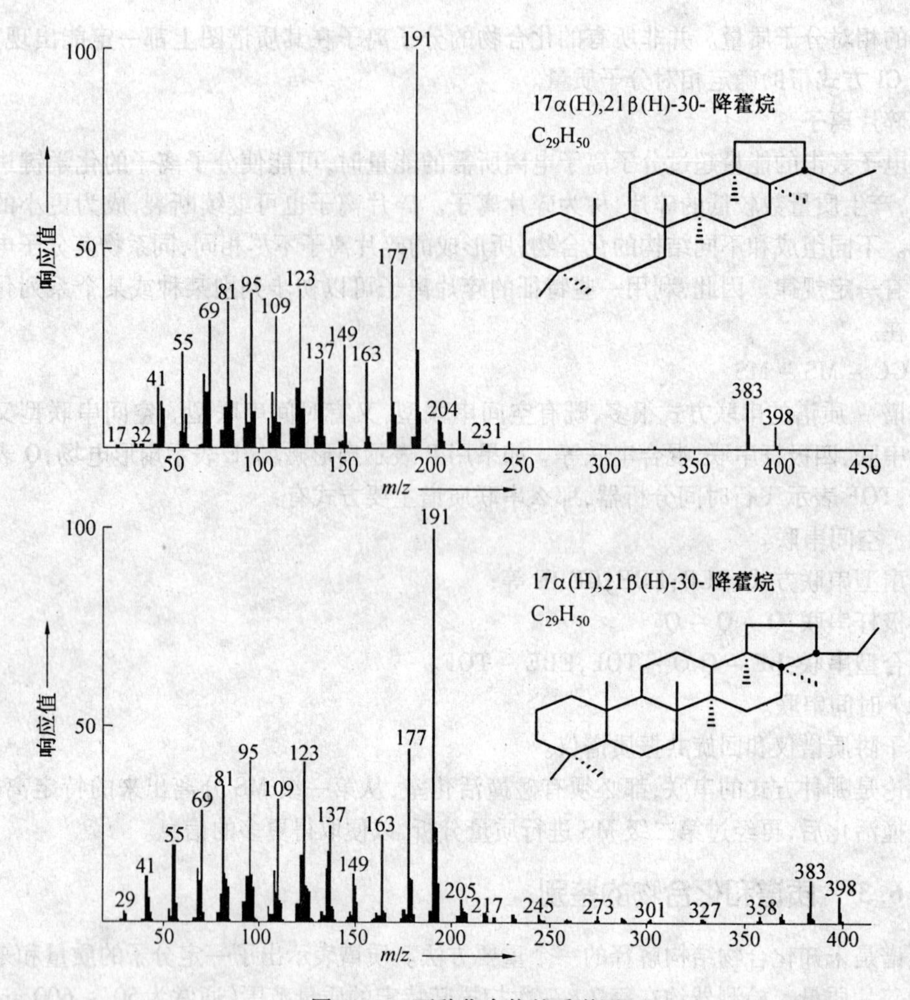

图 6.31 两种化合物的质谱图

在共流分析完成之后，对比未知化合物和标样的质谱图可以推断二者是否相同。质谱图的相似性，加之标样和未知物峰的共流，可以对该化合物进行初步鉴别。已指出，严格的结构鉴定还应包括未知化合物的标样在各种色谱柱上的共流实验及 NMR 或 X 衍射的结构鉴定。

母体与假定产物扫描次数的相关图可有助于解释同系物的结构。例如，25 - 降藿烷认为是藿烷同系物在 C - 25 位上失去一个甲基形成的。因此，藿烷同系物 Ts 和 Tm(C_{27})，二降藿烷(C_{28})、降藿烷(C_{29})、藿烷(C_{30}) 以及 C_{31} ~ C_{35} 的升藿烷同系物(m/z 191)，它们的扫描次数与去甲基 25 - 降藿烷的扫描次数呈线性关系。

6.6.4 生物标记化合物定量分析

生物标记化合物定量分析是用质量色谱图对单个化合物的定量分析，它不同于色谱的定量分析，原因是质量色谱图只反映了化合物的某一碎片离子含量。因此用质量色谱图对单个化合物的定量分析需要进行特殊处理，即需要特别考虑碎片离子占化合物的比例问题。

对于饱和烃馏分,常用5β－胆甾烷作为内标,因为它在原油中含量极少,在质谱仪中其裂解碎片与其他甾烷相似,而且与其他甾烷不共流。合成的芳构化甾烃在原油中不存在,它与天然的芳构化甾烃不共流,因此也可用作单芳甾烃的定量分析。

对某一质量色谱图上每一个被鉴别的峰和内标物进行面积定量,样品中加入内标物溶液的量是已知的。每一种化合物在样品中的含量用下式计算:

$$化合物总量=\frac{化合物峰面积\times 内标物含量}{内标物峰面积\times 响应系数} \tag{6.32}$$

其中

$$响应系数=\frac{化合物峰面积/化合物单位含量}{内标物峰面积/内标物单位含量} \tag{6.33}$$

由于响应系数随仪器条件而变化,因此已知各种化合物含量的标准油样要定期测定。在每次实验时,化合物的响应系数根据标准油的定量在定量程序中进行调整。许多生物标记化合物比值应用时必须进行绝对定量。例如,如果样品所有的操作条件相同,具相似裂解形式的两种化合物的面积比可以表示其间量的比值。然而,不同的仪器条件可以改变生物标记化合物比值中所用到的各种化合物相对响应值,如规则甾烷与17α(H)－藿烷比值及三芳甾烷与单芳甾烷的比值会有严重影响的。

6.6.5　饱和烃生物标记物色谱质谱分析

按照SY/T 5119的要求制备出的饱和烃组分,用高分辨毛细管柱气相色谱,低分辨质谱联用,对生物标志物进行分离鉴定,经数据处理系统处理后,得到所需的总离子流图、质量色谱图和质谱图。

1. 仪器、材料和试剂

气相色谱－质谱仪,带有毛细管柱、程序升温功能的气相色谱仪,质量范围不低于650 amu的质谱仪和数据处理系统;气相色谱柱,固定相为5%苯基甲基硅酮的毛细管柱,柱长不短于30 m,最高使用温度不低于300 ℃;进样口密封垫,耐针刺、低流失、使用温度高于350 ℃的隔垫;微量注射器,1～10 μL;正己烷,分析纯(重蒸馏);分子筛,5Å;尿素,分析纯;氦气,纯度(质量分数)不低于99.99%;仪器校正用样品,全氟煤油(P.F.K)或全氟三丁胺(FC－43);样品制备,按SY/T 5119规定的方法获取饱和烃组分,当生物标志物浓度过低,影响检测时,用尿素或5Å分子筛络合法除去正构烷烃。

2. 气相色谱分析条件

进样方式,样品直接或用正己烷溶解后分流或不分流注入;汽化室温度,300～350 ℃;柱始温,70～100 ℃;柱终温,300～350 ℃;程序升温速率,不超过4 ℃/min;载气,氦气;气相色谱－质谱接口温度,250～300 ℃。

3. 质谱分析条件

离子化方式,电子轰击;电子能量,70 eV;离子源温度,150～250 ℃;分辨率,大于500或全质量范围为1个质量单位;扫描方式,全扫描或多离子检测;扫描质量范围,50～600 amu;扫描速率:全扫描每秒不低于300 amu,多离子检测每个循环不超过2 s。

4. 操作步骤

启动仪器,待仪器运行稳定;根据仪器型号,用仪器校正用样品校正合格;仪器运转半年，或更换新色谱毛细管柱、灯丝，清洗离子源或质量分析器后，必需测试比对实验用的内部参考油样，达到本方法精密度要求后，方可进行测试分析；按样品类型，设定样品最佳分析条件；空白测试合格后，进行样品测定。

5. 数据处理

常规分析报告中应至少提取以下内容的谱图：

(1) 甾烷 m/z 217 和萜烷 m/z 191 全程质量色谱图，如图 6.29、图 6.30 所示。

(2) 甾烷 m/z 217 质量色谱图和相应的总离子流图。

(3) C_{27} ~ C_{30} 甾烷 m/z 217 质量色谱图和相应的总离子流图。

(4) 三环萜烷 m/z 191 质量色谱图和相应的总离子流图。

(5) 五环萜烷 m/z 191 质量色谱图和相应的总离子流图。

测试结果通过与 SY/T 5397 上的谱图对照，或与国内外已发表文献上的谱图对照来定性。参照图 6.32 结合下文命名，甾烷分析定性结果见表 6.19，萜烷分析定性结果见表 6.20。

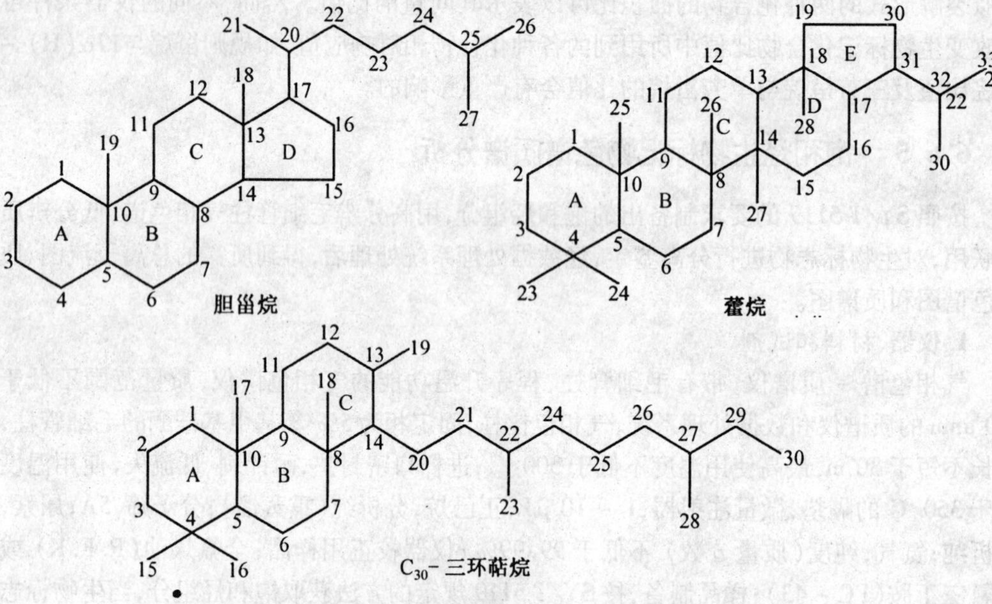

胆甾烷

藿烷

C_{30}-三环萜烷

图 6.32 环状结构及碳原子位次标记

表 6.19 m/z 217 质量色谱图中甾烷化合物鉴定表(对应图 6.30)

峰号	分子式	相对分子质量	化合物名称
1	$C_{21}H_{36}$	288	5α(H) - 孕甾烷
2	$C_{22}H_{38}$	302	5α(H) - 升孕甾烷
3	$C_{27}H_{48}$	372	13β(H),17α(H) - 重排胆甾烷(20S)
4	$C_{27}H_{48}$	372	13β(H),17α(H) - 重排胆甾烷(20R)
5	$C_{27}H_{48}$	372	13α(H),17β(H) - 重排胆甾烷(20S)
6	$C_{27}H_{48}$	372	13β(H),17α(H) - 重排胆甾烷(20R)

续表6.19

峰号	分子式	相对分子质量	化合物名称
7	$C_{27}H_{48}$	372	5α(H),14α(H),17α(H) - 胆甾烷(20S)
8	$C_{27}H_{48}$	372	5α(H),14β(H),17β(H) - 胆甾烷(20R)
9	$C_{27}H_{48}$	372	5α(H),14β(H),17β(H) - 胆甾烷(20S)
10	$C_{27}H_{48}$	372	5α(H),14α(H),17α(H) - 胆甾烷(20R)
11	$C_{29}H_{52}$	400	24 - 乙基,13β(H),17α(H) - 重排胆甾烷(20R)
12	$C_{29}H_{52}$	400	24 - 乙基,13α(H),17β(H) - 重排胆甾烷(20S)
13	$C_{28}H_{50}$	386	24 - 乙基,5α(H),14α(H),17α(H) - 胆甾烷(20S)
14	$C_{28}H_{50}$	386	24 - 乙基,5α(H),14β(H),17β(H) - 胆甾烷(20R)
15	$C_{28}H_{50}$	386	24 - 乙基,5α(H),14β(H),17β(H) - 胆甾烷(20S)
16	$C_{28}H_{50}$	386	24 - 乙基,5α(H),14α(H),17α(H) - 胆甾烷(20R)
17	$C_{29}H_{52}$	400	24 - 乙基,5α(H),14α(H),17α(H) - 胆甾烷(20S)
18	$C_{29}H_{52}$	400	24 - 乙基,5α(H),14β(H),17β(H) - 胆甾烷(20R)
19	$C_{29}H_{52}$	400	24 - 乙基,5α(H),14β(H),17β(H) - 胆甾烷(20S)
20	$C_{29}H_{52}$	400	24 - 乙基,5α(H),14α(H),17α(H) - 胆甾烷(20R)

表6.20　*m/z* 191 质量色谱图中萜烷化合物鉴定表(对应图6.29)

峰号	分子式	相对分子质量	化合物名称
1	$C_{19}H_{34}$	262	13β(H),14α(H) - C_{19} 三环萜烷
2	$C_{20}H_{36}$	276	13β(H),14α(H) - C_{20} 三环萜烷
3	$C_{21}H_{38}$	290	13β(H),14α(H) - C_{21} 三环萜烷
4	$C_{22}H_{40}$	304	13β(H),14α(H) - C_{22} 三环萜烷
5	$C_{23}H_{42}$	318	13β(H),14α(H) - C_{23} 三环萜烷
6	$C_{24}H_{44}$	332	13β(H),14α(H) - C_{24} 三环萜烷
7	$C_{25}H_{46}$	346	13β(H),14α(H) - C_{25} 三环萜烷
8	$C_{24}H_{42}$	330	C_{24} 三环萜烷
9	$C_{26}H_{48}$	360	13β(H),14α(H) - C_{26} 三环萜烷
10	$C_{27}H_{50}$	374	13β(H),14α(H) - C_{27} 三环萜烷
11	$C_{28}H_{52}$	388	13β(H),14α(H) - C_{28} 三环萜烷
12	$C_{29}H_{54}$	402	13β(H),14α(H) - C_{29} 三环萜烷
13	$C_{27}H_{46}$	370	18α(H) - 22,29,30 三降藿烷(Ts)
14	$C_{27}H_{46}$	370	17α(H) - 22,29,30 三降藿烷(Tm)
15	$C_{30}H_{56}$	416	13β(H),14α(H) - C_{30} 三环萜烷

续表 6.20

峰号	分子式	相对分子质量	化合物名称
16	$C_{27}H_{46}$	370	17β(H)－22,29,30 三降藿烷
17	$C_{29}H_{50}$	398	17α(H),21β(H)－30 降藿烷
18	$C_{29}H_{50}$	398	18α(H)－30 降新藿烷($C_{29}Ts$)
19	$C_{30}H_{52}$	412	C_{30} 重排藿烷
20	$C_{29}H_{50}$	398	17β(H),21α(H)－30 降莫烷
21	$C_{30}H_{52}$	412	18α(H)－奥利烷
22	$C_{30}H_{52}$	412	17α(H),21β(H)－藿烷
23	$C_{29}H_{50}$	398	17β(H),21β(H)－30 降藿烷
24	$C_{30}H_{52}$	412	17β(H),21α(H)－莫烷
25	$C_{31}H_{54}$	426	17α(H),21β(H)－30 升藿烷(22S)
26	$C_{31}H_{54}$	426	17α(H),21β(H)－30 升藿烷(22R)
27	$C_{30}H_{52}$	412	伽马蜡烷
28	$C_{30}H_{52}$	412	17β(H),21β(H)－藿烷
29	$C_{31}H_{54}$	426	17β(H),21α(H)－30 升莫烷(22S＋22R)
30	$C_{32}H_{56}$	440	17α(H),21β(H)－30,31 二升藿烷(22S)
31	$C_{32}H_{56}$	440	17α(H),21β(H)－30,31 二升藿烷(22R)
32	$C_{33}H_{58}$	454	17α(H),21β(H)－30,31,32 三升藿烷(22S)
33	$C_{33}H_{58}$	454	17α(H),21β(H)－30,31,32 三升藿烷(22R)
34	$C_{34}H_{60}$	468	17α(H),21β(H)－30,31,32,33 四升藿烷(22S)
35	$C_{34}H_{60}$	468	17α(H),21β(H)－30,31,32,33 四升藿烷(22R)
36	$C_{35}H_{62}$	482	17α(H),21β(H)－30,31,32,33,34 五升藿烷(22S)
37	$C_{35}H_{62}$	482	17α(H),21β(H)－30,31,32,33,34 五升藿烷(22R)

注:1. 当色谱柱型号、柱长等色谱条件不同时,某些生物标志物的出峰顺序可能有变动。

2. 各峰的定性仅说明该生物标志物的保留位置,但尚可能有其他生物标志物在此共逸出。

按照气相色谱—质谱仪数据处理系统的定量程序,对下列质量色谱图中所需峰,用手动或自动程序提取峰面积和峰高数据。

(1) 提供甾烷 m/z 217 质量色谱图中所需峰峰高和峰面积数据。

(2) 提供萜烷 m/z 191 质量色谱图中所需峰峰高和峰面积数据。

6. 质量要求

(1) 峰形对称;低成熟样品,17α(H),21β(H)－30 升藿烷(22S) 和(22R) 差向立体异构体对应完全分开;高成熟样品,24－乙基,5α(H),14β(H),17β(H)－胆甾烷(22R)和(22S) 峰高分离度不小于40%。

(2) 方法用的内部参考油样,其比对实验测定的参数值服从正态分布,按照 GB/T

6379 规定的方法来计算其重复性 r 和再现性 R，结果见表 6.21。

表 6.21　测试方法的精密度

参数值	重复性 r	再现性 R
m	$r = 0.0047 + 0.0125m$	$R = -0.0199 + 0.1271m$

注：m 为内部参考油样经比对实验后，得到的参数平均值。

（3）在同一实验室内，在重复性条件下，进行了两组测试：第一组进行 n_1 次测试，平均值为 $\overline{Y}_1$；第二组进行 n_2 次测试，平均值为 $\overline{Y}_2$。以 $|\overline{Y}_2 - \overline{Y}_1|$ 表示 95% 概率的平均值的临界差值，则满足下式视为合格：

$$|\overline{Y}_2 - \overline{Y}_1| \leqslant r\sqrt{\frac{1}{2n_2} + \frac{1}{2n_1}} \tag{6.34}$$

（4）在同第一个实验室内，在重复条件下进行 n 次测试，平均值为 $\overline{Y}$；与内部参考油样参数平均值 m 比较，以 $|\overline{Y} - m|$ 表示 95% 概率的平均值的临界差值，则满足下式视为合格：

$$|\overline{Y} - m| \leqslant \sqrt{R^2 - r^2\frac{n-1}{n}} \tag{6.35}$$

7. 立体化学及其表示方法

若饱和烃分子中的手性碳在非环部分，则其构型依据与手性碳原子相连的 4 个基团的排列情况而定，把最小的基团放在观察者对面，其余 3 个基团指向观察者，沿最小基团方向看去，若其余 3 个基团由大到小是按顺时针方向排列的，则构型为 R，若按逆时针方向排列，则构型为 S。若手性碳在环状结构内，与其相连的基团在环平面之下，则构型为 α，在环平面之上，则构型为 β。其表示方法如下：

α(—H)，用虚线┅┅H 表示；β(—H) 用◀H 表示；两种可能都有，用～～表示；α($—CH_3$)，用┅┅┅表示；β($—CH_3$)，用◀━━表示；两种可能都有，用～～表示。

为便于地质应用，甾烷、萜烷可沿用国内外通用的简称。其原则是，省略表示环系手性碳位的阿拉伯数字和氢，并按所含碳原子数目命名，如表 6.22 所示。

表 6.22　甾烷、萜烷化合物的简称

化学命名	简称
5α(H)，14α(H)，17α(H) - 胆甾烷(20R)	ααα - C_{27} 甾烷(20R)
24 - 甲基，5α(H)，14β(H)，17β(H) - 胆甾烷(20S)	αββ - C_{28} 甾烷(20S)
24 - 甲基，5β(H)，14α(H)，17α(H) - 胆甾烷(20R)	βαα - C_{29} 甾烷(20R)
4 - 甲基，24 - 甲基，5α(H)，14α(H)，17α(H) - 胆甾烷(20R)	ααα - C_{30}4 - 甲基甾烷(20R)
17α(H) - 22，29，30 - 三降藿烷	17α(H) - C_{27} 藿烷(Ts)
17β(H)，21α(H) - 30 - 降莫烷	βα - C_{29} 莫烷
17β(H)，21β(H) - 藿烷	ββ - 藿烷
17α(H)，21β(H) - 30 - 升藿烷(22R)	αβ - C_{31} 升藿烷(22R)

6.7 稳定同位素的质谱分析

具有相同原子序数(即质子数相同,因而在元素周期表中的位置相同),但质量数不同,即中子数不同的一组核素,包括稳定同位素和放射性同位素。同位素的化学行为几乎相同,但原子质量或质量数不同,从而其质谱行为、放射性转变和物理性质(如在气态下的扩散本领)有所差异。同位素的表示是在该元素符号的左上角注明质量数,如碳14,一般用^{14}C而不用C^{14}。例如,氢有3种同位素,H(氕)、D(氘)(又叫重氢)、T(氚)(又叫超重氢);碳有多种同位素,如^{12}C,^{14}C等。

自然界中许多元素都有同位素。同位素有的是天然存在的,有的是人工制造的,有的有放射性,有的没有放射性。

自然界中,各种同位素的原子个数百分比一定。

在19世纪末先发现了放射性同位素,随后又发现了天然存在的稳定同位素,并测定了同位素的丰度。大多数天然元素都存在几种稳定的同位素。

分布于自然界中有1 500多种同位素,其中绝大部分是不稳定的,并且经过放射性衰变可以变为其他种类的同位素。然而,至少在我们能够测量的衰变期内,有少量同位素是没有放射性的,这就是稳定同位素。

稳定同位素地球化学是根据相同元素的同位素之间稍具有差异的热力学和物理学性质而建立起来的一门科学。同时,它也是研究元素的稳定同位素在不同地质体中的变化规律,并用这些规律来解决各种地质问题的一门新学科。

正因为同位素之间微弱的热力学与物理学性质差异,使得元素的同位素在化学和物理学反应中的行为也略有差异。所以,当它们或者含有它们的化合物参加化学反应或经历状态变化时,同位素就会被分离或者分馏,由此而引起的同位素相对丰度的变化经常是可以检测的,而且可对许多地球化学过程的认识提供重要的信息。

同位素技术在国民经济和科学研究中的应用领域十分广泛,如能源、农业、医学、考古、环境科学、军事,地质,石油等。

稳定同位素分析一般由两个步骤组成:(1) 样品的制备,将样品用化学或物理的方法转化为适用于质谱测定的形式,一般为纯的气体;(2) 质谱测定,将该气体输入质谱仪进行同位素比值测定。

6.7.1 样品制备

样品制备的基本要求是转化后的形式具有与初始待测物一致的同位素组成,因此要求在制样过程中不能发生同位素分馏,并且没有外来物质加入。

目前,在石油地质实验室中开展的稳定同位素分析,主要有干酪根等碳同位素分析,原油、天然气烃组分等的碳、氢同位素分析,碳酸盐样品碳、氧同位素分析,天然气氦、氩同位素分析等。不同的元素会被转化为特定的气体类型,如碳酸盐中的氧同位素分析需要将氧元素转化为二氧化碳气体,水中的氢同位素分析需要将氢元素转化为氢气(表6.23)。可以想象得到,把不同类型样品以及不同的元素转化质谱仪可测定的气体对象,所使用的装置应该是不同的。实际情况也是如此。这里就不逐一介绍,仅介绍碳同位素样品的制备。

表6.23　同位素测试对象及其对应的质谱测试对象

分析的同位素对象	质谱仪测试对象	样品类型
H	H_2	水(H_2O),含羟基化合物,气液包裹体
O	CO_2	水(H_2O),碳酸盐,硅酸盐,氧化物,磷酸盐,硫酸盐
C	CO_2	有机化合物,碳酸盐
S	SO_2 或 SF_6	硫化物,自然硫,硫酸盐
N	N_2	含氮化合物
Si	SiF_4	二氧化硅,硅酸盐

在石油行业中测定碳同位素的样品类型常用的只有有机化合物(如原油、天然气、干酪根等)和碳酸盐类。

1. 混合有机化合物

对石油、氯仿沥青和煤及石墨这些液体和固体有机样品的制备,流程见图6.33。试

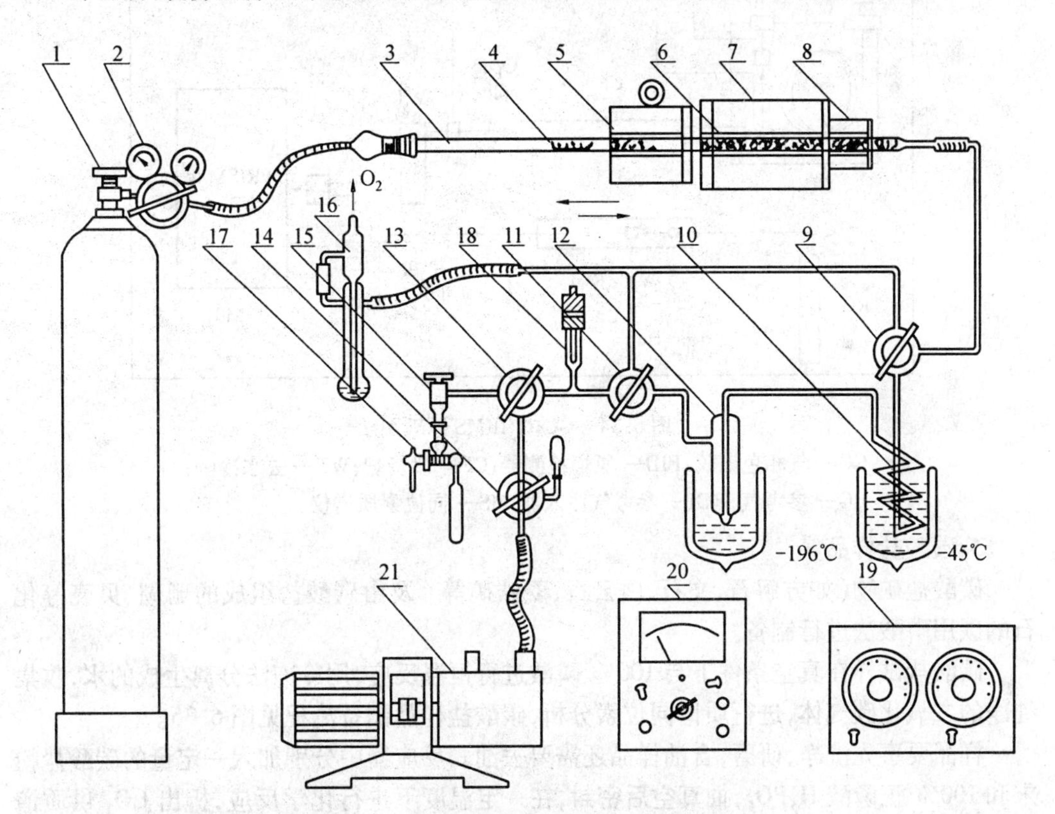

图6.33　流动氧有机质碳同位素制氧装置示意图

1— 高纯氧气钢瓶;2— 减压阀;3— 石英燃烧管;4— 样品舟;5— 可移动分解炉;6— 线状氧化铜;7— 氧化炉;8— 银丝炉;9,11,13,14— 三支三通真空活塞;10,12— 冷阱;15— 二通直角活塞;16— 液面显示流量计;17— 样品收集管;18— 热偶真空规;19— 温度控制仪;20— 热偶真空计;21—2XZ - 1 机械真空泵

样在流动氧同位素制样装置中分解燃烧，并进一步氧化，充分转化为CO_2，所生成的H_2O用冷冻法除去，在真空状态下去除杂质气体，经纯化后的CO_2收集到样品管中，在气体稳定同位素比值质谱计上进行稳定碳同位素组成分析。

$$C + O_2 = CO_2$$

2. 单体烃样品

原油和岩石可溶有机质只能获得混合物碳同位素信息，而每一类混合物通常包含数以百计的单分子化合物。单分子烃碳同位素分析技术的应用，使原油和岩石可溶有机质的碳同位素研究进入了分子级水平。

以饱和烃单体化合物为例，首先从原油或氯仿沥青中分离出饱和烃，借助于气相色谱的分离功能，将饱和烃分离成单体烃。仪器的工作原理如图6.34所示，样品经气相色谱仪分离成单分子化合物，进入850 ℃的燃烧炉氧化成CO_2和H_2O，再经-100 ℃的去水冷阱把H_2O冷冻下来，CO_2由氦气携带进入同位素质谱仪。

天然气中烷烃的碳同位素分析一般也采用类似的方法。

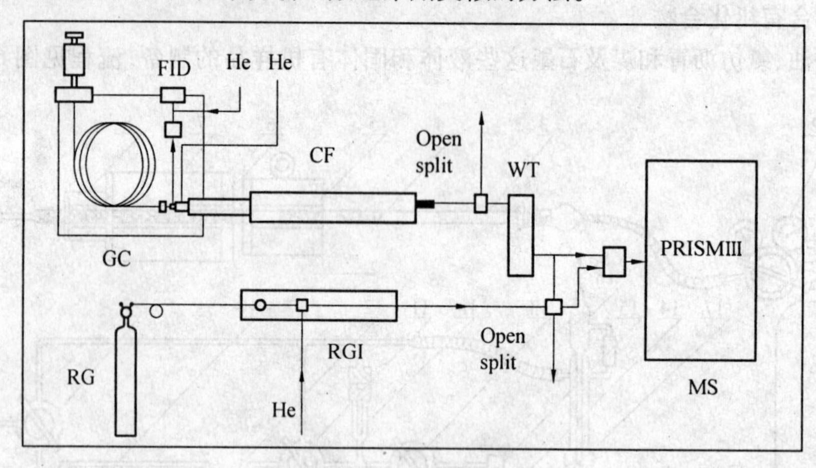

图6.34　GC/C/IRMS原理图

GC—气相色谱仪；FID—氢焰检测器；CF—燃烧炉；WT—去水冷阱；RG—参考气；RGI—参考气注入器；MS—同位素质谱仪

3. 碳酸盐样品

碳酸盐矿物（如方解石、文石、白云石、菱铁矿等）及由碳酸盐组成的珊瑚、贝壳等化石的碳用磷酸法进行制备。

碳酸盐试样在真空条件下与100% 磷酸进行恒温反应，用冷冻法分离生成的水，收集纯净的二氧化碳气体，进行质谱同位素分析，碳酸盐样品制备流程见图6.35。

样品要事先洗净，研磨，含油样品还需要去油。反应器中分别加入一定量的碳酸盐粉末和100% 正磷酸H_3PO_4，抽真空后密封，在一定温度下进行化学反应，析出CO_2供质谱分析。

$$3MCO_3 + 2H_3PO_4 = 3CO_2 + 3H_2O + M_3(PO_4)_2$$

不同的碳酸盐矿物与正磷酸的反应速度不同，因此在制样时要采用不同的反应温度和反应时间。方解石反应速度最高，一般在25 ℃下反应4小时即可，其他碳酸盐矿物反应温度要高一些，时间也要长一些。

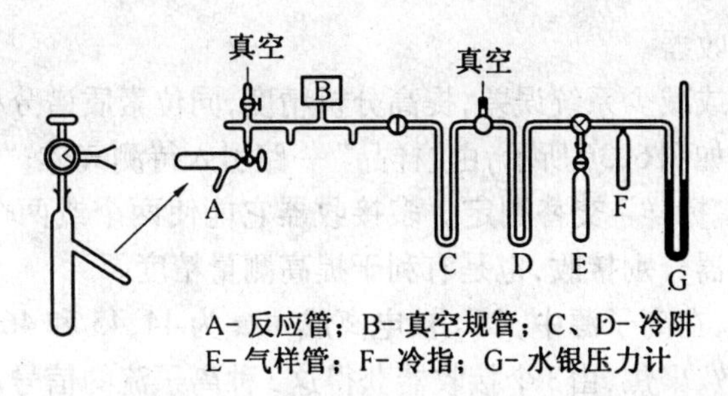

图6.35　磷酸法分析流程的实验真空管线示意图和反应管形状
A— 反应管；B— 真空规管；C、D— 冷阱
E— 气样管；F— 冷指；G— 水银压力计

采用正磷酸的原因是它的蒸汽压低，系统易于抽真空，化学性质稳定，不产生杂气，并且实验证明磷酸根和碳酸根之间不发生氧同位素交换。因此这一方法制备出的 CO_2 不仅可以分析碳酸盐中碳同位素还可以分析碳酸盐中氧同位素。当然，根据反应式，可以看出，碳酸盐中氧的3个氧原子只有2个进入生成的 CO_2 中，另外一个进入 H_2O 中，这样就产生了分馏及分馏校正问题。

6.7.2　质谱分析

1. 仪器简介

稳定同位素测定是利用磁质谱仪分析实现的，工作原理同色谱 - 质谱分析中的质谱仪一样。但在具体性能指标和配置上有自己的特殊性。

石油地质实验室中的稳定同位素分析，主要是分析 N，S，C，H，O 等气体同位素，所以只能选择电子轰击型离子源，与有机质谱分析相比较，要求电离效率高，离子流强度稳定性高。进样系统采用双路进样，以保证标样和样品交替进行测量，同时要消除和减少同位素分馏效应。离子流接收器为多接收器，如图 6.36 所示。

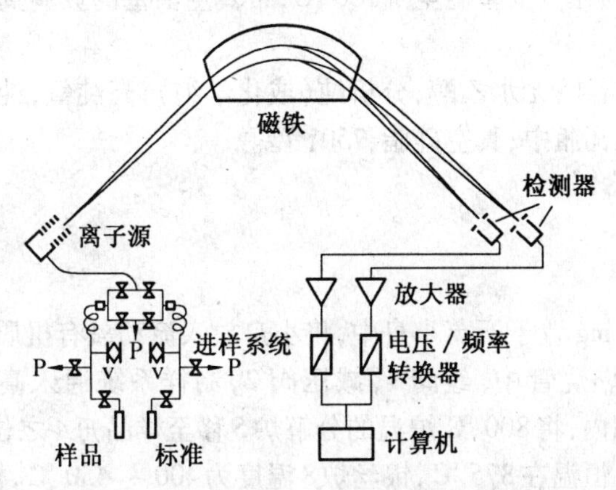

图6.36　稳定同位素质谱仪结构示意图

从主要性能指标看，可要求质量测定范围为 m/z 1 ~ 150 即可，这是因为将待测元素转化为气体后的分子量一般都不大，如表6.23所示；分辨率要求不高，$M/\Delta M$ > 150(10% 峰谷) 即可；但对测定精度要求异常高。

2. 双路进样多接收器

为了较好地消除或减少系统误差，提高分析精度，同位素质谱分析通常采用双路进样多接收器方法测定。如图6.36所示，由“样品”一路引入待测气体；“标准”一路引入工作标准气体；“样品”和“标样”交替测定。多接收器它能使两个或两个以上同位素所对应的离子流同时被接收器分别接收，也是有利于提高测量精度。

以碳同位素为例，在离子源中，CO_2 被电离成 m/z 为44，45和46的带正电离子，经离子光学系统加速、色散、聚焦，由3个接收器获得这3种离子流的信号。根据离子流信号强度，经过数据处理即可获得被测样品的单分子C同位素比值。

6.7.3　地质样品有机地化测试有机质稳定碳同位素组成分析方法

该方法根据GB/T 18340.2—2001地质样品有机地化测试有机质稳定碳同位素组成分析方法编写。本方法适用于原油及其各族组分、干酪根、煤、岩石沥青等各种沉积有机质和一切生物体有机质的稳定碳同位素组成分析；不适用于含有碳酸盐矿物的有机物样品的稳定碳同位素组成分析。

1. 方法提要

试样在流动氧同位素制样装置中分解燃烧，并进一步氧化，充分转化为 CO_2，所生成的 H_2O 用冷冻法除去，在真空状态下去除杂质气体，经纯化后的 CO_2 收集到样品管中，在气体稳定同位素比值质谱计上进行稳定碳同位素组成分析。

2. 仪器和设备

气体同位素比值质谱计，具双进样系统、三束离子接收器的质谱计，要求具备技术性能指标如下：灵敏度，$S > 10$ A/Pa(0.1 A/mbar)；工作分辨率，$M/\Delta M > 95$(10% 峰谷)；丰度灵敏度，$A.S < 5 \times 10^{-6}$；测量精度，$E.P < 0.04$(‰)。

流动氧有机质碳同位素制样装置（图6.33），机械真空泵1台；热偶真空计1台；加热炉温度控制仪2台，温控范围室温至1 100 ℃；带真空活塞的玻璃真空系统1套。

3. 试剂和材料

线状氧化铜，分析纯；无水乙醇，分析纯(或化学纯)；高纯氧，纯度优于99.99% 钢瓶氧气；液氮，保存在杜瓦瓶中；真空硅脂，7501型。

4. 分析步骤

(1) 样品制备。

① 燃烧样品。

取原油样1 ~ 2 mg置于石英小舟中，将小舟放入流动氧有机质燃烧碳同位素制样装置(图6.33)的石英燃烧管中，经阀1，减压阀2，制样系统通入高纯氧气，流量控制在40 ~60 mL/min范围内，将800 ℃炉温的分解炉5移至样品舟4之位置，氧化炉7(内装线状CuO及少许Pt丝)恒温在875 ℃，银丝炉8温度为400 ~ 450 ℃，样品在氧气流中加热，燃烧3 min后，移开分解炉5，继续通氧气2 min，燃烧生成的 H_2O 由冷阱10在 -45 ~ -60 ℃ 的低温下捕集而除去。CO_2 由冷阱12在液氮低温(-196 ℃)下收集。

② 抽除氧气。

氧气流经活塞9和流量计16放空。升高冷阱12的液氮液面(将保温杯垫高)。用机械泵经活塞14，13，11抽除氧气，当真空度约1 Pa，抽氧结束。

③CO_2 转移。

转动活塞13使样品管17与冷阱12相通,取下冷阱12的液氮保温杯,换上液氮+无水乙醇的保温杯(-45 ℃)。CO_2 样品收集管17套上液氮保温杯,使 CO_2 冻结在样品管17中。真空度约6 Pa,CO_2 转移结束。

④ 抽除杂气。

收集好 CO_2 的样品收集管17仍处在液氮低温下,用机械泵抽样品管17真空约1 min,关闭样品收集管上活塞,转动活塞15,使样品收集管与机械泵互相不通,取下液氮保温杯,取下样品收集管17,换上一支新的样品收集管抽真空,做下一个样品制备用。

(2) 质谱分析。

① 开机。

质谱计进样系统,分析系统抽真空。进样系统用机械泵抽成低真空,分析系统(离子源、分析室)用涡轮分子泵配合前级机械泵抽高真空 1×10^{-6} Pa,进样系统钛泵在进样系统机械泵配合下也抽至高真空 1×10^{-6} Pa。

② 预热。

灯丝发射部件、离子加速电压(高压)部件、磁铁电流部件通电预热约1 h,使其工作稳定。

③"零"富集测试。

样品(SA)及标样(ST)两个储样器中放进同一个工作标准ST-8301钢瓶 CO_2 气,作"零"富集测试,测得 $\delta^{13}C_{PDB}$ 结果与标准值-22.98相差在0.2之内,表明仪器工作正常,即可作样品测试。

④ 样品分析。

进样系统样品SA一路引入样品 CO_2,标准ST一路引入工作标准ST-8301钢瓶 CO_2 气,在已设定好实验条件下,作样品测量。测量前调整储样器中样品的压力,使样品SA与ST离子流强度基本相同。测量结束,计算机自动打印出分析结果。

原油等有机物稳定碳同位素分析结果以 $\delta^{13}C_{PDB}$(‰)表示,仪器打印出分析结果已作 ^{17}O 的校正,并已换算到国际标准—PDB标准。

5. 碳同位素值的表达方式及标样

作为稳定同位素分析,标样是十分重要的。目前,世界上通用的碳同伴同位素标准是PDB标准等。

实验室直接测定的碳同位素值是相对于实验室标准的,由下式计算:

$$\delta^{13}C_{SA-ST}=\frac{(^{13}C/^{12}C)_{SA}-(^{13}C/^{12}C)_{ST}}{(^{13}C/^{12}C)_{ST}}\times 1\,000‰ \tag{6.36}$$

但是实验室的工作标准并非国际标准,为了便于国际同行的认同和交流,所测的碳同位素组成结果,不管用何种工作标准,都要换算成相对于国际标准PDB的值,换算公式如下:

$$\delta^{13}C_{SA-PDB}=\delta^{13}C_{SA-ST}+\delta^{13}C_{ST-PDB}+\delta^{13}C_{SA-ST}\times\delta^{13}C_{ST-PDB}\times10^{-3} \tag{6.37}$$

式中,SA代表样品;ST代表工作标样;PDB代表国际标样。

4. 质量要求

反映同位素测量可靠程度的常用技术指标有3个。

标准偏差：

$$\delta = \sqrt{\frac{\sum_{i}^{n} (x_i - \bar{x})^2}{n - 1}} \tag{6.38}$$

绝对偏差：　$d = (x_A - x_B)/(x_A + x_B)$

双差：　$D = x_A - x_B$

(1) 原油类混合物碳同位素测定要求：

① 标准样分析值与标准值相差应 $< 0.4‰$；

② 样品量正常(1 mg 以上)，双份样平行测试允许双差 $D < 0.5‰$；

③ 样品量不足 1 mg 时，双份样平行测试允许双差 $D < 1.0‰$。

(2) 天然气碳同位素分析每次的结果与平均值的差应在 $\pm 0.35‰$ 以内。

(3) 碳酸盐中碳同位素测定，每组分析插入两种标样，每种不少于两个，并按样品数的 10% ～ 20% 抽样作重复分析，其分析结果的质量：

① 样品重复分析的双差为 $D < 0.2‰$；

② 插入标样分析的误差小于 0.2‰。

有关同位素技术在地质及油气勘探中的应用十分广泛也较为复杂，可参阅中国石油化工集团公司油气勘探开发继续教育无锡基地编写的《石油地质样品分析测试技术及应用》等。

6.8　镜质组反射率测定

镜质组反射率是目前公认的反映沉积有机质热演化程度的指标，在石油地质研究中具有重要地位。

镜质组反射率是来自于煤岩学的概念。煤的显微组分包括镜质组、壳质组和惰质组，其中镜质组反射率是煤岩学中确定煤阶的通用指标。随着煤化深度的深化，煤化阶段由褐煤、烟煤到无烟煤不断演变，煤的内部由芳香稠环化合物组成的核的缩聚程度在增长，碳原子的密度在增大，煤中各显微组分的反射率都随煤化程度增高而增大，镜质体为煤中主要的显微组分，其反射率随煤级的变化明显，且不受显微组分含量变化的影响，镜质组反射率是煤化作用阶段的划分和对比的重要指标，是公认的较理想的煤化度指标，并具有较为成熟的理论和实验基础。

自 20 世纪 70 年代以来，煤岩学与有机地球化学相结合，石油地质工作者引进镜质组反射率，通过测定沉积岩内分散有机质的镜质体反射率来研究有机质的热成熟度，在油气勘探过程中得到了广泛的应用。

研究认为，沉积岩中的分散的镜质体具有和煤相似的有机分子结构，即以芳香环为核，带有烷基侧链，随着热演化程度的增高，烷基结构由于断裂而减少，芳环结构由于缩聚和缔合作用，出现片状结构，芳香片间距离缩小，形成更加密集的单元，从而使透射率降低，反射率增高。因此，镜质组反射率在表征生油岩热演化程度方面是目前应用最广泛、最为权威的成熟度指标，同时也是国际上判别烃源岩唯一可对比的成熟度指标。

石油行业依据 SY/T 5124—1995《沉积岩中镜质组反射率测定方法》中的方法和要求

开展试验研究。该方法适用于岩石中富集的干酪根以及碎屑岩、碳酸盐岩和煤岩等全岩中镜质组反射率的测定。

煤的镜质组反射率测定按 GB - T 6948—2008 煤的境质体反射率显微镜测定方法执行。

6.8.1　镜质组反射率测定方法概要

镜质组反射率(R_o,%)是指在波长546 nm ±5 nm(绿光)处,镜质组抛光面的反射光强度对垂直入射光强度的百分比。它是利用光电效应原理,通过光电倍增管将反射光强度转变为电流强度,并与相同条件下已知反射率的标样产生的电流强度相比较而得出。

将被测光片置于显微光度计的载物台上,对准焦距,用机械移动尺移动光片进行测定,光片测区内要无抛光缺陷,无高反射率物质的干扰。测定对象为镜质组中无结构的均质镜质体和基质镜质体。测点在光片上要尽可能均匀分布,当 $R_o \leqslant 0.5\%$ 时,至少测 25 点,当 $R_o > 0.5\%$ 时,至少测定 30 点。

6.8.2　实验步骤

1. 试剂材料及标样

试剂材料有,固结剂,有机玻璃粉(甲基丙烯酸甲酯共聚)或其他固结材料;预磨材料,水砂纸(300# ~ 900#)或刚玉粉(M20 ~ M5);抛光液,氧化铝或氧化铬悬浊液;酒精或异丙醇(分析纯);橡皮泥、载玻片;浸油,在 23 ±1 ℃ 时,546 nm 波长的绿光下,折射率为 1.518 0 ±0.000 4。

标样根据测定需要选用合适的国内外用于镜质组反射率测定的标样系列。

2. 仪器设备

双目偏光显微镜:载物台,垂直于显微镜竖轴,能旋转 3 600,带有沿 X,Y 轴移动的机械尺;光源,100 W 钨卤灯;棱镜和平面镜垂直照明器;物镜,放大倍数为 ×32 ~ ×125,无应变油浸物镜;目镜,放大倍数为 ×10,装有十字丝和测微尺;视域光澜和孔径光澜,其中心和大小可调节。

光度计:光电倍增管,对可见光,特别是波长 546 nm 的光线有较高的灵敏度和足够的倍增率,稳定性和线性良好;单色仪,调整至波长为 546 nm,或透射峰值波长为(546 ±5) nm 的滤光片;测量光澜,直径为 0.2 ~ 1.0 mm;电子控制系统。

试样制备装置:压平器、压片机、预磨机、抛光机。

3. 光片制备

(1) 用固结剂与样品按一定比例混合固化成型,也可用岩石直接切片。

(2) 用水砂纸或刚玉粉进行预磨。

(3) 用抛光液抛光,泥炭、褐煤或其他不能用水剂抛光液抛光的样品用酒精或异丙醇预磨、抛光。

(4) 光片质量要求:置于 ×10 或 ×20 干物镜下观察,光片的抛光面应无污斑、无针状擦痕、无布纹,组分界限清晰,极少划道和麻点。

将合格的光片放置于干燥器内,12 h 后方可测定。

4. 测定对象

有机质在成熟 — 过成熟阶段，选择无结构镜质体（Collinite）中的均质镜质体（Telocollinite）和基质镜质体（Desmocollinite）；有机质在未成熟 - 低成熟阶段，选择均匀凝胶体（Levigelinite）或充分分解腐木质体（Eu - ulminite）作为测定对象。

5. 测定步骤

（1）仪器调节。

仪器启动，打开电源、测量灯和仪器有关的电器部件，预热 30 min ~ 1.0 h，使仪器达到稳定的工作状态。

显微镜光学系统检调：校正物镜中心，使其与显微镜竖轴一致；调节孔径光澜，推入勃氏镜或取下目镜观察，使其像与十字丝中心对中；调节视域光澜，使其直径为测量光澜的 2 倍，成像位置与测量光澜重合于同一观察面，且视域中心与十字丝中心重合。调节测量光澜，使光澜中心与竖轴对中。

（2）显微光度计标定。

① 单标法。选用一块反射率值接近于待测对象的标样来标定仪器。

② 双标法。选用二块反射率值分别高于和低于待测对象的标样反复标定仪器，直至仪器达到最佳线性状态为止。

（3）样品测定。

用机械尺移动光片进行测定，测区内应为单一显微组分、无抛光凹陷、无黄铁矿等干扰反射率测定的物质。所测点在光片上尽可能均匀分布。

油浸随机反射率（R_{ran}）：取下起偏器，不旋转载物台所测定的反射率值。

当反射率小于 2.5%，$\bar{R}_{max} = 1.064\,5\bar{R}_{ran}$。

当反射率为 2.5% ~ 6.5%，$\bar{R}_{max} = 1.285\,8\bar{R}_{ran} - 0.3963$。

油浸最大反射率（R_{max}）：将起偏器置于 45°，旋转载物台 360° 所出现的最大反射率值。

若镜质体颗粒非常细小，不能旋转载物台测定最大反射率值时，可先测定随机反射率值，然后采用换算的方法求取镜质体油浸最大反射率。

（4）测定点数。

当平均反射率 $\bar{R} \leqslant 0.5\%$ 时，至少测 25 个点；$\bar{R} > 0.5\%$ 时，至少测 30 个点。如测点数小于 10 个，应注明该数据仅供参考。

（5）仪器稳定性检查。

每测完一块样品或经 2 h 时，须复测一次标样，如与测定前标样数值相差大于 0.02%，则所测样品须重新测定。

6. 数据处理及报告内容

（1）数据处理。

仪器连接计算机时，可按程序操作直接给出 $\bar{R}$（平均反射率值）、n（测点数）、S（标准离差）和直方图。测定不连机时，可在测定完成后再由计算机处理。

$$\bar{R} = \frac{\sum_{i=1}^{n} R_i}{n} \tag{6.40}$$

$$s = \sqrt{\frac{n\sum_{i=1}^{n} R_i^2 - [\sum_{i=1}^{n} R_i]^2}{n(n-1)}} \tag{6.41}$$

式中　$\bar{R}$—— 平均反射率值,%;

R_i—— 每个测点的反射率值,%;

n—— 测点数;

s—— 标准离差。

(2) 报告内容。

反射率测定报告应包括执行标准、测定环境(温度、湿度)、平均反射率值、测点数、标准离差和直方图等。

7. 精密度

试样测定的精密度应符合表 6.24 的规定。

表 6.24　试样测定的精密度

试样反射率 /%	绝对偏差	
	重复性 /%	再现性 /%
$R < 0.5$	0.04	0.08
$0.5 \leqslant R < 1.0$	0.08	0.12
$1.0 \leqslant R < 2.0$	0.12	0.20
$R \geqslant 2.0$	0.16	0.32

6.9　干酪根显微组分鉴定及类型划分

烃源岩的定性评价是烃源岩的定量评价和油气资源量评估的基础,具体来说包括 3 方面的内容,即有机质的丰度、类型和成熟度。其中有机质(干酪根)的类型是衡量有机质产烃能力的参数,并决定产物是以油为主,还是以气为主,因此需要对有机质进行有效鉴定,建立分类系统,从而对烃源岩进行有效评价。目前,判别有机质类型的方法和指标有十几种,其中依据有机质(干酪根)的显微组分来鉴别有机质的类型是被人们广泛接受和认可的判别有机质类型的方法,该方法的优点是能够直观快捷地提供有机质来源的信息,在一定条件下受热演化的影响较小。

对干酪根显微组分的鉴定及其类型划分采用 SY/T 5125—1996《透射光 - 荧光干酪根显微组分鉴定及类型划分方法》作为依据,本书围绕该标准介绍具体的鉴定和类型划分方法。

相关的标准还有,GB/T 8899—1998 煤的显微组分组和矿物测定方法,SY/T 6414—1999 全岩光片显微组分测定方法,SY/T 5195—2000 孢粉分析鉴定。

6.9.1　干酪根显微组分的分类及其描述

1. 分类命名

在显微镜下观察从岩石中分离出来的干酪根粉末样品。干酪根显微组分就是能够识别出来的有机组分,包括两部分:一部分为具有一定的形态和结构特点、能够识别出原始组分和来源的有机碎屑,如藻类、孢子、花粉和植物组织等,这一部分所占比例较小;而主要部分为多孔状、非晶质、无结构、无定形的基质,镜下多呈云雾状、无清晰的轮廓,是有机质经受较明显改造后的产物。

SY/T 5125—1996《透射光－荧光干酪根显微组分鉴定及类型划分方法》以煤岩显微组分分类命名方法为基础,结合生油岩中有机质显微组分特征,利用具有透射白光和落射荧光功能的生物显微镜,确定干酪根显微组分的分类命名,不同显微组分采取不同的加权系数,经数理统计得出干酪根样品的类型指数(TI),然后根据类型指数将干酪根划分为Ⅰ、$Ⅱ_1$、$Ⅱ_2$、Ⅲ型,以确定有机质类型。

2. 显微组分的特征描述

(1) 腐泥无定形体。

腐泥无定形体主要由低等水生生物藻类等遗体在还原环境下,由于微生物的介入并经腐泥化作用而形成的产物。其外形多呈棉絮状、云雾状或团粒状等无规则形状,有的可见藻体的痕迹;轮廓线呈不规则的圆滑曲线,表面纹饰较粗,中间部分一般比边缘厚,颜色为棕黄色、黄棕色、褐色以至深褐色,透明至不透明,大小可以从几十微米至几百微米不等。蓝光激发下荧光呈亮黄色、乳黄色、黄色、深黄色直至暗褐色。

(2) 藻类体。

具有一定结构的单细胞或多细胞,有时以集合体出现,外壁一般较薄,颜色多为浅黄色至棕黄色,明亮、透明或半透明,具有一定的形状、构造,单细胞有时能见中心具有细胞核。个体大小不等,一般数十微米,个别可达几百微米。蓝光激发下荧光呈亮黄色直至褐色,常见清晰结构。

(3) 腐泥碎屑体。

5 μm 左右的具有腐泥无定形体特征的碎屑颗粒。

(4) 树脂体。

树脂、树腊和植物的其他分泌物统称树脂体,一般不常见。镜下呈集合体或单独零散的各种形体,多呈圆形、椭圆形、纺锤形、棒形和棱角形等,也可见弥漫状细粒或充填于结构镜质体或丝质体的胞腔中。颜色较浅,呈浅黄色至橙红色,富有光泽,透明度好。蓝光激发下荧光呈亮黄色、黄色、褐黄色。

(5) 孢粉体。

包括草本、木本、水生和陆生的孢子花粉。形态各异,有圆形、椭圆形、梭形、多角形、三角形等单体,集合体少见,不同种属的孢粉具有不同的孔、沟、缝等萌发器官,表面具有各种纹饰或突起,颜色为淡黄色至褐色,随变质程度成正相关加深。蓝色激发下荧光呈黄色,褐黄色至褐色。

(6) 木栓质体。

具有多层细胞腔和细胞壁的结构体,外形薄片状,轮廓线平直,细胞有长方形、方格状、鳞片状、叠瓦状等,细胞间隔为单层,颜色为黄色至褐黄色。蓝光激发下荧光呈黄色、褐黄色、褐色。

(7) 角质体。

由植物的叶、芽、枝的最外层(角质层)形成的,通常由一层没有间隙的扁平细胞彼此紧密相连而成,外缘平滑,内缘呈明显的锯齿状、波纹,有时带有植物气孔的印痕或气孔等,质地感柔软,常有褶皱,颜色为淡黄色至褐黄色。蓝光激发下荧光呈黄色、褐黄色、褐色。

(8) 菌孢体。

个体大小不一,一般从5 μm至100 μm,有单细胞和多细胞、多节,形态多样,有的无孔,有的多孔,厚壁,不易破碎,颜色多为棕至暗棕色,绝大部分无荧光显示。

(9) 壳质碎屑体。

5 μm左右的具有树脂体、孢粉体、木栓质体、角质体、菌孢体组分特征的碎屑颗粒。

(10) 腐殖无定形体。

主要由高等植物(陆生或水生)的表皮组织、维管组织或基本组织(也可含有少量低等生物),经微生物完全降解作用形成的异于腐泥无定形体的一种显微组分,一般较薄、多褶皱、无特定形态,有的可隐约见到尚未完全降解的植物组织残体,并且常混有较多的壳质碎屑或孢粉等。颜色为淡黄色至黄褐色不等。蓝光激发下荧光呈黄褐色至褐色。

(11) 结构镜质体。

具有较清晰的木质结构,细胞腔具有圆形、椭圆形、梯形、长管状、条纹状、环纹状、网纹状以及纤维状结构等,细胞壁较厚、间隔多层,较复杂,颜色棕黄色至棕褐色,没有荧光显示。

(12) 无结构镜质体。

没有植物细胞结构,质地均一,边缘平直,常呈块状、条带状,颜色由浅棕红色至深红棕色,没有荧光显示。

(13) 丝质体。

颜色为纯黑色,没有荧光显示。

在SY/T 5125—1996中附录有以上各种显微组分的彩色照片,本书中没有转录。

6.9.2　显微组分的加权系数及类型指数计算

干酪根中各显微组分的加权系数见表6.25。加权系数的大小在一定程度上代表了该显微组分生烃能力的相对大小,是计算类型指数的基础数据之一。

用各组分的百分含量进行加权计算类型指数 TI 值。

$$TI = 100 \times a + 80 \times b_1 + 50 \times b_2 + (-75) \times c + (-100) \times d \tag{6.43}$$

式中　TI— 干酪根类型指数;

a— 腐泥组的百分含量,%;

b_1— 树脂体的百分含量,%;

b_2—孢粉体、木栓体、角质体、壳质碎屑体、腐殖无定形体、菌孢体的百分含量,%;

c— 镜质组的百分含量,%;

d— 惰性组的百分含量,%。

表6.25 干酪根显微组分分类命名表

组	组分	加权系数
腐泥组	腐泥无定形体	+100
	藻类体	+100
	腐泥碎屑体	+100
壳质组	树脂体	+80
	孢粉体	+50
	木栓质体	+50
	角质体	+50
	菌孢体	+50
	壳质碎屑体	+50
	腐殖无定形体	+50
镜质组	结构镜质体	-75
	无结构镜质体	-75
惰性组	丝质体	-100

干酪根类型划分按照表6.26划分为Ⅰ、$Ⅱ_1$、$Ⅱ_2$、Ⅲ型。

表6.26 干酪根类型划分标准

干酪根类型	类型指数
Ⅰ	≥80
$Ⅱ_1$	<80~40
$Ⅱ_2$	<40~0
Ⅲ	<0

6.9.3 试验方法

1. 样品要求

样品颗粒采用干酪根粗样；当样品为干样时，需要用蒸馏水浸泡24 h后进行30 min超声波处理，再离心富集备用。用完后的样品密封保存在阴凉处并存档。

2. 设备、材料、试剂

生物显微镜，备有蓝光激发荧光功能、照相设备、网形测微尺和十字丝；载玻片，75 mm×25 mm×1.2 mm；盖玻片，18 mm×18 mm，20 mm×20 mm；尖头镊；棕色滴瓶；描笔。

无水乙醇，分析纯；丙三醇，分析纯；聚乙烯醇，分析纯；乳胶，工业用；无荧光黏结剂。

3. 制片

① 聚乙烯醇纸片法

将聚乙烯醇和二次蒸馏水按1∶9配成溶液，将载片按编号顺序排列在干净玻璃板上，用玻璃棒蘸取适量样品于盖片上,加聚乙烯醇溶液一二滴,使其充分混合,并均匀涂满盖片,置于相同编号载片上方,室温下自然风干。在已经风干盖片上加适量中性树脂胶,立即翻转盖到相应的载玻片上,不要挤压,待完全固结后供观察。

② 甘油胶纸片法。

甘油胶的配制,将动物胶25 g,放入盛有60 mL蒸馏水的烧杯中,加热溶化后再加75 g丙三醇和5 g苯酚,搅匀后置于文火低温熬约2 h,待其呈透明状时,用漏斗或3 ~ 4层纱布过滤。

放适量的甘油胶于载片上,在酒精灯上晃动使其微热,稍溶后立即用玻璃棒蘸取用丙三醇浸泡过的样品与甘油胶混合均匀,将轻微受热的盖片反盖其上,用镊子尖轻轻揉动盖片,使样品均匀散开,并排除气泡,冷却后倒置于薄片盒中。

4. 显微组分鉴定

(1) 镜下鉴定。

在生物显微镜下将载玻片上的干酪根样品放大400 ~ 600倍,以透射白光和落射荧光按显微组分的特征进行鉴定,需要时作彩色照相。

(2) 显微组分百分含量统计。

① 点测法。在40倍物镜下,统观样品后,确定其代表性粒径。代表性粒径的大小应保证该粒径的颗粒含量在50%以上,即作为一个统计单位,然后依次等距离地移动视域,每个视域的中心点作为被鉴定物的固定坐标,凡进入此坐标的样品颗粒,根据其透射光、落射荧光特征和粒径单位进行鉴定统计,至少要统计300个单位。然后按各组分的单位数算出其相应的百分含量。

② 目估法。先统观样品全片后,对显微组分进行透射光、落射荧光鉴定,连续观察2 ~ 3行或作选择视域观察,但不得少于50个视域,最后估计出各种组分所占面积的百分比。

6.9.4　质量要求

每批样品重复鉴定10%,其类型划分必须相同,当类型指数接近分类界限时,允许相差一个类型级别,组分百分含量的允许误差如表6.27所示。

表6.27　干酪根显微组分鉴定质量要求

组分含量	绝对偏差
≥ 50	≤ 10
< 50 ~ 25	≤ 7
< 25 ~ 15	≤ 5
< 15	≤ 3

6.9.5　干酪根显微组分研究的地质应用

1. 透射光应用

干酪根显微组分的透射光研究最主要的应用是划分干酪根类型。

干酪根的透光颜色也是研究烃源岩成熟度较为行之有效的方法之一。其理论依据是,随地层埋深及古地温的增加,干酪根不断裂解排出油气,其本身的透光颜色逐渐加深,由透明到半透明,再到不透明。其中孢粉色变指数(SCI)是使用较为普遍的成熟度指标,与热演化程度及油气的生成阶段有对应关系。但国内外孢粉色级的划分方案众多,一般划分到5～7个色级。我国SY/T 5915—2000《孢粉分析鉴定》将孢粉色级划分为6级:1级,浅黄色;2级,黄色;3级,棕黄色;4级,棕色;5级;棕黑色;6级;黑色。应用如下公式计算孢粉色变指数(SCI):

$$SCI = \frac{\sum_{i=1}^{6} a_i \cdot n_i}{\sum_{i=1}^{6} n_i} \tag{6.44}$$

式中 a_i——色级;

n_i——第 a_i 色级的孢粉计数值。

2. 反射光和荧光的应用

干酪根显微组分的反射光研究主要应用是测定镜质组分射率。反射光和荧光结合,使用全岩光片,在偏光显微镜下,交替使用白光和荧光,根据反射色、反射力、结构形态、突起、内反射等反射光特征和荧光下的颜色、形态及强度鉴定显微组分(见SY/T 6414—1999《全岩光片显微组分测定方法》)。另外,荧光结合反射光、透射光还可以研究显微组分特征与成因、研究烃源岩成熟度、确定烃源岩母质类型、研究烃类生成、运移与聚集等。

思考题

1. 简述仪器法测定岩石中有机碳的原理及其基本步骤。
2. 有机元素分析包括哪几种元素?叙述其分析原理。
3. 与其他仪器分析方法相比,气相色谱分析有哪些特点?
4. 论述气相色谱定量分析方法。
5. 比较TCD和FID的原理差异和检测对象的差异。
6. 应用气相色谱得到的实验数据可以在哪些方面对生油岩进行评价?请列举具体的参数来说明。
7. 简述液相色谱分析的原理及其与气相色谱法相比的测试对象特点。
8. 简要说明热解色谱分析在烃源岩评价中的测试原理,并说明各参数物理意义并说明为何 S_1 称为残留烃、S_2 称为裂解烃,S_3 能反映干酪根中氧元素含量,T_{max} 能反映干酪根的演化程度。
9. 试比较热解色谱分析和热解-气相色谱分析的原理和分析资料的地质意义有何不同。
10. 色谱-质谱仪的结构可分为哪几个主要部分?并简要叙述其工作原理(过程)。
11. 试分别简要介绍GC-MS分析的两种常用的扫描方式及其优缺点。
12. 何谓总离子流图?质谱图?质量色谱图?三者之间有何关系?
13. 试述 R_0 的物理意义。
14. 什么是TI值?如何计算?有何意义?
15. 某盆地T21-24井,井深1 806.32 m灰黑色泥岩的氯仿“A”饱和烃气相色谱测试结果如下(表 6.28 中数据为峰面积)：

表 6.28　峰面积

nC_{14}	nC_{15}	nC_{16}	nC_{17}	nC_{18}	nC_{19}	nC_{20}	nC_{21}	nC_{22}	nC_{23}	nC_{24}	nC_{25}	nC_{26}
117	1 625	4 277	6 955	8 125	9 230	9 516	10 764	10 413	10 751	7 917	8 398	6 188
nC_{27}	nC_{28}	nC_{29}	nC_{30}	nC_{31}	nC_{32}	nC_{33}	nC_{34}	nC_{35}	nC_{36}	nC_{37}	p_r	p_h
6 643	4 693	5 707	3 978	6 526	2 444	2 405	1 547	975	819	—	2 573	2 600

试根据表中数据回答下列问题

① 主碳峰；②p_r/p_h；③p_r/nC_{17}；④p_h/nC_{18}；⑤OEp；⑥$\sum C_{21-}/\sum C_{22+}$；⑦$C_{21}+C_{22}/C_{28}+C_{29}$；⑧ 碳范围数。

16. 与 15 题同一样品的其他地化分析数据如下：

热解三峰，S_1 = 0.49 mg/g，S_2 = 21.14 mg/g，S_3 = 0.47 mg/g，T_{max} = 442 ℃；氯仿“A”=0.293 6%；族组成，饱和烃 = 55.83%，芳烃 = 14.18%，非烃 = 20.47%，沥青质 = 9.53%；TOC = 2.849%；干酪根显微组分，腐泥无定形(个) = 290，无结构镜质组(个) = 5，丝质体(个) = 5；干酪根碳同位素 $\delta^{13}C_{(PDB)}$ = - 30.2；干酪根有机元素分析，w(C) = 64.42%，w(H) = 7.23%，w(O) = 4.38%，w(N) = 2.47%；镜质体反射率测定，R_o = 0.82%，测定点数 12，标准离差 0.05；芳烃色谱，二甲基菲比 DPR = 0.67，甲基菲比 MPR = 0.75，甲基菲指数 MPI = 0.77，二甲基菲指数 DPI = 2.22。

试根据上述资料回答如下问题：

① 计算：氢指数，氧指数，总烃，干酪根类型指数，H/C，O/C；

② 评价有机质丰度；

③ 评价有机质类型；

④ 评价有机质热演化程度。

⑤ 为什么元素分析的四种元素之和不是 100%。

17. 从井下采用密闭取样的方法采集的原油，其轻烃分析结果如表 6.29 所示，试利用所学轻烃地化指标，计算评价该原油的成熟度和母质类型(注峰编号所代表的化合物见教材)。

表 6.29　原油轻烃分析结果

峰编号	峰面积	峰编号	峰面积	峰编号	峰面积	峰编号	峰面积	峰编号	峰面积
1 - 1	100	5 - 2	120	6 - 5	40	6 - 12	150	7 - 6	300
2 - 1	130	5 - 3	800	6 - 6	700	6 - 13	100	7 - 7	800
3 - 1	300	5 - 4	1 800	6 - 7	100	6 - 14	200	7 - 8	60
3 - 2	400	5 - 5	900	6 - 8	2 100	7 - 1	8 000	7 - 9	1 000
4 - 1	1 300	6 - 1	2 800	6 - 9a	1 400	7 - 2	5 000	7 - 10	20
4 - 2	60	6 - 2	130	6 - 9b	900	7 - 3	900	7 - 11	1 500
4 - 3	1 000	6 - 3	1 700	6 - 10	500	7 - 4	700		
5 - 1	2 000	6 - 4	150	6 - 11	1 100	7 - 5	200		

第7章 荧光图像显微镜分析

荧光显微镜技术是在普通显微镜技术基础上发展起来用于研究岩石及其含油特征的一种快速简便的分析手段。它是以紫外光等为光源,激发能够发光的物质产生荧光。石油和含油岩石中的某些有机物可被激发而产生荧光。观察分析这些发光物质的发光特性及其与岩石结构、构造的相互关系,可以研究有机质类型、演化程度、有效储集空间、油气运移等一系列有关石油地质问题。荧光图像显微镜分析在地质领域的广泛使用,为煤中有机显微组分以及油源岩中分散有机质的深入研究提供了有效的手段,近年来又在录井技术中得到了广泛的应用。

7.1 荧光产生的分子物理基础

7.1.1 分子的激发与去活化(阅读材料)

当有机质受到紫外光、紫光或蓝光等光波照射时,会在极短的时间内,发射出波长较长的可见光波。有机质由于受到激发而发射光波的现象称为荧光(Fluorescence) 现象。

理论物理学认为:每种物质分子中都具有一系列紧密相隔的能级,称为电子能级,而每个电子能级中又包含一系列的振动能级和转动能级。物质受光照射时,可能部分或全部地吸收入射光的能量,在物质吸收入射光的过程中,光子的能量便传递给物质分子,于是便发生电子从较低能级到较高能级的跃迁。这个过程进行极快,费时大约 10^{-15} s,所吸收的光子能量,等于跃迁所涉及的两个能级间的能量差。当物质吸收紫外光或可见光时,这些光子的能量较高,足以引起物质分子中的电子发生电子能级间的跃迁,形成电子激发态原子。这种含有电子激发态原子的分子称为电子激发态分子。

电子激发态的多重态用 $2S+1$ 表示,S 为电子自旋量子数的代数和,其数值为0或1。分子中同一轨道的两个电子必须具有相反的自旋方向,即自旋配对。假如分子中全部轨道里的电子都是自旋配对的,即 $S=0$,该分子体系便处于单重态(或称单线态),用符号 S 表示。大多数有机物分子的基态是处于单重态的。倘若分子吸收能量后电子在跃迁过程中不发生自旋方向的变化,这时分子处于激发的单重态;如果电子在跃迁过程中还伴随着自旋方向的改变,这时分子便具有两个自旋不配对的电子,即 $S=1$,分子处于激发的三重态,用符号 T 表示。符号 S_0,S_1 和 S_2 分别表示分子的基态、第一和第二电子激发单重态;T_1 和 T_2 则分别表示第一和第二电子激发三重态。

处于激发态的分子是不稳定的,它可能通过辐射跃迁和非辐射跃迁等分子内的去活化过程丧失多余的能量而返回基态。当然,激发态分子的去活化,也可能经由分子间的作用过程来完成。辐射跃迁的去活化过程,其结果是发生光子的发射,伴随着荧光或磷光现象;非辐射跃迁的去活化过程,其结果是电子激发能转化为振动能或转动能。非辐射跃迁包括内转化和体系间窜跃，前一种过程指的是相同多重态的两个电子态间的非辐射跃迁（例如 $S_1 \to S_0, T_2 \to T_1$）；后一种过程指的是不同多重态的两个电子态间的非辐射跃迁（例如 $S_1 \to T_1, T_1 \to S_0$）。图7.1表示分子内所发生的各种光物理过程，包括分子的激发过程和辐射跃迁、非辐射跃迁以及振动松弛等去活化过程的示意图。

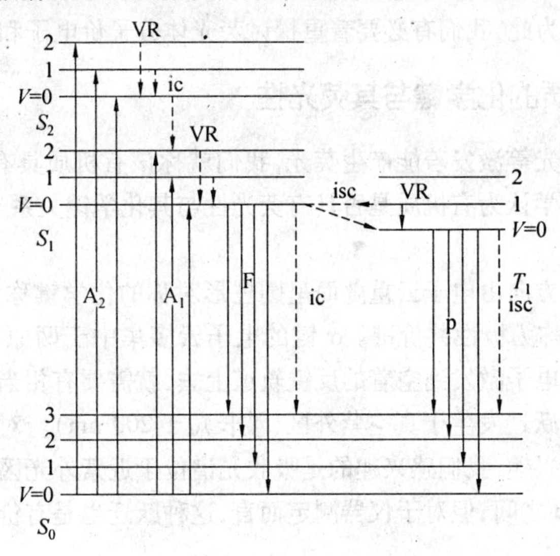

图7.1　分子内的光物理过程

A_1, A_2— 吸收；F— 荧光；P— 磷光；ic— 内转化；isc— 体系内窜越；VR— 振动松弛

假设分子在吸收辐射后被激发到 S_2 以上的某个电子激发单重态的不同振动能级上，处于较高振动能级上的分子，很快地（$10^{-12} \sim 10^{-14}$ s）发生振动松弛，将多余的振动能量传递给介质而降落到该电子态的最低振动能级，此后又经由内转化及振动松弛而降落到 S_1 电子态的最低振动能级。处于 S_1 电子态的激发分子，其分子内的去活化作用有如下几种途径：(1) 发生 $S_1 \to S_0$ 的辐射跃迁而伴随荧光现象；(2) 发生 $S_1 \to S_0$ 的内转化过程；(3) 发生 $S_1 \to T_0$ 的体系间窜跃。而处于 T_1 电子态的最低振动能级的激发分子，则可能发生 $T_1 \to S_0$ 的辐射跃迁而伴随磷光现象，也可能发生 $T_1 \to S_0$ 的体系间窜跃。

激发单重态间的内转化速率很快（速率常数为 $10^{11} \sim 10^{13}\ s^{-1}$），因而更高激发单重态的寿命通常很短（为 $10^{-11} \sim 10^{-13}$ s），处于这种电子态的激发分子，除极少数之外，在可能发生辐射跃迁之前，便发生了到达 S_1 电子态的非辐射去活化。所以，所观察到的荧光现象，在通常情况下是发生自 S_1 电子态的最低振动能级的辐射跃迁。发生于单重态 - 三重态之间的体系间窜跃，由于该过程是自旋禁阻的，因而其速率常数远小于内转化过程的速率常数（为 $10^2 \sim 10^6\ s^{-1}$）。

内转化和体系间窜跃过程的速率，与该过程所涉及的两个电子态的最低振动能级间的能量差有关；能量差越大，速率越小。S_0 和 S_1 两个电子态的最低振动能级之间的能量差，在绝大多数情况下远比其他相邻的两个激发单重态之间的能量差大，因而 $S_1 \to S_0$ 的内转化速率常数相对地要小得多，约为 $10^6 \sim 10^{12}\ s^{-1}$。类似地，$T_1 \to S_0$ 体系间窜跃的速率常数也较小，为 $10^{-2} \sim 10^5\ s^{-1}$。

荧光体的荧光(或磷光)发生于荧光体吸光之后,因此,荧光体要发光首先要吸收光,即荧光体要有吸光的结构。

发荧光的荧光体,大多为有机芳族化合物或它们与金属离子形成的配合物。这类化合物在紫外光区和可见光区的吸收光谱和发射光谱,都是由该化合物分子的价电子重新排列(跃迁)引起的,为此,我们有必要着重探讨荧光体分子价电子和分子轨道的特性。

7.1.2　有机质的化学键与其荧光性

有机质受到紫外光等激发若能产生荧光,我们就称该有机质具有荧光性。否则就称不具有荧光性。物理学认为有机质是否具有荧光性与其化学键关系十分密切。

1. σ 键

沿原子核间连线方向由电子云重叠而呈圆柱形对称的化学键称为 σ 键,每个键可容纳两个电子。σ 键又称为极性共价键。σ 键的电子云多集中于两原子之间,原子间结合较牢,因此,要使这类电子激发到空着的反键轨道上去,就需要有相当大的能量,这就意味着分子的 σ 键的电子跃迁发生于真空紫外区(波长短于 200 nm)。对于图像观察而言,这种键的跃迁我们不感兴趣,我们感兴趣的是吸收光谱位于近紫外光区至近红外光区,即波长落于 220 ~ 800 nm 之间;但对于仪器测定而言,这种跃迁也是有价值的,如后文将介绍的三维荧光。

2. π 键

当两个原子的轨道(P 轨道)从垂直于成键原子的核间连线的方向接近,发生电子云重叠而成键,这样形成的共价键称为 π 键。π 键通常伴随 σ 键出现,π 键的电子云分布在 σ 键的上下方,如 N_2 分子的化学键(图 7.2)。σ 键的电子被紧紧地定域在成键的两个原子之间,π 键的电子相反,它可以在分子中自由移动,并且常常分布于若干原子之间。如果分子为共轭的 π 键体系,则 π 电子分布于形成分子的各个原子上,这种 π 电子称为离域 π 电子,π 轨道称为离域轨道。某些环状有机物中,共轭 π 键延伸到整个分子,例如,多环芳烃就具有这种特性。

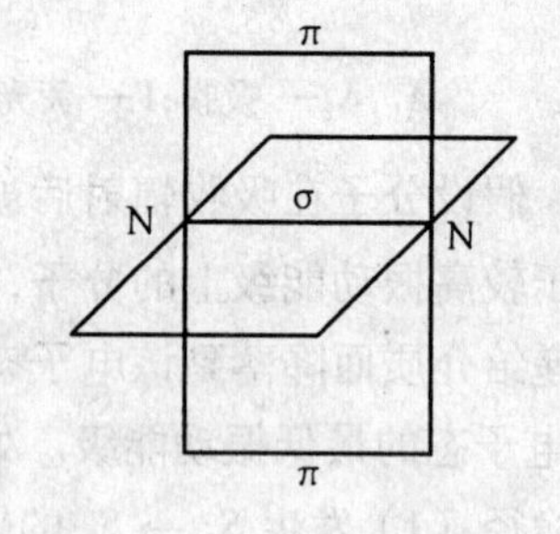

图 7.2　N_2 分子三键的示意图

由于 π 电子的电子云不集中在成键的两原子之间,所以它们远不如 σ 键牢固,因此,它们的吸收光谱出现在比 σ 键更长的光区。单个 π 键电子跃迁所产生的吸收光谱位于真空紫外区或近紫外光区;有共轭 π 键的分子,视共轭度大小而定,共轭度小者其 π 电子跃迁所产生的电子光谱位于紫外光区,共轭度大者则位于可见光区或近红外光区。

3. 未成键的电子(也称 n 电子)

在元素周期表中,有些元素的原子,其外层电子数多于4(例如 N,O 和 S),它们在化合物中往往有未参与成键的价电子,这些电子称为 n 电子,例如甲醛中有 4 个未参与键合的 n 电子(图 7.3),因为 n 电子的能量比 σ 电子和 π 电子的都高,因此,在考虑电子光谱时,应该首先考虑 $n \rightarrow \pi^*$ 和 $\pi \rightarrow \pi^*$ 跃迁。

σ　π
H—C═Ö:←n
　 |
　 H

图 7.3　甲醛的化学

4. 配位键

一般地说,分子中的n电子对不参与成键,但当它们遇到合适的接受体时,其电子可能转入接受体的空轨道上而形成配位键。共价键是否形成,对解释具有n电子的荧光体的吸收光谱、发射光谱和荧光强度的变化很有帮助。

5. 反键轨道

物质的分子,除了组成分子化学键的那些能量低的分子轨道外,每个分子还具有一系列能量较高的分子轨道,在一般的情况下,能量较高的轨道是空着的,如果给分子以足够的能量,那么能量较低的电子可能被激发到能量较高的那些空着的轨道上去,这些能量较高的轨道称为反键轨道。

根据价键轨道理论,有机物分子中的价电子也是排列在能量不同的轨道上,这些轨道能量高低顺序为σ轨道 < π轨道 < n轨道 < π^* 轨道 < σ^* 轨道(图7.4)。在有机分子中,荧光的产生主要与共轭π键体系(苯系物含有共轭π键体系)和C═O官能团有关,从光量子的吸收到荧光的发射,其实质是π电子从成键轨道到反键轨道(能量较高)的相互转换过程。

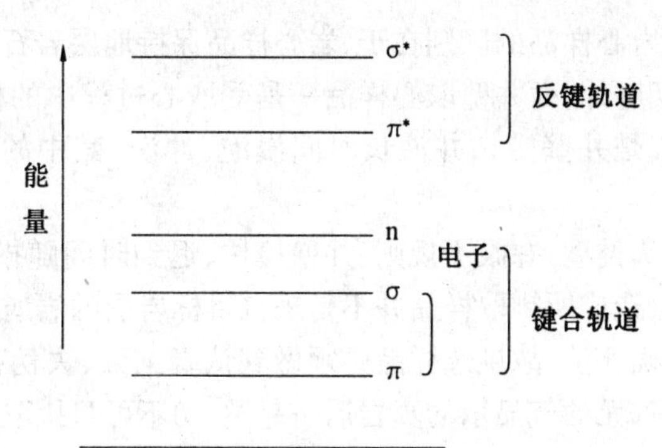

图7.4　有机分子吸光所涉及的能层

跃迁类型	$\varepsilon_{最大}$	波长区
$n \to \pi^*$	100	紫外-可见
$\pi \to \pi^*$	120	紫外-可见
$\sigma \to \pi^*$	200	真空-紫外

7.1.3　荧光波长与激发光波长之间的关系

光线所具有的能量与波长之间的关系可用爱因斯坦-普兰克公式描述,即

$$\Delta E = hc/\lambda$$

式中　h——普兰克常数;

c——光速;

λ——光波的波长;

ΔE——光子的能量。

由于有机分子在发射荧光以前有部分能量已被消耗,所以发射的荧光能量比吸收的能量小,换句话说,也就是荧光的波长比激发光的波长要长。为了保证有机质的发射光谱落在可见光范围内(400 ~ 760 nm),所以在有机质荧光分析过程中,主要利用汞灯在

360 ~500 nm之间的三条强的谱线，即365nm,405nm,436nm。365 nm光属于紫外光，405 nm光为紫光，436 nm光为蓝光。由于紫光、紫外光对人体存在潜在危害，因此实验室多使用蓝光作为激发光。

7.2　储层岩石荧光薄片的制作技术

7.2.1　样品的选取及制备

1. 储层荧光显微图像样品的选取

储层岩石样品通常使用岩心样品和井壁取心样品，有时也采用岩屑样品。

对于岩心样品，为了确保样品的代表性、新鲜度和石油烃类在有效孔隙中的真实赋存状态、接近保真含量，要根据需要选取泥浆侵入环以外新鲜、无污染的含油部位，切取25 mm×25 mm×5 mm或ϕ25 mm×5 mm的岩样。对可以辨认出层面的样品应垂直层面切片。

井壁取心样品与岩心样品的区别在于，岩心样品保持地层岩石的原始特性，胶结较致密，不用处理可直接切磨片，而井壁取心样品一是受取心过程中的机械破坏，岩样变疏松而无法进行切磨片；二是井壁受钻井液长时间浸泡、冲洗，其中的油水分布受到一定影响。

岩屑样品因受钻头类型、井眼不规则、井壁掉块、迟到时间随排量不稳定而变化等诸多因素的影响，有时会造成所挑取样品并不是来自目标岩层的岩屑，进而影响油气显示的准确发现及储层的正确评价，故挑选样品必须做到认真细致、去伪存真，挑选出代表目标层的岩屑；还要注意有、无油气显示的真岩屑一起挑，切不可只挑取有油气显示岩屑，否则会造成分析结果严重偏高。

无论是哪种样品，当其较疏松时应先行胶固，然后在切片机上整理成型。

2. 储层荧光显微图像样品薄片的厚度

依据SY/T5614—93《岩石荧光显微镜鉴定方法》，荧光薄片厚度要求在0.04 ~ 0.05 mm，过薄或过厚都会影响观察效果。另外，薄片岩石表面一般不加盖片，为使载玻片靠牢，长久保存，载物片的一面应磨制成毛面。

7.2.2　荧光薄片的制片方法

1. 选择合适的固结胶

荧光鉴定要求的薄片的厚度和黏胶的性质都与普通岩石薄片不同。后者所用的树胶属于有机质，发强烈的蓝色光，故不能用以制荧光薄片，荧光鉴定要求胶不能产生荧光，且渗透性好，胶结性强。经过反复试验发现502胶为目前较为理想的黏合剂。它的特点是：不发荧光、不吸水、黏结力强、速干、无色透明、无毒，同时比较经济方便，省去煮胶、烘烤等工序。

2. 荧光薄片的制片工艺流程

荧光薄片的制片流程见图7.5。

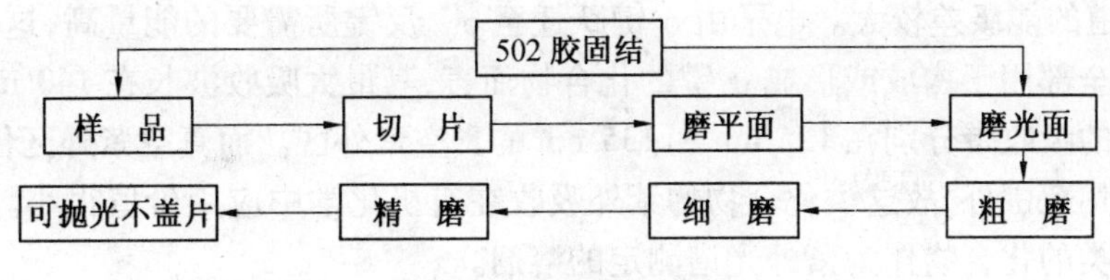

图7.5　荧光制片流程

7.3　荧光图像观察系统

荧光图像观察使用的是荧光显微镜(图7.6)。与其他显微镜的主要差异是,荧光显微镜有荧光的激发源－高压石英汞灯。石英汞灯有多条发射谱线,其中在紫外光－可见光附近有3条强谱线可作为荧光观察的激发光。利用滤光片选择出一条作为激发光。其他部分与普通显微镜基本一样。

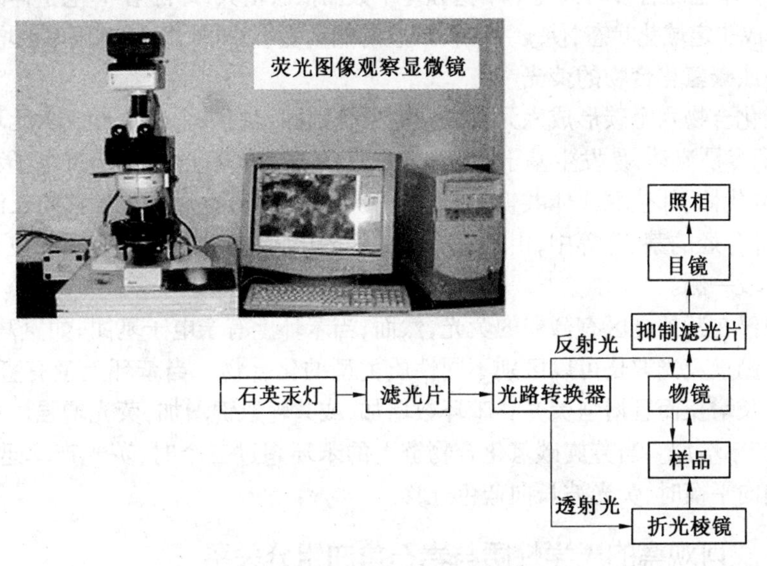

图7.6　荧光图像观察系统结构图

7.4　石油的组成与荧光性

石油的组成非常复杂,为了研究方便,经常将石油中复杂化合物成分按照某种共性分成不同的组分或族分。

7.4.1　石油烃类的荧光性

有机化合物的结构,以C—C键和C—H键作为骨架,在这个骨架上,卤素、氧、氮等原子或原子团是作为官能团结合的。形成骨架化合物的有饱和烃、不饱和烃、芳香烃化合物。

1. 饱和烃

饱和烃的C—C键和C—H键为σ键。σ键的电子结合牢固,键能非常强。因此,σ轨

道和 σ^* 轨道的能级差较大。电子由 σ 键跃迁至 σ^* 反键所需要的能量高，这样，对于原子的价电子全部用于构成或形成 σ 键的化合物而言，其最大吸收波长在 140 nm 以下，如甲烷和乙烷的吸收带分别在 125 nm 和 135 nm 的真空紫外区。而真空紫外区位于一般光学仪器的使用范围外，故这类化合物的紫外吸收在有机化学中应用价值很小。因此经常用正己烷一类的化合物作为紫外光谱测定的溶剂。

2. 不饱和烃

基于烯烃双键的 $\pi \rightarrow \pi^*$ 跃迁，在 170 ~ 200 nm 处出现强的吸收带（$\varepsilon = 10\,000$），所以，用一般的分光光度计不能观测。当两个双键共轭时，在 200 nm 以上的区域出现吸收带。丁二烯在 217 nm 显示 $\pi \rightarrow \pi^*$ 跃迁引起的吸收带。增加甲基，吸收位置向长波段移动，光吸收率也增大。然而，由于立体位阻效应，在不易取得的平面结构化合物中，吸光率减少。

在长共轭体系中，尤其一个或一个以上的不饱和键共轭时，极大的吸收波长就移动到长波侧。光吸收率也随着参与共轭的不饱和键个数而依次增大，即随着 π 电子体系的变长，π 电子越发变成非定域化状态，使 $\pi \rightarrow \pi^*$ 跃迁的能量变小，同时，跃迁的概率也增大。

3. 芳香族碳氢化合物的荧光

芳香烃化合物六个碳形成六元环。π 电子分别固定在各个碳上形成六元环的骨架。然而，π 电子容易流动，易发生基于 $\pi \rightarrow \pi^*$ 跃迁的。在苯环上，当具有 n 电子和 π 电子的取代基、二取代体、邻位取代体共轭时，π 电子易于移动，芳香烃的波长移向长波长一侧。同时，在稠环芳烃的萘、蒽等中，由于 π 电子共轭的扩大，与共轭程度有关的波长区明显地移动到长波段一侧。

苯本身仅在紫外光区有微弱的荧光，然而，当苯环上有亲电子基团，如氨基和羟基时，荧光增强。测量荧光波长可以区别不同性质类型的化合物。当苯环上带有直链时，吸收和荧光峰波长增长而且增强荧光。苯环数增加，或共轭双键增加，荧光增强。从苯到萘再到蒽，荧光产率增加。当芳族碳氢化合物链上的苯环超过三个时，荧光产率迅速跌落，当芳环体系趋向平衡时，荧光波长向蓝色迁移。

7.4.2　可观察的光学性质与岩石含油组分关系

石油的发光性质取决于它的化学结构和组成。石油可以被划分为饱和烃、芳烃、非烃和沥青质四种不同的族组分。在紫外光和蓝光照射下观察和测量表明：饱和烃没有明显荧光，用仪器测量，也没有任何显示；芳烃荧光最强，一般呈鲜艳的绿色或绿黄色；未经分离的原油和非烃次之；非烃的荧光比芳烃要弱，呈淡黄色；沥青质荧光更弱，呈红色、棕红色等；显示出随分子量的增大，荧光波长逐渐红移的特征。在荧光显微技术中，把赋存于烃源岩及储集岩中的石油统称为发光沥青，可分为油质沥青、胶质沥青及沥青质沥青。

油质沥青化学成分以可溶烃为主，包括饱和烃、环烷烃和一部分低分子芳烃，是原油中较轻质的部分。可见荧光常呈蓝白 - 绿 - 黄绿 - 黄色。

胶质沥青化学成分以非烃为主，是分子量较高的含氧、氮、硫等杂原子的稠环化合物，可见荧光为橙黄 - 橙 - 橙褐等较深颜色。

沥青质沥青化学成分同样为含氧、氮、硫等杂原子的稠环化合物，但缩合程度更高，结构更复杂，荧光颜色也更深，一般呈棕褐色。

水本身并不具备发光特性，但是由于芳烃类化合物及其衍生物具有微弱的亲水性，溶解微量芳系化合物的水具有荧光特征，水的荧光特征主要显示纯度较高的绿色，而在不含油的纯水层，其整体发光强度很弱，粒间孔隙几乎没有浸染发光。

沥青组分可由沥青的发光颜色来确定的，发光颜色和组分的关系如表7.1所示。

表7.1　沥青发光颜色与组分关系

沥青组分	发光颜色	石油组分
油质沥青	黄、黄白、淡黄白、绿黄、浅绿、黄绿、淡黄绿、绿、淡绿、蓝绿、淡蓝绿、绿蓝、蓝、淡蓝、蓝白、淡蓝白、白	为烃类化合物，包括饱和烃、环烷烃、芳烃，除饱和烃不发光外，其余均发光
胶质沥青	以橙为主、褐橙、淡褐橙、黄褐、淡黄褐	为含氧、氮、硫的烃类，是石油中较固定的组分，含量不低于1%，芳香结构为主
沥青质沥青	以褐为主，褐、淡褐、橙褐、淡橙褐、黄褐、淡黄褐	为不溶于石油醚的胶质沥青、非烃及沥青质
炭质沥青	不发光（全黑）	

7.5　荧光显微图像分析在油水层识别中的应用

利用荧光显微图像识别油水层的基本依据是，储层岩石的荧光图像是由岩石中所含油、水的性质、数量及其分布决定的，因此通过储层岩石薄片的荧光显微图像分析可以对薄片所代表的岩石含油饱满程度、性质作出判断，从而达到油水层判识的目的。

7.5.1　荧光图像的光学参数

荧光图像是由各种光学要素所构成的形象，所涉及的主要光学参数有荧光的颜色（波长）、亮度（光强）、发光面积、色差、颜色分布及其与孔隙之间的关系。每一种光学要素都有一定的反映储层岩石含油、水性质的含义，这些光学要素与其含义之间的关系的综合便构成了荧光显微图像判识油水层的理论基础。

1. 荧光颜色和色差

荧光颜色是由激发光的波长和发光物质的化学结构决定的。也就是说，在激发光的波长一定时，荧光颜色能反映石油的组分。色差一词在不同行业中的具体含义不完全一致，但基本含义是相同的，是指颜色的差异。本书中的色差是指荧光图像中由颜色不同而造成的视觉上对比差异程度，是半定量指标。

随着烃类分子量的增加，荧光颜色逐渐红移。当储层为油水混相时，水中氧气和各类细菌，与部分烃类发生菌解和氧化作用，从而使原油发生质的变化。这种变化可通过油层的荧光颜色、色差、荧光亮度、发光面积及分布等荧光图像特征的差异直观地反映出来。通过大量的样品观察发现，纯油层一般发光颜色较单一且均匀，不具有或具有很弱的色差；当油水共存时，荧光颜色不均匀到较均匀，色差明显增强，含水越多，荧光颜色越不均匀，色差越大；当储层中全部被水占据时，油相对较少，孔隙中发光沥青含量低，粒间孔隙发光差，只在部分孔隙边缘吸附微量的低分子烃类，呈现极微弱的光晕，由于孔隙中多被水占据，因此，大部分孔隙呈现了含微量轻质组分的灰绿色荧光，荧光颜色趋于单一化，见

图7.7、图7.8。

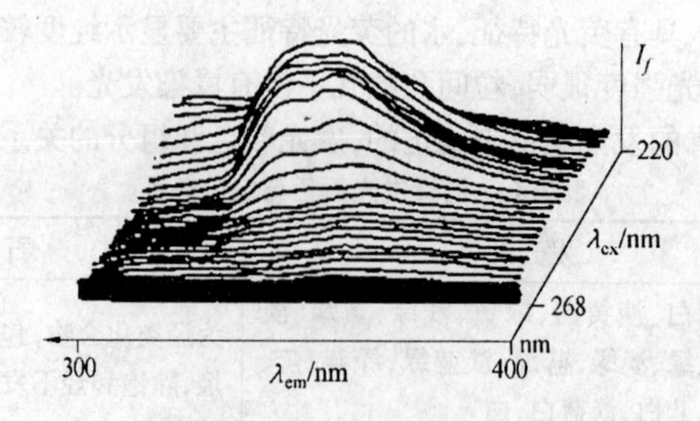

图7.7 原油试样在环己烷中的等角三维投影光谱图

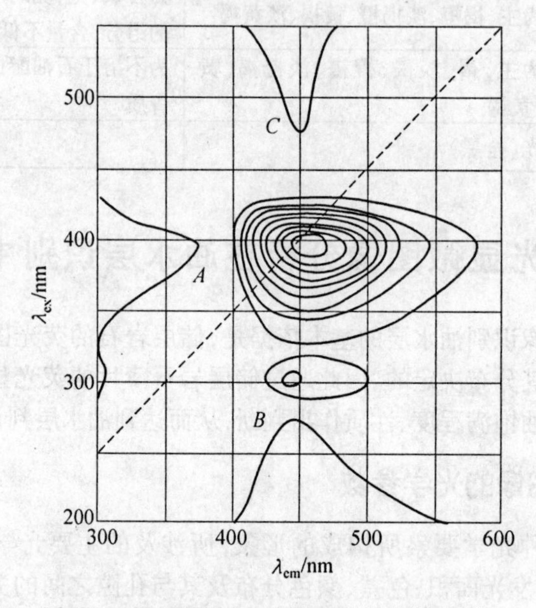

图7.8 原油试样在环己烷中的等高线光谱图

2. 荧光亮度

荧光亮度一方面与岩石中的油水比例有关,同时也与油的成分有关。随着烃类分子量的增加,荧光亮度逐渐变暗。对于相同性质的原油,荧光亮度在一定范围内与发光物质的浓度成正比。一般油层荧光亮度较均匀,强度较高,但当含油饱和度很高时,亮度反而降低;当油层含水时,荧光亮度从不均匀到较均匀,强度从中到高,一般含水越多,荧光亮度越不均匀,强度较低,如图7.9所示。荧光亮度与沥青含量关系如表7.2所示。

表7.2 荧光亮度与沥青含量的关系

荧光亮度	沥青大致含量
强	高
中强	较高或最高
中暗	中低
暗	低
极暗	极低

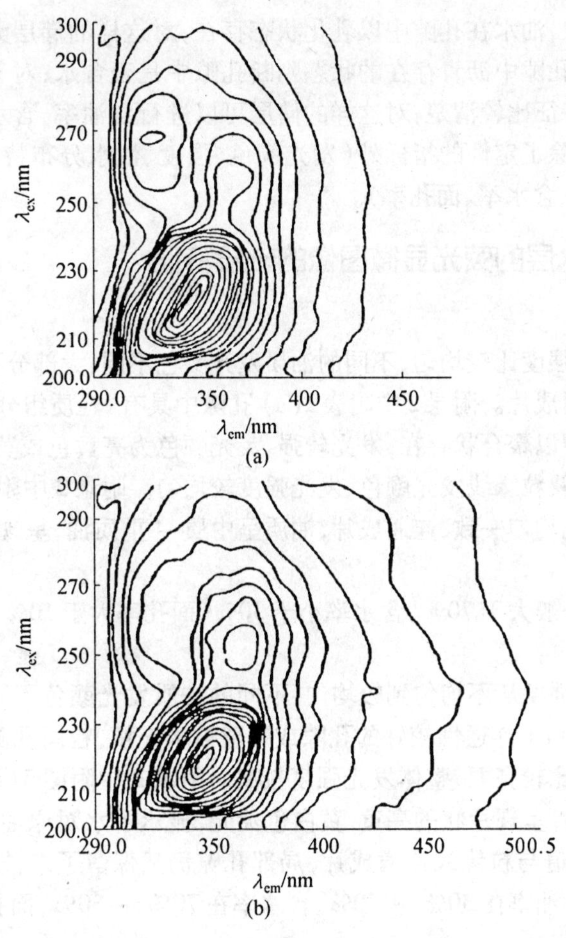

图7.9　松辽盆地岩心三维荧光光谱

3. 发光面积

发光面积是指在显微镜的视域下，某一颜色荧光或所有颜色荧光的面积。将沥青的发光面积与孔隙面积的比值定义为视含油率，这是岩石含油饱满程度的指标。将水的发光面积与孔隙面积的比值定义为视含水率，这是岩石含水饱满程度的指标。面孔率是指视域内岩石孔隙面积与视域面积的比值，是反映岩石孔隙发育程度的指标。

4. 色晕

色晕是指一种颜色对另外一种通常构成背景的颜色的渗透、重叠、沾染。简单地理解为荧光图像上两种颜色之间存在的颜色过渡现象。色晕是孔隙流体组分不一致的表现。如水与油接触在油水接触面上会出现色晕。由于束缚水的存在，即使是产纯油的储层岩石的荧光图像上也或多或少存在色晕。

5. 颜色的分布

颜色分布有两个含义，其一是指不同颜色荧光的面积比例关系。由于颜色代表了流体组分，因此颜色的比例也就代表了不同流体的比例。其二是不同颜色的空间位置关系，代表了孔隙中的油水分布特征及含量。沥青在岩石中的分布是多种多样的，不同的产状不但反映了它的成因，而且对产油的贡献也是不一样的。我们主要观察粒间连通性比较好的孔隙中油水的分布状态及其含量。通过大量的镜下观察发现，对于油质较轻的储层，油水没有明显的界限,油水在孔隙中以乳化状态存在,对这样的储层无法进行含油率、含水率分析,只能根据孔隙中沥青存在的状态判断孔隙中是否含水;对于中质及重质油,镜下观察油水的分布特征比较清楚,对这样的储层可以进行含油率、含水率分析。这样,在油水层识别过程中,除了定性的指标外(发光颜色、强度、油水分布特征),又增加了一项半定量指标(含油率、含水率、面孔率)。

7.5.2　油、水层的荧光显微图像的一般特征

1. 油层

发光颜色、发光强度比较均匀,不同的油质发光颜色不同,大部分孔隙被油充填,并通过喉道与粒缘线连通成片。附录2中附表2(a)孔隙中具有"轻质组分聚集的亮点",油质沥青在大部分孔隙中以聚合状存在,发光较强,荧光颜色为亮黄色或黄白色,发光颜色、发光强度较均匀,喉道及粒缘线发光颜色、发光强度较均匀。附录2中附图2(b)中孔隙、喉道及粒缘线发光颜色均匀一致,连通成片,油质呈中质-重质油,呈现棕、棕黄色,发光强度中等。

油层的含油率一般大于70%,含水率小于30%,面孔率大于10%。

2. 油水同层

发光颜色、发光强度从不均匀到较均匀,不同的油质发光颜色不同,整体发光强度较高。附录2中附图3(a)连通性较好的孔隙或裂隙被水充填,粒间孔隙等浸染发光尚好,油、水的荧光颜色均比较亮丽,整体发光强度较高。附录2中附图3(b)孔隙中油水以乳化状态存在,发光沥青呈现片状的亮黄、黄白色荧光,显示了水对原油轻质组分的溶出富集效应,并且通过喉道与粒缘线连通成片,局部孔隙仍然保留了未被水降解原油的原生色。油水同层一般含油率在30%~70%,含水率在70%~30%,面孔率大于10%。

3. 水层

发光颜色、发光强度不均匀,荧光颜色比较杂,色差较大,大部分孔隙被水充填,在孔隙边缘吸附微量的低分子烃类,使矿物颗粒边缘具雾状油膜,呈现极微弱的光晕,由于孔隙基本上已经被水占据,所以呈现了含微量轻质组分的灰绿色荧光(附录2中附图4)。有一些水层油水以"乳化状态"存在或孔隙中水呈弥漫性分布,荧光颜色仍然比较明亮,这是水动力运移轻质组分相对富集的结果。个别水层部分孔隙中可见到斑点状或条纹状的棕褐、褐色发光沥青,这是油气运移的通道上残留下来的沥青质。水层一般含油率小于30%,含水率大于70%,面孔率大于10%。

7.6　三维荧光技术

在荧光图像分析中,如果将所获得的荧光图像用波长(颜色)和强度(亮度)来表示则得到一张光谱图,该谱图被称为发射光谱图,其横坐标是波长、纵坐标是强度。如果激发光波长由小到大有规律地改变,那么每对应一个波长的激发光都可以得到一张发射光谱,将这些发射光谱按照激发波长的次序排列起来就构成了一幅如图附录2中附图1所示的三维荧光谱图,可以看出荧光强度是激发和发射这两个波长的函数。这样就可以得出,描述荧光强度随激发波长和发射波长变化的关系图谱,即为三维荧光光谱。

三维荧光光谱的表示形式有两种:等角三维投影图(图 7.7)和等高线光谱图(图 7.8)。

用等角三维投影方式表示比较直观,容易从图上观察到荧光峰的位置和高度以及荧光光谱的某些特性,但不容易提供任何激发 - 发射波长对所相应的荧光强度信息。等高线光谱的表示方式,虽然步骤稍为麻烦,但能获得较多的信息,容易体现与普通的激发光谱、发射光谱以及同步光谱的关系。例如,从图 7.8 可以看出,激发光谱 A 是三维谱图在沿 λ_{em} = 440 nm 的剖面上的轮廓线,发射光谱 B 则是在沿 λ_{ex} = 390 nm 的剖面上的轮廓线。曲线 C 是 $\Delta\lambda = \lambda_{em} - \lambda_{ex}$ = 50 nm 的同步扫描荧光光谱(关于同步荧光的更多知识需阅读相关文献)。由图 7.8 中看出,它是沿 $\Delta\lambda$ = 50 nm 的 45° 对角线切割并投影在发射波长轴上的轮廓线。

宋继梅对我国主要含油气盆地的几十个原油的油气性质进行荧光光谱分析发现,不同油气性质的三维荧光光谱既有共性又有各自的特性(表 7.3)。可以看出,石油与天然气都存在共性峰 228/342,而不同性质的油气又存在不同的特征峰,随着由气到油、由轻质油到重质油的变化,其特征峰的发射波长由短波长向长波长方向移动。所以,根据样品的三维荧光光谱特征能够进行油气性质的判识。

表 7.3　不同性质油气的三维荧光特征

特征峰 ex/em	268/322	284/336	256/360	228/342
油气性质	气、凝析气	凝析油、轻质油	中质油、重质油	共性峰

下面在结合图 7.9 对表 7.3 的意义做进一步解释。图 7.9(a) 和图 7.9(b) 均有共性峰 228/342,图 7.9(a) 中出现 268/322 峰,据此推测该层为气或凝析气层;图 7.9(b) 中出现 256/360 峰,结合其样品的荧光强度和地质资料分析为烃源岩的反映。其他不同层位岩心的三维光谱基本类似于图 7.9(a),没有出现中质或重质油的特征峰。我们认为该井应以气、凝析气、间或凝析油为主要勘探目标的油气井,后被试油结果所证实。

在有机质荧光图像分析中,主要利用汞灯在 360 ~ 500 nm 之间的三条强的谱线,而三维荧光的激发光谱一般在 200 ~ 400 nm 之间;图像分析所利用的发射光谱为可见光范围(400 ~ 760 nm),三维荧光的发射光谱主要处于 290 ~ 450 nm 之间。可见无论发射还是激发,三维荧光的光谱能量都高于荧光图像,可以获得饱和烃和低分子量芳烃的荧光。这对于发现轻质油或凝析油储集岩十分有用,因为轻质油或凝析油储集岩用荧光图像分析往往不易发现。

7.7　荧光显微图像技术在石油地质中的其他应用

荧光显微镜分析可以直接观察岩石中的沥青物质组分、性质及分布,所以它已成为研究石油烃类与岩石之间成因关系的一种重要手段。可以用它来分析解决油气源岩、油气运移、储层评价中的有关问题。

7.7.1　确定生油岩

生油岩中含有丰富的有机物质。在荧光显微镜下如能发现原生沥青物质,并结合其他有机地化指标便很容易确定。

碳酸盐岩生油岩的荧光特征是:微生物体内为重质沥青,向壳外逐渐变轻,围绕壳体具有分异色晕。在层纹石碳酸盐中具有明显分带性。暗层有机质丰富,褐色的重质或中质沥青呈弥漫状分布,向明层变轻。早期形成的孔、缝中心部位沥青性质与基质相同,向壁外逐渐变轻。

泥质生油岩的荧光特征是:以重质 - 中质沥青为主;沥青多沿层分布,在层顶部可见轻质组分出现。

7.7.2　划分生油母质类型

不同类型的干酪根代表不同的生油母质类型。利用荧光显微镜观察干酪根的形态、颜色及荧光性,可以划分干酪根类型。

腐泥型干酪根在普通透射光下为浅黄带绿色,反射光下为深灰色具突起,荧光下呈亮黄色。

腐殖型干酪根在荧光下不发光。

混合型干酪根是腐泥、腐殖型干酪根的混合物。荧光下发亮黄色,无定型颗粒是腐泥型。不发光但具有纤维状或树枝状为腐殖型。

7.7.3　判断干酪根成熟度

利用荧光显微镜方法判断干酪根成熟度的原理是随着埋藏深度的增加,干酪根荧光性有显著的变化。浅层未成熟样品发光强,主要成油带发光减弱,湿气带底部及干气带无荧光显示。因此,搞清干酪根发光颜色(强度)与埋藏深度之间的关系后,即可根据其荧光特征判断其成熟度。

7.7.4　确定石油运移时间和次数

一定的沥青产状代表着一定的成因类型,每一次进入储层的石油总是占据该时期和这以前所形成的孔隙空间,绝不会充填在这一时期以后所形成的孔隙空间。因此,只要确定孔隙空间形成的时间,结合沥青发光的范围就可以确定石油运移的次数和时间。

第8章　油田水分析

油气田水简称为油田水,是指油气田区域内深埋的地下水。油田水有广义和狭义之分,狭义的油田水是指与油气藏埋藏在同一储层中的油层水,它和油气之间存在着经常性的物质成分的交换,与油气的关系最为密切;广义的油田水是指与油气的生成、运移、聚集、保存以及油气田勘探开发有联系的地下水,其中也应该包括目前数量巨大的油田含油污水。其中广义的油田水按照埋藏条件可大致分为与油气联系的潜水(地面以下第一个隔水层以上具有自由水面的重力水)和层间水(位于隔水层之间的重力水)两类,后者又可以分为油层层间水和非油层层间水。

在油田生产开发领域,油田水如果与石油、天然气一同被开采出来,则成为石油、天然气的伴生物。在油田的开发初期,其含量较低,随着油田开发过程的深入,为了提高采收率,油田普遍采用注水开发工艺,使采出原油的含水率不断上升,原油经过油水分离后,形成了含固体杂质、液体杂质、溶解气体和溶解盐类较为复杂的多项体系 —— 规模巨大的油田含油污水。油田污水对环境污染严重,不能直接外排,目前主要是对油田污水进行处理后回注地层而实现再利用。

通常,油气勘探阶段对应研究层位的水称为地层水,而对于油气开发阶段或已经确定有油气储量的层位的地层水,称为油田水。地层水一般没有受到人为油气开发的影响,能够反映其赋存的水文环境和地质环境,根据其相关参数和指标能够开展油气聚集和成藏方面的研究。

油田水分析的目的是服务于油气田的勘探和开发,帮助理解、认识与油气生成、运移、聚集、保存及开采、环保等有关的地质问题。这决定了油田水分析的内容设计及质量要求明显不同于其他水分析,如生活饮用水分析(含有细菌等生物分析项目)、地面水环境质量分析等。与石油地质研究关系密切的油田水分析内容包括:水的物理性质(颜色、气味、透明度、沉淀物、酸碱度、密度)简单分析;水中主要阴、阳离子分析(Cl^-、CO_3^{2-}、HCO_3^-、OH^-、SO_4^{2-}、I^-、Br^-、$Na^+ + K^+$、Mg^{2+}、Ca^{2+}、Sr^{2+}、Ba^{2+})及B。油田水分析目前执行的标准是SY/T 5523—2006《油田水分析方法》,该标准是在SY/T 5523—2000《油田水分析方法》的基础上增加了铝、铵、BOD、铬、COD、电导率、铁、锂、锰、硝酸盐、油和脂、有机酸、溶解氧、磷、电阻率、硅、溶解总固体、总有机碳、悬浮固体、浊度等分析项目,并在已有分析项目基础上增加了ICP(电感耦合等离子体原子发射光谱法)、AAS(原子吸收光谱法)、比色法、离子选择电极等分析方法,使分析内容和分析方法都更加先进和完善。增加的分析项目更加注重环境指标和油田水回注指标的监测,以便更好地开展油田环境保护和油田回注水的评价和监测。本书更加注重油田勘探对油田产出水分析的要求,在充分参照SY/T 5523—2006的基础上,部分分析项目如镁、钙、锶、钡离子和碳酸根、碳酸氢根、氢氧根离子的分析方法以及其他操作方法参考了SY/T 5523—2000,并增加了油田水中可溶烃类的分析,使其更好地服务于油气田勘探领域。

8.1 油田水物理性质的测定

按照 SY/T 5523—2006 标准的要求，油田水的物理性质包括颜色、气味、透明度、沉淀物、酸度和密度共 6 项指标，此外还应该包括可溶固体、电导率和悬浮物等指标。

8.1.1 取样

1. 容器和采样体积

采水样的容器一般选用容积为500 ~ 1 000 mL 的磨口瓶或聚乙烯塑料瓶。采样体积取决于分析项目的要求，一般的简项分析需要水样 500 mL，全分析需要水样 1 000 mL 以上。特殊分析项目应根据分析项目的要求来选择容器和采样体积。

2. 水样采集要求

取样前应先将井中的地表水、泥浆水排完；试油中应每 8 h 测一次氯离子含量，氯离子含量连续三次不变时才能取样；将容积不小于1 L，洗净的玻璃瓶用水样洗涤三次，然后盛满水样并密封。（根据 SY/T 5523—2000《油气田水分析方法》）

对于新投产、新开发的生产油井，使用铅锤取样器取样；对于油田高含水地区的生产油井，可使用较大的搪瓷或玻璃容器，放入足够量的原油，静止分层后，以虹吸法取出规定的样品体积。

8.1.2 颜色

油田水颜色一般只作定性描述。将水样注入烧杯中，在白色背景上以同样条件的蒸馏水为参照物，目测水样颜色，可分为：无色、浅黄色、黄色、绿色、棕色和黑色等。

8.1.3 气味

测试方法一般是于室温将水样在瓶中剧烈摇动，开塞后，左手持瓶，右手扇动瓶口空气嗅其气味，可描述为无气味、硫化氢味、泥土味、沼气味、芳香味和刺激味等。也可以用人们熟悉的物质气味来说明，并可以用极微、微、强、浓、极浓等来描述其程度的不同。

8.1.4 透明度

一般只作定性测定。取 10 mL 水样于比色管中，自上而下观察透明程度，可描述为透明、半透明和不透明。

8.1.5 沉淀物

观察水样中沉淀物的数量及形状，沉淀物的数量可分为无、少量和大量，形状可分为片状、粒状和絮状等。

8.1.6 pH 值

pH 值是溶液中氢离子浓度的负对数，即 $pH = -\log[H^+]$。油田水的 pH 值主要决定于样品中的二氧化碳、重碳酸根离子之间的相对含量。

1. pH 试纸法

pH 试纸法只能测水的近似 pH 值。此法是将滤纸细片以适当的指示剂溶液浸染、干燥而成。使用时把试纸浸入水样使其呈色，与标准比色板比较而确定水的大概 pH 值。但该方法不适用于色度高和缓冲作用小的水。

2. pH 计电测法

用 pH 值为 4.0，7.0，10.0 三种标准缓冲溶液校准 pH 计。将 pH 计调到 pH 值为 7.0 处，看 pH 计在各种缓冲溶液中的读数，误差不得大于 0.02 pH 单位，否则应重新校准 pH 计。

将校准后的 pH 计的电极浸入盛有 50 mL 水样的烧杯中，待仪器稳定后读数。

8.1.7 密度

密度是单位体积物质的质量。一般水的密度测定有以下两种方法。

1. 密度瓶法

密度瓶法是基于在相同温度下相同体积的地下水和纯水之间的质量比。

(1) 密度瓶容积的测定。

将密度瓶洗净、低温烘干后，在室温(25 ℃)下放置 1 h，称其质量(m_1)。用室温的蒸馏水小心装满密度瓶，塞上塞子，用滤纸小心吸去瓶口或塞子毛细管顶部溢出的水，密度瓶浸入恒温水浴((25 ±1) ℃)，放置 30 min，小心用滤纸吸去塞子毛细管上端溢出的水，取出密度瓶，瓶外用干净布擦干，在室温下放置 20 min，然后称其质量(m_2)。密度瓶在 25 ℃ 时的容积(V) 为：

$$V = (m_2 - m_1)/d \tag{8.1}$$

式中 d——25 ℃ 时水的密度，g/cm³。

(2) 密度的测定。

按密度瓶容积的测定方法，用已测过容积(V) 的密度瓶，在该温度下再次称其空瓶质量(m_1) 和盛满地下水后的质量(m_2)，则地下水的密度(d_{25}) 为：

$$d_{25} = (m_2 - m_1)/V \tag{8.2}$$

密度瓶法系目前测定流体密度的最准确的方法。

2. 韦氏天平法

(1) 天平校准。

将测锤浸入去离子水中，不得接触容器的底和壁。挂上最大砝码于钩上，调节平衡锤，使横梁上指针与托架指针成水平，记下去离子水温度。

(2) 测定。

将测锤浸入水样中(浑浊水样需经过过滤)，不得接触容器的底和壁。由大而小添加砝码到 V 形槽中，至梁的指针尖与托架针尖成水平，记下水样的温度 t(℃) 及砝码质量。砝码质量数值即为该水样的实测密度(d_t^t) 的数值。

(3) 水样密度不大于 1.010 0 g/cm³ 时的计算公式。

温度在 5 ~ 35 ℃ 时的精确计算公式为：

$$d_4^{20} = d_t^t d_4^t - r(20 - t) \tag{8.3}$$

温度在 15 ~ 25 ℃ 时的近似计算公式为：

$$d_4^{20} = 0.998\ 23 d_t^t \tag{8.4}$$

式中 d_4^{20}—— 水样的标准密度,g/cm³;

d_t^t—— 水样在 t ℃ 时的实测密度,g/cm³;

d_4^t—— 纯水在 t ℃ 时的密度,g/cm³;

t—— 水样的温度,℃;

r—— 温度系数,见表 8.1;

0.998 23—— 纯水在 20 ℃ 时的密度,g/cm³。

表 8.1 水的温度系数

温度范围 /℃	温度系数 r,10^{-4}	温度范围 /℃	温度系数 r,10^{-4}
5.0 ~ 10.0	1.10	> 20.0 ~ 25.0	2.30
> 10.0 ~ 15.0	1.50	> 25.0 ~ 30.0	2.50
> 15.0 ~ 20.0	1.80	> 30.0 ~ 35.0	2.75

(4) 水样密度大于 1.010 0 g/cm³ 时需要另外的计算公式。

8.1.8 悬浮物

分析方法是将细颈漏斗于 105 ~ 110 ℃ 下烘至恒重后,称其质量(m_1)。然后将漏斗装在吸滤瓶上,将水样摇匀,吸取 250 mL 水样,用上述漏斗过滤(滤液作可溶性固体总量的测定),用蒸馏水洗涤残渣两次,将带有残渣的漏斗置于烘箱中,在 105 ~ 110 ℃ 下烘(第一次烘 2 h) 至恒重,称其质量(m_2),则悬浮物质量浓度($\rho_{悬浮物}$) 的计算公式为:

$$\rho_{悬浮物} = (m_2 - m_1) \times 10^6 / V_S \tag{8.5}$$

式中 m_2—— 漏斗与悬浮物质量,g;

m_1—— 漏斗质量,g;

V_S—— 取样体积,mL;

$\rho_{悬浮物}$—— 悬浮物的质量浓度,mg/L。

8.1.9 电导率的测定

1. 原理

电导率是表示溶液传导电流能力的物理量。电导率越大,则溶液的导电能力越强。水溶液的电导率取决于溶液中离子的性质和浓度、溶液的温度和黏度等。纯水的电导率很小,而当水中含有无机酸、碱或可溶的盐类时,电导率明显增加。一般采用水的电导率间接推测水中离子成分的总浓度。

在电场作用下,电解质溶液导电能力的大小常以电阻 R 或电导 G 表示,电导是电阻的倒数:

$$G = \frac{1}{R} \tag{8.6}$$

电阻、电导的国际标准单位分别是欧姆(Ω) 和西门子(S),用于表示电导的单位西门子太大,常用毫西门子(mS) 和微西门子(μS) 表示。

导体的电阻与其长度(l)成正比,与其截面积(A)成反比:

$$R = \rho \frac{l}{A} \tag{8.7}$$

式中　ρ—— 电阻率,$\Omega \cdot m$。

根据电导与电阻的关系,可以得出:

$$G = \frac{1}{R} = \frac{1}{\rho} \times \frac{A}{l} = \kappa \frac{A}{l} \tag{8.8}$$

即

$$\kappa = G \frac{l}{A} \tag{8.9}$$

式中　κ—— 电导率,它是长1 m,截面积为1 m^2 导体的电导,是 $S \cdot m^{-1}$。

对电解质溶液来说,电导率是面积为1 m^2,间距为1 m的两个电极之间的电导。

2. 仪器和试剂

电导率仪,误差不超过1%;

温度计,0.1 ℃;

纯水:将蒸馏水通过离子交换柱,电导率小于0.1 mS/m;

0.010 0 mol/L标准氯化钾溶液:取110 ℃下烘至恒重的分析纯氯化钾(0.745 6 ± 0.000 2) g,溶解在刚煮沸过的重蒸馏水中,转移到(1 000 ±0.4) mL容量瓶中,稀至刻度,即为标准参考溶液(25 ℃时其电导率为1 413 μS/cm,溶液储存于具塞的硬质玻璃瓶里),见表8.2。

表8.2　25 ℃时氯化钾溶液的电导率

浓度/($mol \cdot L^{-1}$)	电导率/($\mu S \cdot cm^{-1}$)	浓度/($mol \cdot L^{-1}$)	电导率/($\mu S \cdot cm^{-1}$)
0		0.02	2 767
0.000 1	14.94	0.05	6 668
0.000 5	73.90	0.1	12 900
0.001	147.0	0.2	24 820
0.005	717.8	0.5	58 640
0.01	1 413	1	119 000

3. 分析方法

按照电导仪使用说明进行操作和计算。

4. 注意事项

为保证读数精确,应尽可能使表针指示近于满刻度,如被测量是4.5 μS/cm,应将选择器放在5 μS/cm挡,而不宜放在15 μS/cm挡。

若被测溶液的电导率很高,测定时应用标准氯化钾溶液进行校正,以提高测量精度。

测量完毕,取出电极,用蒸馏水洗净,妥善保管。

8.1.10 油田水矿化度的计算

1. 方法原理

油田水样经过过滤去除漂浮物及沉降性固体物后，放在称至恒重的蒸发皿内蒸干，并用过氧化氢除去有机物，然后在105 ~ 110 ℃下烘干至恒重，将称得的重量减去蒸发皿的重量即为所测水样的矿化度。

2. 实验仪器和器材

蒸发皿：直径为90 mm的玻璃蒸发皿（或瓷蒸发皿）；烘箱；水浴或蒸汽浴；分析天平，感量1/10 000 g；砂芯玻璃坩埚（G3号）或中速定量滤纸；抽气瓶（容积为500 mL或1 000 mL）。

3. 实验步骤

（1）将清洗干净的蒸发皿置于105 ~ 110 ℃烘箱中烘2 h，放入干燥器中冷却至室温后称重，重复烘干称重，直至恒重（两次称重相差不超过0.000 5 g）；

（2）取适量水样用清洁的玻璃砂芯坩埚抽滤，或用中速定量滤纸过滤；

（3）取过滤后水样50 ~ 100 mL（水样以蒸干产生2.5 ~ 200 mg的盐为宜），置于已称重的蒸发皿中，于水浴上蒸干；

（4）如蒸干的固体有色，则使蒸发皿稍冷后，滴加过氧化氢（1 + 1）溶液数滴，慢慢旋转蒸发皿至起泡时，再置于水浴或蒸发皿上蒸干，反复处理数次，直至固体变白或颜色稳定不变为止；

（5）蒸发皿放入烘箱内于105 ~ 110 ℃下烘干2 h，置于干燥器内冷却至室温，称重，重复烘干称重，直至恒重（两次称重相差不超过0.000 2 g）。

4. 计算公式

实验结束后，按下式计算其矿化度：

$$\text{矿化度}/(\text{mg}\cdot\text{L}^{-1}) = \frac{m - m_0}{V} \times 10^6 \tag{8.10}$$

式中 m—— 蒸发皿及盐的总质量，g；

m_0—— 蒸发皿质量，g；

V—— 水样体积，mL。

8.2 油田水中主要离子含量的测定

据研究，在天然水中目前已测定出60多种元素，其中最常见的有30多种。油田水的成分比一般天然水更为复杂，这不仅是因为油田水长时间与油气相接触，而且还因为它是从不同的沉积环境（如淡水湖、咸水湖或海洋等）进入埋藏环境的，在被埋藏之后，又经历了相当长的复杂的演化历史。在这期间，与其接触的围岩性质、温度、压力变化以及同地表水连通时与地表水的交换情况等，都会对油田水的化学成分有不同程度的影响。油田水的常规分析包括Cl^-，SO_4^{2-}，HCO_3^-（包括CO_3^{2-}），Na^+（包括K^+），Ca^{2+}，Mg^{2+}，Ba^{2+}这9种阴阳离子，以上9种离子构成油田水中离子含量测定的主要内容。

8.2.1 预备知识:溶液浓度的表示方法

溶液是由两种或多种组分所组成的均匀体系,溶液均由溶剂和溶质组成。一定量的溶液里所含溶质的量,叫做这种溶质的浓度。根据溶液的性质和用途,溶液浓度的表示方法有多种。一般把已知准确浓度的溶液,在滴定分析中常用作滴定剂,在其他的分析方法中用来绘制工作曲线或作计算标准,这种溶液称为标准溶液;其他溶液称为一般溶液。

表示溶液浓度的方法有多种,一般可归纳成两大类:一类是质量浓度,表示一定质量的溶液里溶质和溶剂的相对量,如质量分数、质量摩尔浓度、ppm 浓度等;另一类是体积浓度,表示一定体积溶液中所含溶质的量,如物质的量浓度、体积分数等。为使下面油田水中主要离子含量的分析过程中,能对溶液的浓度及其表示方法有一个全面的认识,并统一使用各种浓度的表示符号,我们按照一般溶液和标准溶液来分别介绍其溶液浓度及其表示方法。

1. 一般溶液浓度的表示方法

(1) 体积比与质量比。

用两种液体配制溶液时,为了操作方便,有时用两种液体的体积比表示溶液浓度,叫做体积比。如配制硫酸溶液(1 + 4) 表示1体积硫酸(一般指98%,密度是1.84 g/cm^3 的 H_2SO_4) 与4体积水配成的溶液。体积比浓度只在对浓度要求不太精确时使用。

固体试剂相互混合时,用配制时其质量之比来表示混合物的组成。例如,氢氧化钠与氢氧化钾的混合试剂(6 + 1),表示6 g 氢氧化钠与1 g 氢氧化钾混合而成。

(2) 质量分数。

溶质 B 的质量用符号 ω_B 表示,即:

$$\omega_B = \frac{m_B}{m} \tag{8.11}$$

(3) 质量浓度。

质量浓度指在单位体积溶液中所含溶质的质量,常用 g/L,mg/L,μg/L 来表示。这种浓度的表示方法是油田水分析结果最常用的表达形式,也多用于比色分析及光度分析中。

(4) 体积分数。

体积分数(φ_B) 定义为物质的体积(V_B) 与混合前的总体积(V_0) 的比值,即:

$$\varphi_B = \frac{V_B}{V_0} \tag{8.12}$$

体积分数可以用百分比(%) 或千分比(‰) 的形式来表示,当用百分比(%) 的形式表示时,有时用%(体积) 来表示,以区别于质量分数。需要说明的是,上面介绍的体积百分比浓度属于非法定单位,与体积分数的内涵是不同的,使用时应注意区别。

2. 标准溶液浓度的表示方法

(1) 物质 B 的物质的量浓度(c_B)

物质 B 的物质的量 n_B 除以混合物的体积 V,其国际符号是 c_B,即:

$$c_B = \frac{n_B}{V} \tag{8.13}$$

其国际标准单位是 mol/m^3,在化学分析中常用的单位名称是 mol/L。物质的量是国际单位制 7 个基本单位之一,单位是摩尔(mol)。

(2) 物质 B 的质量浓度(ρ_B)

物质 B 的质量 m_B 除以混合物的体积 V,为物质 B 的质量浓度,其国际符号是 ρ_B,即:

$$\rho_B = \frac{m_B}{V} \tag{8.14}$$

其国际标准单位是千克每升,单位符号是为 kg/L。在实际工作中常用克每升(g/L)、毫克每毫升(mg/mL)、毫克每升(mg/L) 表示。

(3) 物质 B 的质量分数(ω_B)

物质 B 的质量(m_B) 与混合物的质量(M) 之比,为物质 B 的质量分数,其国际符号是 ω_B,即:

$$\omega_B = \frac{m_B}{M} \tag{8.15}$$

质量分数(ω_B) 是无量纲的。

8.2.2 氯离子含量的测定——硝酸银沉淀滴定法

参照 SY/T 5523—2006。该方法适用于油田水中氯离子含量在 100 mg/L 以上,溴、碘离子含量为氯离子含量为 1% 以下时氯离子含量的测定。

1. 基本原理

在 pH 值为 6.0 ~ 8.5 的介质中,硝酸银离子与氯离子反应生成白色沉淀。过量的银离子与铬酸钾指示剂生成砖红色铬酸银沉淀,根据硝酸银离子的消耗量计算氯离子的含量。

$$Ag^+ + Cl^- \longrightarrow AgCl\downarrow\text{(白色)}$$

$$2Ag^+ + CrO_4^{2-} \longrightarrow Ag_2CrO_4\downarrow\text{(砖红色)}$$

2. 试样制备

无色、透明、含盐度高的油田水样,经适当稀释(稀释后的试样,氯离子的含量应控制在 500 ~ 3 000 mg/L) 即可测定。如果水样中含有硫化氢,则在水样中加数滴硝酸溶液煮沸除去硫化氢,如水样浑浊,则用滤纸过滤,去掉机械杂质,记作 A,保留滤液 A 用于氯离子的测定。

3. 测定

用大肚移液管取一定体积油田水样或经处理后的试样或滤液 A(试样中氯离子含量应为 10 ~ 40 mg) 于三角瓶中,加水至总体积为 50 ~ 60 mL,用硝酸溶液(50%) 或碳酸钠溶液(0.05%) 调节试样 pH 至 6.0 ~ 8.5,加 1 mL 铬酸钾指示剂。用硝酸银标准溶液滴至生成淡砖红色悬浮物为终点。用同样的方法做空白试验。

4. 计算

氯离子含量的计算见下式:

$$c(Cl^-)/(mmol\cdot L^{-1}) = \frac{c_{硝}(V_{1硝} - V_{0硝})}{V} \times 10^3 \tag{8.16}$$

$$\rho(Cl^-)/(mg\cdot L^{-1}) = \frac{c_{硝}(V_{1硝} - V_{0硝}) \times 35.45}{V} \times 10^3 \tag{8.17}$$

式中　$c_{硝}$—— 硝酸银标准溶液的浓度,mol/L;

$V_{1硝}$—— 硝酸银标准溶液的消耗量,mL;

$V_{0硝}$—— 做空白试验时,硝酸银标准溶液的消耗量,mL;

V—— 试样的体积(原水水样),mL;

35.45—— 与1.00 mL硝酸银标准溶液(c_{AgNO_3} = 1.000 mol/L)完全反应所需要的氯离子的质量,mg。

5. 质量要求

氯离子平行样品分析结果应符合表8.3的质量要求。

表 8.3　氯离子平行样品分析偏差要求

氯离子含量范围/($mg \cdot L^{-1}$)	相对偏差/%	氯离子含量范围/($mg \cdot L^{-1}$)	相对偏差/%
100 ~ 1 000	3.0	> 10 000 ~ 50 000	1.5
> 1 000 ~ 5 000	2.0	> 50 000 ~ 100 000	1.0
> 5 000 ~ 10 000	1.8	> 100 000 ~ 200 000	0.8

8.2.3　碳酸根、碳酸氢根、氢氧根离子含量的测定

该法适用于一般油气田水中碳酸根、碳酸氢根、氢氧根离子含量的测定,它们是水中碱度的主要来源。碱度是指水中所含能与强酸定量作用的物质总量,一般水中的总碱度被当做碳酸根、碳酸氢根、氢氧根离子浓度的总和,但是当油田水中有共存的硼酸盐、硅酸盐、亚硫酸盐、硫化物和磷酸盐等碱性物质存在时,它们也可与强酸作用,则此时总碱度的测定值也包含它们所起的作用,但对其中任何特定离子对所测碱度值的贡献或对碳酸根、碳酸氢根和氢氧根离子含量的测定均不给予定量考虑(SY—T 5523—2006《油田水分析方法》)。

1. 基本原理

在 $CO_2 - H_2O$ 体系中,主要存在下列的化学反应

$$H_2O + CO_2 \rightleftharpoons H_2CO_3 \tag{8.18}$$

$$H_2CO_3 \rightleftharpoons H^+ + HCO_3^- \tag{8.19}$$

$$HCO_3^- \rightleftharpoons H^+ + CO_3^{2-} \tag{8.20}$$

加之水本身也可以发生电离反应,故由于 CO_2 溶于水,水中可以产生 H^+,H_2CO_3,HCO_3^-,CO_3^{2-} 和 OH^- 5种离子或分子的存在形式,水中碳酸的主要存在形式与pH值密切相关,水中不同形式碳酸和pH值关系见表8.4。

油田水一般呈碱性,pH值较高,可依次采用酚酞和甲基橙溶液为指示剂,用盐酸标准溶液分两个阶段滴定水样,用两次滴定所消耗盐酸标准溶液的体积,计算碳酸根、碳酸氢根和氢氧根离子的含量。

当滴定至酚酞指示剂由红色变为无色时,溶液pH值为8.3,指示水中氢氧根离子(OH^-)被中和,碳酸根(CO_3^{2-})已转化为重碳酸根(HCO_3^-),反应如式(8.21)、式(8.22)所示

$$OH^- + H^+ \xrightarrow{\text{酚酞指示剂}} H_2O \tag{8.21}$$

$$CO_3^{2-} + H^+ \xrightarrow{\text{酚酞指示剂}} HCO_3^- \tag{8.22}$$

当滴定至甲基橙指示剂由橘黄色变成橘红色时，溶液的 pH 值为 4.4 左右，指示水中的重碳酸盐（包括由碳酸盐转化的）及所有碱度已被中和，主要反应如式(8.23) 所示：

$$HCO_3^- + H^+ \xrightarrow{\text{甲基橙指示剂}} CO_2\uparrow + H_2O \tag{8.23}$$

根据上述反应滴定终点所消耗的盐酸标准溶液的体积来计算油气田水中碳酸根、碳酸氢根、氢氧根离子的含量。

表 8.4 水中不同形式碳酸和 pH 值关系 %

存在形式	pH							
	4	5	6	7	8	9	10	11
CO_2	99.7	97.0	76.7	24.99	3.22	0.32	0.02	—
HCO_3^-	0.3	3.0	23.3	74.98	96.70	95.84	71.43	20.00
CO_3^{2-}	—	—	—	0.03	0.08	3.84	28.55	80.00

2. 分析步骤

用大肚移液管取 50 ~ 100 mL 刚开瓶塞的油田水样于三角瓶中，加2 ~ 3 滴酚酞指示剂。若水样出现红色，则用盐酸标准溶液滴至红色刚消失，所消耗的盐酸标准溶液的体积(mL) 记作 $V_{1盐}$，再滴加 3 ~ 4 滴甲基橙指示剂，水样呈黄色，则继续用盐酸标准溶液滴至溶液由黄色突变为橙红色，所消耗的盐酸标准溶液的体积(mL) 记作 $V_{2盐}$。若加酚酞指示剂后水样呈无色，则继续加甲基橙指示剂至水样呈黄色，用盐酸标准溶液滴定至橙红色为终点。具体分析步骤如图 8.1 所示。

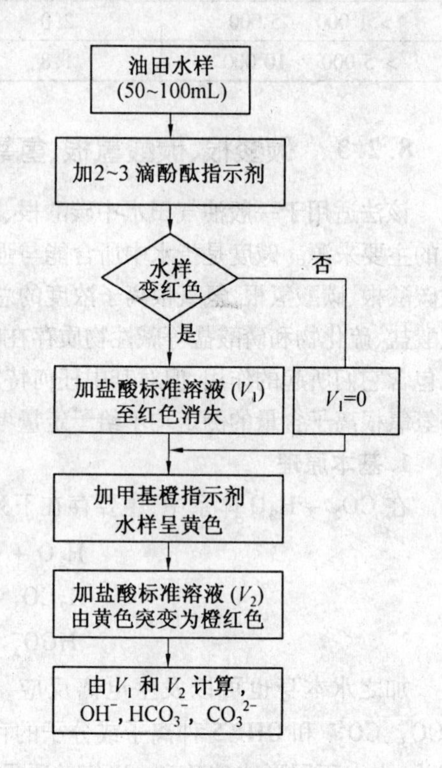

图 8.1 碳酸根、碳酸氢根、氢氧根离子含量的测定流程图

3. 计算

由上面的反应原理和表 8.4 可知，当溶液的 pH 值大于 8 时，溶液中主要存在碳酸根、重碳酸根和氢氧根离子，当溶液的 pH 值小于 8 时，溶液中主要存在重碳酸根离子，参照反应过程中消耗的标准盐酸的体积可计算碳酸根、重碳酸根和氢氧根离子的含量，其含量关系见表 8.5。

表 8.5 碳酸根、重碳酸根和氢氧根离子含量关系

盐酸消耗量	重碳酸根离子	碳酸根离子	氢氧根离子
$V_{1盐} = 0$	$V_{2盐}$	0	0
$V_{1盐} < V_{2盐}$	$V_{2盐} - V_{1盐}$	$V_{1盐}$	0
$V_{1盐} = V_{2盐}$	0	$V_{1盐}$	0
$V_{1盐} > V_{2盐}$	0	$V_{2盐}$	$V_{1盐} - V_{2盐}$
$V_{2盐} = 0$	0	0	$V_{1盐}$

当 $V_{1盐}=0$ 时,表明仅有重碳酸根离子,其含量计算见式(8.24)、式(8.25):

$$c(HCO_3^-)/(mmol \cdot L^{-1}) = \frac{c_{盐} V_{2盐}}{V} \times 10^3 \tag{8.24}$$

$$\rho(HCO_3^-)/(mg \cdot L^{-1}) = \frac{c_{盐} V_{2盐} \times 61.02}{V} \times 10^3 \tag{8.25}$$

当 $V_{1盐} < V_{2盐}$ 时,表明有重碳酸根和碳酸根离子,无氢氧根离子。碳酸根和重碳酸根离子含量的计算式见式(8.26)~式(8.29):

$$c(HCO_3^-)/(mmol \cdot L^{-1}) = \frac{c_{盐}(V_{2盐} - V_{1盐})}{V} \times 10^3 \tag{8.26}$$

$$\rho(HCO_3^-)/(mg \cdot L^{-1}) = \frac{c_{盐}(V_{2盐} - V_{1盐}) \times 61.02}{V} \times 10^3 \tag{8.27}$$

$$c(CO_3^{2-})/(mmol \cdot L^{-1}) = \frac{c_{盐} V_{1盐}}{V} \times 10^3 \tag{8.28}$$

$$\rho(CO_3^{2-})/(mg \cdot L^{-1}) = \frac{c_{盐} V_{1盐} \times 60.01}{V} \times 10^3 \tag{8.29}$$

当 $V_{1盐} = V_{2盐}$ 时,表明仅有碳酸根离子,用式(8.28)~式(8.29)计算其含量。

当 $V_{1盐} > V_{2盐}$ 时,表明有碳酸根和氢氧根离子,无重碳酸根离子,其含量计算见式(8.30)~式(8.33):

$$c(CO_3^{2-})/(mmol \cdot L^{-1}) = \frac{c_{盐} V_{2盐}}{V} \times 10^3 \tag{8.30}$$

$$\rho(CO_3^{2-})/(mg \cdot L^{-1}) = \frac{c_{盐} V_{2盐} \times 60.01}{V} \times 10^3 \tag{8.31}$$

$$c(OH^-)/(mmol \cdot L^{-1}) = \frac{c_{盐}(V_{1盐} - V_{2盐})}{V} \times 10^3 \tag{8.32}$$

$$\rho(OH^-)/(mg \cdot L^{-1}) = \frac{c_{盐}(V_{1盐} - V_{2盐}) \times 17.01}{V} \times 10^3 \tag{8.33}$$

当 $V_{2盐}=0$ 时,表明仅有氢氧根离子,其含量计算见式(8.34)、式(8.35):

$$c(OH^-)/(mmol \cdot L^{-1}) = \frac{c_{盐} V_{1盐}}{V} \times 10^3 \tag{8.34}$$

$$\rho(OH^-)/(mg \cdot L^{-1}) = \frac{c_{盐} V_{1盐} \times 17.01}{V} \times 10^3 \tag{8.35}$$

式中　$c_{盐}$——盐酸标准溶液的浓度,mol/L;

$V_{1盐}$——加酚酞指示剂时,盐酸标准溶液的消耗量,mL;

$V_{2盐}$——加甲基橙指示剂时,盐酸标准溶液的消耗量,mL;

V——被测油田水的体积(原油田水样的体积),mL;

61.02,60.01,17.01——分别表示与1.00 mL盐酸标准溶液($c_{HCl}=1.000$ mol/L)完全反应所需要的重碳酸根、碳酸根和氢氧根离子的质量,mg。

4. 质量要求

重碳酸根、碳酸根离子平行样品分析结果应符合表8.6的质量要求。

表 8.6 碳酸氢根、碳酸根离子平行样品分析结果的质量要求

项目	含量范围/($mg \cdot L^{-1}$)	相对偏差/%
碳酸氢根离子	50 ~ 200	12.0
	> 200 ~ 600	3.0
	> 600 ~ 1 200	2.0
碳酸根离子	30 ~ 50	7.5

8.2.4 硫酸根离子含量的测定(重量法)

参照 SY/T 5523—2006《油田水分析方法》。

重量法测定硫酸根离子的含量是最经典的方法,同时是国际上通用的仲裁方法,该方法步骤严谨,结果准确、可靠,缺点是分析流程长,步骤烦琐,费时间。该法适用于油气田水中含量为 40 ~ 5 000 mg/L 的硫酸根离子的测定。

此外,还可以采用 EDTA 间接滴定法、硫酸钡比浊法和离子色谱法等。

1. 基本原理

在酸性溶液中,硫酸根离子与钡离子反应生成硫酸钡沉淀。经过滤、洗涤、碳化、灼烧至恒量,按公式计算硫酸根离子含量。当试料中铁离子含量大于 1 mg 时,测定前需用氨水除去。其反应方程式如式(8.36)、式(8.37) 所示

$$SO_4^{2-} + Ba^{2+} \xrightarrow{H^+} BaSO_4 \downarrow \tag{8.36}$$

$$Fe^{3+} + 3OH^- \longrightarrow Fe(OH)_3 \downarrow \tag{8.37}$$

2. 试样制备

用大肚移液管取定体积水样(硫酸根离子含量应为 5 ~ 150 mg) 于烧杯中,加 2 ~ 3 滴甲基红指示剂,加盐溶液(φ(HCl) = 50% ,50 mL 浓盐酸用水稀释至 100 mL 的盐酸溶液,下同) 酸化样品;置烧杯于电炉上煮沸 5 min,搅拌下滴加氨水(φ($NH_3 \cdot H_2O$) = 50% ,50 mL 浓氨水用水稀释至 100 mL 的溶液,下同) 使溶液呈碱性。铁离子以氢氧化物形式沉淀,待沉淀完全后趁热过滤;将杯中沉淀全部移至滤纸上,用热水洗涤至滤液无氯离子;滤液和洗涤液一并收集在另一烧杯中,用水冲稀至 120 ~ 150 mL,记作滤液 B。保留滤液 B 用于硫酸根离子含量的测定。

3. 分析步骤

使用除去铁离子后得到的滤液 B 测硫酸根离子含量。向滤液 B 中滴加盐酸溶液(φ(HCl) =50%) 使之呈酸性,置烧杯于电炉上,煮沸;搅拌下滴加 10 mL 氯化钡溶液,煮沸3 ~5 min,在约 60 ℃ 处静止 4 h。在定量滤纸上过滤,将烧杯中沉淀全部移至滤纸上,用热水洗涤沉淀至滤液无氯离子;将滤纸和沉淀放入已恒量的坩埚中,先在电炉上碳化至滤纸变白;最后将坩埚放入高温炉中,升温至 800 ℃,恒温 30 min;停止加热,待炉温降到 400 ℃ 时取出坩埚,并在干燥器中冷却至室温,称量,再灼烧至恒量,两次称量相差不超过 0.000 4 g。

4. 计算

硫酸根离子的含量计算见式(8.38) 和式(8.39)：

$$\rho\,(SO_4^{2-})/(mg \cdot L^{-1}) = \frac{(m_2 - m_1) \times 411.57}{V_{硫}} \times 10^3 \tag{8.38}$$

$$c\,(SO_4^{2-})/(mmol \cdot L^{-1}) = \rho\,(SO_4^{2-}) \times 0.010\,41 \tag{8.39}$$

式中　m_1——坩埚质量,g;

m_2——坩埚加沉淀质量,g;

V——试料的体积(原水水样),mL;

411.57——生成 1.000 0 g 硫酸钡所需要的硫酸根离子的质量,mg;

0.010 41——生成 1.0mg 硫酸根所需要的硫酸根离子的物质的量,mmol。

5. 质量要求

硫酸根离子平行样品分析结果应符合表 8.7 的质量要求。

表 8.7　硫酸根离子平行样品分析结果的质量要求

含量范围/($mg \cdot L^{-1}$)	相对偏差/%	含量范围/($mg \cdot L^{-1}$)	相对偏差/%
80 ~ 200	7.0	> 1 000 ~ 2 000	2.0
> 200 ~ 1 000	5.0	> 2 000 ~ 5 000	1.5

8.2.5　镁、钙、锶、钡离子含量的测定

参照 SY/T 5523—2006,SY/T 5523—2000 编写。

1. 基本原理

乙二胺四乙酸(H_4Y),简称 EDTA,其结构式为:

```
HOOCCH2                    CH2COOH
       \                  /
        N—CH2—CH2—N
       /                  \
HOOCCH2                    CH2COOH
```

EDTA 微溶于水,22 ℃ 时,每 100 mL 水溶液溶解 0.02 g,难溶于酸和一般有机溶剂,但易溶于氨性溶液和苛性碱溶液中,生成相应的盐溶液。在分析工作中,常用它的二钠盐,即乙二胺四乙酸二钠盐,用 $Na_2H_2Y \cdot 2H_2O$ 表示,习惯上也称为 EDTA。EDTA 能够与周期表中大部分金属离子形成稳定的配合物(一般用 MY 表示,M 表示金属离子,Y 表示 EDTA 离子),该络合反应能够满足配位滴定的各项反应要求,在生产和科研中得到了广泛的应用。本文参照 SY/T 5523—2006,SY/T 5523—2000 标准,采用 EDTA 配位滴定法测定镁、钙、锶、钡离子的含量。

首先在水样中加入 $NH_3 - NH_4Cl$ 缓冲溶液控制水样的 pH = 10,以铬黑 T 为指示剂,用 EDTA(乙二胺四乙酸) 标准溶液滴定求取镁、钙、锶、钡离子总的含量。铬黑 T 属于偶氮染料,能与金属离子形成红色配合物,是配位滴定中常用的金属指示剂,可简写为 NaH_2In。溶液中加入少量的铬黑 T 指示剂后,铬黑 T 与镁、钙、锶、钡离子反应生成酒红色

的配合物，以 Mg^{2+} 离子为例，反应如下：

$$\underset{}{Mg^{2+}} + \underset{\text{蓝色}}{HIn^{2-}} \rightleftharpoons \underset{\text{酒红色}}{MgIn^{-}} + H^{+} \tag{8.40}$$

在滴定过程中，EDTA 分别与溶液中的镁、钙、锶、钡离子发生配位反应，生成无色配合物，仍以 Mg^{2+} 离子为例，发生的化学反应为：

$$Mg^{2+} + H_2Y^{2-} \rightleftharpoons \underset{\text{无色}}{MgY^{2-}} + 2H^{+} \tag{8.41}$$

在达到化学计量点时，EDTA 夺取 $MgIn^{-}$ 中的 Mg^{2+}，使指示剂游离出来，溶液由酒红色变为蓝色，即为滴定终点，化学反应方程式如下：

$$H_2Y^{2-} + \underset{\text{酒红色}}{MgIn^{-}} \rightleftharpoons \underset{\text{蓝色}}{HIn^{2-}} + MgY^{2-} + H^{+} \tag{8.42}$$

钙、锶、钡离子在滴定过程中的反应行为与镁离子相同，从而根据消耗的 EDTA 标准溶液的体积就可以计算得出镁、钙、锶、钡离子总的含量。

然后将被测溶液的pH值调节为3 ~ 4，加入硫酸钠溶液，除去水样中的钡、锶离子，反应方程式如下：

$$Ba^{2+}(Sr^{2+}) + SO_4^{2-} \xrightarrow{\text{pH 值为 3 ~ 4}} BaSO_4(SrSO_4)\downarrow \tag{8.43}$$

除去钡、锶离子后的试样，分别在 pH 值为 10 的缓冲溶液中同样以铬黑 T 为指示剂，用 EDTA 标准溶液滴定，测得镁、钙离子的含量，其反应方程式如式(8.28) ~ 式(8.30)所示。

同时对除去钡、锶离子后的试样，加入 NaOH 溶液调节 pH 值为 12，此时溶液中的 Mg^{2+} 以 $Mg(OH)_2$ 沉淀形式被掩蔽，然后加入钙试剂为指示剂，用EDTA标准溶液滴定，测得钙离子含量。钙试剂在 pH = 12 ~ 13 的范围内，与钙离子形成红色络合物，在滴定终点时，EDTA 取代络合物中的钙试剂，溶液由红色变为蓝色，其反应原理与以铬黑 T 为指示剂，用 EDTA(乙二胺四乙酸) 标准溶液滴定求取镁、钙、锶、钡离子总量的原理相同。

当被测水样中含有铁离子(Fe^{3+}) 时，可以与铬黑 T 等金属指示剂生成极稳定的络合物，在化学计量点时，即使滴加过量的EDTA，也无法将铬黑T从Fe - 铬黑T络合物中置换出来，影响滴定终点颜色的判断，为此，当试料中铁离子含量大于 1 mg 时，分析前应除去铁离子，其反应方程式如下：

$$Fe^{3+} \xrightarrow[\text{加热}]{\text{pH 值为 9}} Fe(OH)_3\downarrow \tag{8.44}$$

2. 分析程序

(1) 除去铁离子。用大肚移液管取定体积水样(钙含量应在100 mg) 于烧杯中，加水使总体积为 80 mL，加 0.3 g 氯化铵，用盐酸溶液(φ(HCl) = 1%) 调节溶液 pH 值至 3 ~ 4；在电炉上煮沸，搅拌下滴加5 ~ 10 mL浓氨水，煮沸1 min，趁热过滤，用热水洗沉淀至无氯离子，滤液和洗涤液一并收集在另一烧杯中，置烧杯于电炉上，煮沸，除尽氨；冷却至室温，用盐酸溶液(φ(HCl) = 1%) 调节滤液 pH 值至3 ~ 4，移入250 mL容量瓶中，定容、摇匀，记作滤液 C，保留滤液 C 用于镁、钙、锶、钡离子总量的测定。

(2) 镁、钙、锶、钡离子总量的测定。使用除去铁离子后得到的滤液 C 测镁、钙、锶、钡离子的总量。用大肚移液管取定体积滤液 C 于三角瓶中，加水使总体积为 80 mL，加

10 mL氨水－氯化铵缓冲溶液,加3～4滴铬黑T指示剂,溶液变为酒红色,用EDTA标准溶液滴至溶液由酒红色变为纯蓝色,为滴定终点,EDTA标准溶液耗量(mL)记作V_3。

(3)镁、钙离子合量的测定。用大肚移液管取定体积滤液C(钙含量应在40 mg左右)于烧杯中,加水稀释至120 mL,置烧杯于电炉上,加热至沸腾;搅拌下滴加10 mL硫酸钠溶液,煮沸3～5 min,在60 ℃下静置4 h。将溶液和沉淀一并移入250 mL容量瓶中,定容、摇匀。放置数分钟后,在滤纸上过滤,记作滤液D,保留滤液D用于镁、钙离子的测定。使用除去钡、锶离子得到的滤液D测镁、钙离子合量。用大肚移液管取定体积滤液D(与测镁、钙、锶、钡四种离子总量的原水样体积相同)于三角瓶中,按照(2)的方法进行测定,EDTA标准溶液消耗量(mL)记作V_4。

(4)钙离子的测定。使用除去钡、锶离子后得到的滤液D测钙离子含量。用大肚移液管取与测镁、钙离子合量的体积相同的滤液D于三角瓶中,加水至总体积为80 mL,加10 mL氢氧化钠溶液[$\omega(NaOH)=4\%$],再加3 mg钙指示剂。用EDTA标准溶液滴至纯蓝色为终点,EDTA标准溶液耗量(mL)记作V_5。

镁、钙、锶、钡离子含量分析流程可用图8.2表示。

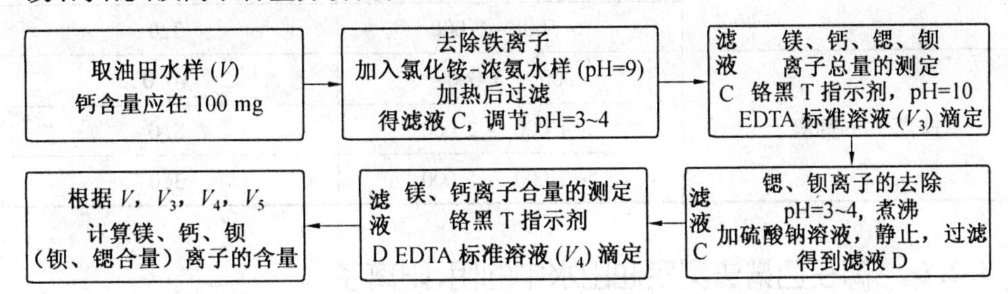

图8.2　镁、钙、锶、钡离子含量分析流程图

3. 计算

镁、钙、钡(钡、锶合量)离子含量的计算见式(8.45)～式(8.47):

$$\rho(Ca^{2+})/(mg\cdot L^{-1})=\frac{c_{标}\ V_5\times 40.08}{V}\times 10^3 \tag{8.45}$$

$$\rho(Mg^{2+})/(mg\cdot L^{-1})=\frac{c_{标}(V_4-V_5)\times 24.31}{V}\times 10^3 \tag{8.46}$$

$$\rho(Ba^{2+})/(mg\cdot L^{-1})=\frac{c_{标}(V_3-V_4)\times 137.34}{V}\times 10^3 \tag{8.47}$$

式中　$c_{标}$——EDTA标准溶液的浓度,mol/L;

V_3——测镁、钙、锶、钡离子合量时,EDTA标准溶液的消耗量,mL;

V_4——测镁、钙合量时,EDTA标准溶液的消耗量,mL;

V_5——测量钙离子时,EDTA标准溶液的消耗量,mL;

V——试料的体积(原水样的体积),mL;

40.08,24.31,137.34——与1.00 mL EDTA标准溶液($c_{EDTA}=1.0000$ mol/L)完全反应所需要的钙、镁、钡离子的质量,mg。

4. 质量要求

镁、钙、锶、钡离子平行样品分析结果应符合表8.8的质量要求。

表8.8 镁、钙、锶、钡离子平行样品分析结果的质量要求

项目	含量范围/($mg \cdot L^{-1}$)	相对偏差/%
钙离子	10 ~ 100	10.0
	> 100 ~ 500	8.0
	> 500 ~ 1 000	5.0
	> 1 000 ~ 5 000	3.0
	> 5 000 ~ 20 000	1.5
镁离子	5 ~ 20	15.0
	> 20 ~ 100	10.0
	> 100 ~ 300	8.0
	> 300 ~ 500	6.0
	> 500 ~ 2 000	3.0
钡离子 + 锶离子	300 ~ 1 000	10.0
	> 1 000 ~ 2 000	8.0
	> 2 000 ~ 5 000	3.0

8.2.6 离子色谱法测定油田水中的阴、阳离子

参照SY/T 5523—2006编写。

1. 适用范围

该方法适用于油气田水中氟、氯、溴、硫酸根等阴离子和锂、钠、钾、钙、镁、锶、钡离子等碱金属和碱土金属阳离子的测定,它们的最低检测质量浓度均为0.05 mg/L。

2. 基本原理

离子色谱(简称IC)是高效液相色谱(简称HPLC)的一种,是分析离子的一种液相色谱方法。目前离子色谱法已经成为无机和有机阴阳离子的重要分析检测技术,具有快速方便、灵敏度高、选择性好,以及可同时分析多种离子化合物的优点。

根据不同的分离机理,离子色谱可分为高效离子交换色谱、离子排斥色谱和离子对色谱。离子交换色谱的分离机理主要是离子交换,是基于流动相和连接到固定相上的离子交换基团之间发生的离子交换,主要用于有机和无机阴离子和阳离子的分离,阴离子分离的离子交换功能基为季氨基的树脂,阳离子分离的交换功能基为磺酸基和羧酸基的树脂。

首先用淋洗液平衡阴离子或阳离子交换分离柱,再将进样阀切换到进样位置,高压泵输送淋洗液,将样品带入分析柱,待测离子从阴离子或阳离子交换树脂上置换活性基团,并暂时地保留在固定相上。同时保留的被测样品的阴离子或阳离子又被淋洗液中的淋洗离子洗脱下来,由于被测离子的离子半径、电荷的多少和其他性质的不同,它们对固定相

的亲和力各异,因此在淋洗液和固定相间的分配系数也不同,在分析柱中经反复洗脱与交换后,各阴离子或阳离子按顺序依次被分离开来,经电导检测器测定,由计算机计算并打印出被测离子的含量。

3. 试样制备

水样用滤纸过滤除去机械杂质,取其滤液,经适当稀释即可。

4. 色谱条件

阴离子淋洗液,Na_2CO_3 - $NaHCO_3$ 二元淋洗液浓度分别为 2.0 mmol/L 和 3.0 mmol/L。

阳离子淋洗液,甲烷磺酸,浓度为 15 ~ 35 mmol/L;

淋洗液流速,选用试样中被测离子峰达到完全分离的流速;

色谱柱,与仪器配套的阴离子分离柱或阳离子分离柱。

5. 操作步骤

标准溶液的制备:在各离子的线性范围内,制备与试样中氟、氯、溴和硫酸根离子含量近似的混合标准溶液测定油田水中的阴离子,或者制备一个与油田水试样中锂、钠、钾、钙、镁、锶、钡离子的含量相近的混合标准溶液。

按色谱条件将仪器准备好,待基线稳定后,输入各样品名称及稀释倍数,注入试样,屏幕上出现色谱图,计算机测定各离子峰的电信号强度(mV · s);在同样的色谱条件下,输入标准溶液中各离子的名称及含量,注入标准溶液,计算机将测得各离子电信号强度(mV · s) 与试样中相应离子电信号强度比较,计算并打印出样品中各离子含量。

8.2.7　钠、钾离子含量的计算方法

参照 SY/T 5523—2006 编写。

1. 基本原理

碱金属离子钾、钠的分析多采用仪器分析方法,常用的有原子吸收分光光度法、离子色谱法和火焰光度法等;也可以按照溶液电中性原理采用计算的方法求取。

油田水中以钠(钠 + 钾)、镁、钙、钡(钡 + 锶)、氯、硫酸根和碳酸氢根(其中钡和硫酸根离子不能共存于同一水中) 等离子为主。按照电中性原理,即所有阴离子带负电荷的总和,应该等于所有阳离子带正电荷的总和。当测出钠离子以外的其他五种离子的含量后,即可计算出钠离子含量。实际上,计算出的钠离子含量中包括锂、铵、钾及许多未被测定的阳离子。

2. 计算公式

钠、钾离子含量的计算公式见式(8.48):

$$c(Na^+(Na^+ + K^+))/(mmol \cdot L^{-1}) = (c(Cl^-) + c(2SO_4^{2-}) + c(HCO_3^-) + c(2CO_3^{2-})) - 2(c(Mg^{2+}) + c(Ca^{2+}) + c(Ba^{2+})) \qquad (8.48)$$

8.3　油田水中微量元素分析

油田水中微量元素主要有碘、溴、硼、锶等,具有比较高的碘、溴、硼及铵的含量是油田水的又一特征。油田水中碘、溴含量的变化与沉积环境、生油岩类型具有一定关系。油田

水中的碘可能来源于原始有机物质,特别是藻类。溴和硼含量高指示地下水几近停滞,有利于油气保存。铵是原始有机质分解的产物,化学性质不稳定,易转变为氨及其他化合物。所以铵的存在进一步表明地下为还原环境,有利于油气保存。总之,油田水中微量元素的存在有助于对与油气有关的沉积、成岩环境及油气保存条件的研究。

8.3.1 碘、溴离子含量的测定

碘在一般的天然水中的含量是极微的,但在油田水中碘的含量甚至可达每升数毫克以上,碘作为普查石油的特征标志,在靠近油藏的地下水中聚集的碘比远离油藏的同一层水中多得多。

1. 方法原理

(1) 碘离子的测量原理。

在pH值为3.0 ~ 4.0时,碘化物被溴水氧化成碘酸盐。过量的溴用甲酸钠和苯酚分解。反应生成的碘酸盐与加入的碘化钾反应生成单质碘,释放出的碘用硫代硫酸钠标准溶液滴定,其反应式如下:

$$I^- + 3Br_2 + 3H_2O \longrightarrow IO_3^- + 6H^+ + 6Br^-$$

$$Br_2 + HCOO^- \longrightarrow 2Br^- + H^+ + CO_2$$

$$IO_3^- + 5I^- + 6H^+ \longrightarrow 3I_2 + 3H_2O$$

$$I_2 + 2Na_2S_2O_3 \longrightarrow 2NaI + Na_2S_4O_6$$

(2) 碘、溴离子合量的测量原理。

在pH值为5.5 ~ 7.0的介质中,溴离子、碘离子均被次氯酸钠盐氧化成稳定的溴酸盐和碘酸盐。过量的次氯酸盐用甲酸钠分解、除去。溴酸盐和碘酸盐与加入的碘化钾反应生成碘,生成的碘用硫代硫酸钠标准溶液滴定(共存的硫化氢、铁离子、锰离子和有机物等应预先除去),得到碘、溴离子的合量,最后用差减法测定溴离子的含量,其反应式如下:

$$Br^-(I^-) + 3ClO^- \longrightarrow BrO_3^-(IO_3^-) + 3Cl^-$$

$$ClO^- + 2HCOO^- \longrightarrow Cl^- + CO_2 + H_2O$$

$$BrO_3^-(IO_3^-) + 6KI + 6HCl \longrightarrow 3I_2 + Br^-(I^-) + 6KCl + 3H_2O$$

$$I_2 + 2Na_2S_2O_3 \longrightarrow 2NaI + Na_2S_4O_6$$

该法适用于碘离子含量大于5 mg/L,溴离子含量大于20 mg/L的油气田水的测定。

2. 碘、溴离子的定性和样品的预处理

(1) 碘离子的定性

取5 mL水样于试管中,加数滴盐酸溶液(φ(HCl) = 50%),再加少许氯酸钾,最后加数毫升三氯甲烷,震荡,若三氯甲烷层显示粉红色,则表明水样中含有碘离子。

(2) 溴离子的定性

取5 mL水样于试管中,加数滴重铬酸钾溶液、1 mL浓硫酸、1 mL硫酸品红溶液和2 mL三氯甲烷,激烈震荡,若三氯甲烷层出现红色,则表明水样中含有溴离子。

(3) 样品预处理

用大肚移液管取定体积含碘、溴离子的水样于烧杯中,加两滴硝酸溶液(φ(HNO_3) =50%),放置1 ~ 2 h后加氢氧化钠溶液(φ(NaOH) = 4%)至铁离子完全沉淀;加5 ~ 10 mL碳酸锌悬浮液,在电炉上加热至微沸,冷却后移入250 mL容量瓶中,定

容、摇匀、干过滤,记作滤液 F,保留滤液 F 用于碘、溴离子的测定。

3. 分析程序

(1) 碘离子的测定

使用预处理后得到的滤液 F 来测量碘离子的含量和碘、溴离子合量。用大肚移液管取定体积滤液 F(碘离子含量应为 1 ~ 2 mg) 于碘量瓶中,加 1 ~ 2 滴甲基橙指示剂;加冰乙酸使溶液呈酸性,再加 2 ~ 3 mL 饱和溴水,水封密闭,放置 10 ~ 15 min;滴加甲酸钠溶液($\omega(HCOONa) = 10\%$)分解过剩的溴,直到溴的颜色褪尽,补加 1 mL 苯酚乙醇溶液,用水沿瓶口冲洗两次;加 8 ~ 10 mL 磷酸,0.5 g 碘化钾,水封密闭,置于暗处;5 min 后用硫代硫酸钠标准溶液滴至淡黄色时加 1 mL 淀粉指示剂,继续滴至蓝色消失为终点。硫代硫酸钠标准溶液耗量(mL) 记作 V_9,同样的方法做空白试样。空白消耗的硫代硫酸钠标准溶液体积(mL) 记作 V_8。

(2) 碘、溴离子合量的测定

用大肚移液管取定体积 F(溴含量应为 1 ~ 10 mg) 于碘量瓶中,加水稀释至 50 mL,再加 2 mL 乙酸锌溶液,滴加氢氧化钠溶液($\varphi(NaOH) = 4\%$)至沉淀生成为止;然后滴加冰乙酸至沉淀溶解,此时溶液的 pH 值为 6.0 ~ 6.5;加 5 mL 乙酸钠溶液(3 mol/L),用大肚移液管取 10 mL 次氯酸钠溶液于碘量瓶中,放置 10 ~ 15 min;放置过程中如有沉淀出现,则应补加冰乙酸使沉淀完全溶解;在电炉上煮沸 2 ~ 3 min 后,取下,冷却,小心沿瓶壁四周加入 10 mL 甲酸钠溶液($\omega(HCOONa) = 10\%$),摇匀,再煮沸 2 ~ 3 min,在冷水中将试液冷却至室温;加 0.5 g 碘化钾(此时试液应无色,否则应重做),再加 20 mL 盐酸溶液($\varphi(HCl) = 50\%$),水封密闭,在暗处放置 5 min,用硫代硫酸钠标准溶液滴至淡黄色;加 1 mL 淀粉指示剂,继续滴定至溶液蓝色褪尽为终点。硫代硫酸钠标准溶液耗量(mL) 记作 V_{10},同样的方法做空白试验(在空白中加 0.5g 氯化钠),空白耗量(mL) 记作 V_{11}。

碘离子和碘、溴离子合量分析的主要过程如图 8.3 所示。

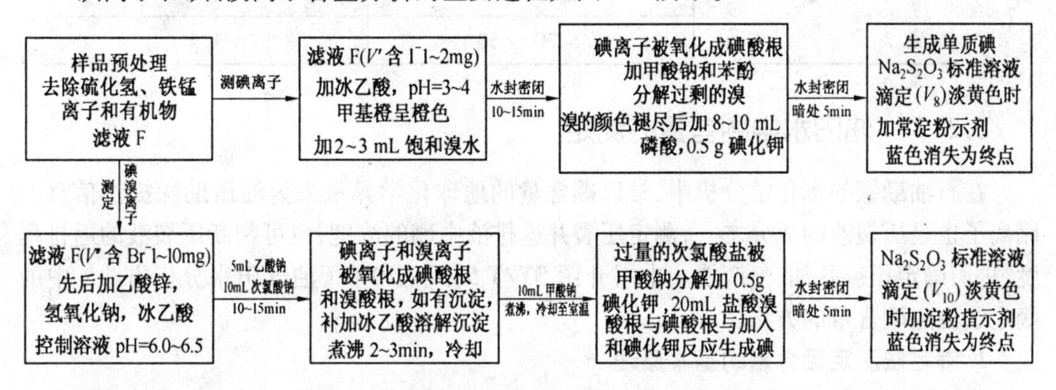

图 8.3　碘离子和碘、溴离子含量分析流程图

4. 计算

碘、溴离子含量的计算见式(8.49) 和式(8.50)

$$\rho(I^-)/(mg \cdot L^{-1}) = \frac{c_{硫代}(V_9 - V_8) \times 21.15}{V'} \times 10^3 \tag{8.49}$$

$$\rho\,(\mathrm{Br^-})/(\mathrm{mg \cdot L^{-1}}) = \frac{c_{硫代}(V_{10} - V_9 - V_{11}) \times 13.32}{V''} \times 10^3 \qquad (8.50)$$

式中 $c_{硫代}$——硫代硫酸钠标准溶液的浓度，mol/L；

V_8——测碘空白时，硫代硫酸钠标准溶液的消耗量，mL；

V_9——测碘时，硫代硫酸钠标准溶液的消耗量，mL；

V_{10}——测碘、溴离子合量时，硫代硫酸钠标准溶液的消耗量，mL；

V_{11}——测碘、溴离子合量空白时，硫代硫酸钠标准溶液的消耗量，mL；

V'——测碘离子含量时油田水样品的体积，mL；

V''——测碘、溴离子合量时试料的体积，mL；

21.15，13.32——与1.00 mL硫代硫酸钠标准溶液（$c_{硫代}$ = 1.000 0 mol/L）完全反应所需要的碘、溴离子质量，mg。

5. 质量要求

碘量法测定水样中碘、溴离子含量平行样品分析结果应符合表8.9的要求。

表8.9 碘量法测定水样中碘、溴离子含量平行样品分析结果的质量要求

项　目	含量范围 /（mg · L⁻¹）	相对偏差 /%
碘离子	5 ~ 10	8.0
	> 10 ~ 30	5.0
	> 30 ~ 50	3.0
	> 50 ~ 200	1.5
溴离子	20 ~ 100	6.0
	> 100 ~ 200	5.0
	> 200 ~ 1 000	2.5
	> 30 ~ 50	1.5

8.3.2 油田水中硼含量的测定

在石油勘探的水化学分析中，常以硼含量的地球化学异常来为油田勘探提供信息。硼离子也是压裂液的成分之一，测定压裂井返排液中硼的浓度，也可判断压裂液的返排程度，进而确定压裂井油、气产能。本书介绍 SY/T 5523—2000《油气田水分析方法》中的滴定法测定硼含量的方法。

1. 滴定法测定硼含量的基本原理

本法测定的是硼酸和硼酸盐中硼的含量。无机硼酸盐在酸性介质中经煮沸分解为硼酸。硼酸与甘露醇螯合成较强的络合酸。用氢氧化钠标准溶液滴定（共存的二氧化碳、硫化氢、硫酸根、铁、铝、铵离子干扰硼的测定，需要预处理）。其反应式如下：

$$\mathrm{Na_2B_4O_7 + 2HCl \longrightarrow H_2B_4O_7 + 2NaCl}$$

$$\mathrm{H_2B_4O_7 + 5H_2O \longrightarrow 4H_3BO_3}$$

$$\mathrm{2H_3BO_3 + C_6H_{14}O_6 \longrightarrow C_6H_8(OH)_2 \cdot (BO_3H)_2 + 4H_2O}$$

$$\mathrm{C_6H_8(OH)_2 \cdot (BO_3H)_2 + 2NaOH \longrightarrow C_6H_8(OH)_2 \cdot (BO_3Na)_2 + 2H_2O}$$

2. 硼离子的定性和样品的预处理

(1) 硼的定性。

取10 mL水样于坩埚中,滴加氢氧化钠溶液(ω(NaOH)=0.5%)使水样呈碱性,置于电炉上蒸发至干后,再加3滴四羟基蒽醌硫酸溶液,由紫色变为蓝色则表明水样中含有硼。

(2) 水样预处理。

用大肚移液管取100 mL含硼水样于烧杯中,加两滴甲基红指示剂,再加盐酸溶液(φ(HCl)=50%)使呈酸性;煮沸,搅拌下滴加5 ~ 10 mL氯化钡溶液,这时硼酸盐转化为硼酸,硫酸根以钡盐形式沉淀下来,二氧化碳、硫化氢则以气态溢出;再加氢氧化钡溶液使水样呈碱性,煮沸以除去铵、铁、铝离子;冷却后移入250 mL容量瓶中,定容、摇匀,干过滤于三角瓶中,记作滤液G,保留滤液G用于硼的测定。

3. 分析程序

用除去二氧化碳、硫化氢、硫酸根、铵、铁、铝离子后得到的滤液G测量硼。用大肚移液管取定体积滤液G(硼含量应为2 ~ 10 mg)于碘量瓶中,加2滴甲基红指示剂,滴加盐酸溶液(φ(HCl)=50%)使呈酸性;煮沸10 min除尽二氧化碳和分解硼酸盐,立即置于冷水中冷却;用氢氧化钠标准溶液以滴定的方式调节溶液的pH值溶液由红色刚变为黄色为止;按每100 mL溶液加3 g甘露醇的比例向试样中加甘露醇,再加2 ~ 3滴酚酞指示剂;用氢氧化钠标准溶液继续滴加至溶液变为红色,再加少许甘露醇;若溶液的红色消失,则应补滴氢氧化钠标准溶液,直至再加甘露醇红色不消失为止。

氢氧化钠标准溶液消耗量(mL)记作 V_{12},以同样方法做空白试验,做空白试验时,氢氧化钠标准溶液耗量(mL)记作 V_{13}。

4. 计算

硼含量的计算如下:

$$\rho(\mathrm{B})/(\mathrm{mg\cdot L^{-1}}) = \frac{c_{\text{氢}}(V_{12} - V_{13}) \times 10.81}{V} \times 10^3 \qquad (8.51)$$

式中 $c_{\text{氢}}$ —— 氢氧化钠标准溶液的浓度,mol/L;

V_{12} —— 测定硼时,氢氧化钠标准溶液的消耗量(不包括调节pH值时的消耗量),mL;

V_{13} —— 做空白试验时,氢氧化钠标准溶液的消耗量,mL;

V —— 测硼含量时,试样的体积,mL;

10.81 —— 与1.00 mL氢氧化钠标准溶液(c(NaOH)=1.000 0 mol/L)完全反应所需要的硼的质量,mg。

5. 质量要求

滴定法测量水中硼的含量平行样品分析结果应符合表8.10的质量要求。

表8.10 滴定法测量水样中硼的含量平行样品分析结果的质量要求

含量范围/(mg·L^{-1})	相对偏差/%
10 ~ 20	10.0
>20 ~ 50	6.0
>50 ~ 100	3.0
>100 ~ 200	2.0
>200 ~ 400	1.5

8.4 油田水中可溶烃类的分析

油田水中常见的有机组分有烃类、酚和有机酸。油层水所含的烃类有气态烃和液态烃。一般油田水中常含有溶解的烃类气体,包括甲烷和重烃,尤其是重烃的存在往往表明与地下油气藏有关。重烃含量的多少则与距离油气藏的远近有关。一般非油田水中常只含少量甲烷。油田水中苯系化合物含量高,一般可达0.03 ~ 1.58 mg/L,最高可达5 ~ 6 mg/L,且甲苯/苯大于1;非油田水中苯系化合物含量低,且甲苯/苯小于1。

酚在油层水中含量也比较高,一般大于0.1 mg/L,最高可达10 ~ 15 mg/L,且以邻甲酚和甲酚为主;非油层水的含量低,且以苯酚为主。

油田水中还常含数量不等的环烷酸、脂肪酸和氨基酸等。其中环烷酸是石油环烷烃的衍生物,常可作为找油的重要水化学标志。

8.4.1 苯及其同系物(色谱法)

1. 方法原理

将水样加二硫化碳进行萃取,取有机相用气相色谱仪测定。由于苯和苯的同系物在气相色谱柱内的分配系数不同,当流过一定长度的色谱柱后,苯和苯的同系物各组分彼此分开,经过检测器后逐一检出。

2. 仪器设备与试剂材料

仪器设备:气相色谱仪,配氢火焰离子化检测器;氮、氢、空发生器(或相应的气瓶)。

试剂材料:非极性弹性石英毛细管柱,35 m × 0.25 mm;微量注射器,10 μL,1 μL;苯、甲苯、乙苯、邻二甲苯、间二甲苯、对二甲苯均为色谱纯;二硫化碳,分析纯;氯化钠,分析纯。

3. 标样的配制

分别取苯11.4 μL,甲苯11.5 μL,对二甲苯23.2 μL,间二甲苯23.1 μL,邻二甲苯22.3 μL,乙苯23.1 μL,丙苯23.2 μL于100 mL容量瓶中,加二硫化碳至刻度。取上述溶液0.2 mL,0.4 mL,0.6 mL,0.8 mL,1.0 mL分别于5个容量瓶中,加二硫化碳至刻度,其浓度分别为苯和甲苯2 mg/L,42 mg/L,62 mg/L,82 mg/L,102 mg/L,其他为4 mg/L,8 mg/L,12 mg/L,16 mg/L,20 mg/L。

4. 标准工作曲线的绘制

取已经配好的标准样品3 μL用气相色谱仪分析,分别得出不同浓度标样各组分的峰面积,以浓度 - 峰面积做各组分的曲线即标准工作曲线。

5. 样品的分析程序

(1) 水样的预处理。

取已经过滤的水样100 mL于分液漏斗中(150 mL分液漏斗),加2.0 ~ 4.0 g氯化钠和2.0 mL二硫化碳,边振荡边放气,振荡6 min后静置,使水相和有机相分层,弃去水相,把有机相转入试管中密封好,编号待测。

(2) 进样分析。

按照绘制标准工作曲线同样的仪器工作条件进样分析。最好在测定完标样后不要关闭气相色谱仪,直接分析待测样品,记录分析结果,对数据统一进行分析处理。

6. 数据处理

(1) 定性分析。

按照标准样品中各组分的保留时间对待测样品中的苯系物进行定性分析。

(2) 定量计算。

工作曲线法:根据已绘制的工作曲线,将未知样品某一组分的峰面积与标准曲线进行对照,即得其含量。

单点校正法:油田水中苯及苯的同系物的分析结果可采用下式(8.52) 计算(假定标准工作曲线为直线):

$$\rho_i = \frac{A_i \times \rho_s}{A_s} \tag{8.52}$$

式中　ρ_i—— 样品中 i 组分的质量浓度,mg/L;

A_i—— 样品中 i 组分的峰面积;

ρ_s—— 标样的质量浓度,mg/L;

A_s—— 标样的峰面积。

7. 质量要求

用气相色谱仪测定油田水中苯及苯的同系物的允许偏差见表 8.11。

表 8.11　苯及苯的同系物分析结果的质量要求

含量 /($mg \cdot L^{-1}$)	< 0.001	0.001 ~ 0.01	0.01 ~ 0.05	> 0.05
相对偏差 /%	20.0	15.0	10.0	5.0

8.4.2　环烷酸

环烷酸的含量与距离油藏的远近有关,越近含量越高。此外,环烷酸的含量还与水型有关,它最容易富集在碱性的重碳酸钠型水中,而氯化钙型和氯化镁水中很少或没有环烷酸。这是因为环烷酸钠盐在水中的溶解度大,而环烷酸钙盐在水中难于溶解,故不能认为不含环烷酸的水就不是油田水,须结合水型分析。下面介绍比浊法测定油田水中的环烷酸。

1. 比浊法测定环烷酸的原理

环烷酸在水溶液中以盐的形式存在,并溶于水中解离成离子。但样品经酸化后则析出难溶于水的环烷酸沉淀(呈白色颗粒悬浮在溶液中),浊度的大小和含量成正比。悬浮颗粒的比浊在 470 nm 有最大吸收峰,采用比浊法可以测定其含量。

2. 样品预处理与试剂的配制

(1) 硫化氢的去除

水样中有硫化氢存在,应加硝酸盐后,滤去沉淀取清液进行分析。

(2) 滤纸的预处理

过滤用的滤纸,先用 0.5% 的氢氧化钠润湿,再用蒸馏水洗涤,即为碱处理。

(3) 环烷酸的提纯

称5 ~ 10 g粗制环烷酸或环烷酸皂于250 mL烧瓶中,以碱性乙醇溶液(其上接冷凝回流管),加入50 mL蒸馏水稀释并移至分液漏斗中,用石油醚抽提三次弃出油脂。将碱性乙醇溶液的乙醇蒸出,剩下的环烷酸皂用水稀释,以甲基橙作为指示剂用甲酸酸化,使甲基橙变红,析出环烷酸沉淀。环烷酸用石油醚抽提三次(每次50 mL),静止澄清的石油醚溶液用饱和氯化钠洗至中性,再用15 ~ 20 mL蒸馏水洗一次,将石油醚液在无水硫酸钠上面脱水,蒸馏出醚并将环烷酸在120 ℃下烘45 min使之干燥,即得纯环烷酸。

(4) 试剂的配制

① 盐酸(1 + 1),1份盐酸和1份蒸馏水混合;

② 硫酸(1 + 10),1份浓硫酸缓慢溶入10份蒸馏水中混匀;

③ 酚酞(1%),称1.00 g酚酞指示剂溶于100 mL 95% 的乙醇中;

④ 甲基橙(0.1%),称0.100 g甲基橙溶于100 mL蒸馏水中;

⑤ 氢氧化钾乙醇溶液(1%),称1.00 g氢氧化钾溶于少许蒸馏水中,然后加无水乙醇至100 mL;

⑥ 氢氧化钠(0.5%),称0.5 g分析纯氢氧化钠溶于100 mL蒸馏水中;

⑦ 碱处理石油醚,取50 mL石油醚(60 ~ 90 ℃)加1.0 mL 0.5% 的氢氧化钠溶液于分液漏斗中混合分离,醚层再用蒸馏水洗涤2 ~ 3次即可使用;

⑧ 环烷酸标准溶液,称0.100 0 g提纯的环烷酸于100 mL容量瓶中,用25 mL 0.5% 的氢氧化钠溶液溶解,用蒸馏水稀释至刻度。取此溶液10 mL于100 mL容量瓶中,用蒸馏水稀释至刻度,其质量浓度为0.1 mg/mL;

⑨ 环烷酸标准比浊系列,取0.1 mg/mL的环烷酸标准溶液0.0,0.5,1.0,2.0,3.0,4.0 mL于25 mL比色管中,用蒸馏水稀释至10 mL,加10滴盐酸(1 + 1),摇匀用于比浊。

3. 分析程序

(1) 取澄清的水样250 mL,于500 mL分液漏斗中,以甲基橙作指示剂加2 ~ 3滴,用0.5% 氢氧化钠溶液调节至碱性(溶液呈黄色)后,加入25 ~ 30 mL石油醚,充分摇动,将样品中的油水分离后,弃去醚层。

(2) 将水溶液返回分液漏斗中,用HCl(1 + 1)溶液调节到酸性(溶液呈红色)。

(3) 加25 ~ 30 mL石油醚摇动抽提。静止后,将石油醚分出,反复抽提三次。将分离出的石油醚集中在100 mL的分液漏斗中(保留醚层,弃去水层)。

(4) 在石油醚提取液中加入10 mL 0.5% 的氢氧化钠溶液,振动2 ~ 3 min,静止分层后,将水溶液注入小烧杯中,重复萃取3次,再用碱处理过的滤纸过滤,并用蒸馏水洗涤到50 mL的容量瓶中,稀释至刻度。

4. 定量计算

取10 mL透明的滤液于25 mL比色管中,加0.5 mL盐酸(1 + 1)充分摇动,5 min后和配制的标准液比色测定。比色测定采用721型分光光度计,在波长470 nm处,用蒸馏水做空白,在标准工作曲线上即查出其含量。计算公式如下:

$$c = c_0 \times V_1 / V \tag{8.53}$$

式中 c—— 被测油田水环烷酸溶液的浓度,mg/L;

c_0—— 环烷酸标准溶液的浓度,mg/L;

V_1—— 相当于标准溶液的体积,mL;

V—— 水样的体积,mL。

8.4.3　酚(4－氨基安替吡啉分光光度法)

酚在油层水中的含量也比较高,一般大于 0.1 mg/L,最高可达 10 ~ 15 mg/L,且以邻甲酚和甲酚为主。本法适用于地表化探有机酚的分析,也适用于潜水、地层水中有机酚的分析。

1. 方法原理

在 pH = 10 ±0.2 的碱性介质中,酚类化合物在有铁氰化钾存在时与 4－氨基安替吡啉作用,生成橙红色的安替吡啉染料可被三氯甲烷所萃取,在分光光度计上 460 nm 处具有最大吸收,其染料色度和酚类含量呈线性关系,在绘制的标准工作曲线上可查得水中酚的含量。

2. 分析程序

参见 DZ/T 0064.73—1993《地下水质检验方法》中的 4－氨基安替吡啉分光光度法测定酚,也可参见 GB/T 8538—2008《饮用天然矿泉水检验方法》中的挥发性酚类化合物的测定方法。

(1) 样品的预蒸馏。

取含有氢氧化钠保护剂(pH > 12)的水样 250 mL,移入 500 mL 蒸馏瓶中。加入 3 ~ 4 粒玻璃珠及甲基橙指示剂(1 g/L)2 滴。用磷酸溶液(1 + 9) 中和至呈酸性(溶液刚变为红色) 加入硫酸铜溶液(100 g/L)2.5 mL,盖上磨口塞,置电炉上加热蒸馏,馏出液用 250 mL 容量瓶盛接。

当馏出液为 225 ~ 230 mL,停止蒸馏,打开磨口塞,补加 30 mL 热蒸馏水到蒸馏瓶中,盖上磨口塞继续蒸馏,直到收集到 250 mL 蒸馏液,停止蒸馏,馏出液供测定。

(2) 样品分析。

将馏出液全部倒入 250 mL 分液漏斗中,加入缓冲溶液(pH = 10)5 mL、4－氨基安替吡啉(20 g/L)1.5 mL 和铁氰化钾(80 g/L)1.5 mL(每加入一种试剂均需摇匀) 放置 15 min,加入氯仿 10 mL 后,萃取 3 min。待溶液分层后,用脱脂棉擦干分液漏斗颈端的水珠,放出有机相到预先放有少许粒状无水硫酸钠的干燥的 10 mL 带塞比色管中。将有机相倒入 2 cm 比色杯中,用蒸馏水作参比,在波长 460 nm 处测量吸光度。

(3) 空白试验。

取 250 mL 无酚无氯蒸馏水 2 份,同(1) 做样品的预蒸馏。

(4) 标准曲线的绘制。

准确吸取酚标准溶液(1 μg/1 mL)0,0.5,1,3,…,20 mL,分别放入一系列列 250 mL 分液漏斗中,各加入无酚、无氯蒸馏水至 250 mL,再各加入氯化铵缓冲溶液 5 mL,以下同步骤(2),以酚浓度对吸光度绘制标准曲线。

3. 分析结果的计算

按下式(8.54) 计算酚的质量浓度:

$$c_{酚} = \frac{m}{V} \tag{8.54}$$

式中　m—— 从标准曲线上查得的酚量,μg;

V—— 水样体积,mL。

8.5　油田水的化学特征在勘探中的应用

利用油田水的化学特征找油,除适用于一般的构造油气藏外,还特别适合于非构造油气藏和一些构造条件复杂的隐蔽油气藏。随着油气田地层水检测技术的不断丰富和完善,以及在一些勘探较高的成熟盆地中地层水资料的不断积累,地层水研究成果对于探索油气勘探新技术、提高工作效率、缩短勘探周期、降低费用越来越显示出其重要作用,越来越受到人们的重视。

8.5.1　油田水与非油田水的区别

油田水与非油田水的化学组成特征在某些方面具有显著的差异。

(1) 矿化度的差异。

油田水在伴随油气成藏的过程中,在相对封闭的沉积环境中经历了深部高温蒸发浓缩作用,因此其矿化度普遍高于非油田水的矿化度。而且油田水矿化度还与其赋存的水文环境有关,特别是在水交替缓慢的还原环境中油田水的矿化度较高,且越接近盆地中心矿化度越高,而在有渗入水补给的区域,矿化度明显降低。

(2) 离子组成及离子分异的差异。

油田水的化学成分比较复杂,其中最常见的离子组成是,Na^+,K^+,Ca^{2+},Mg^{2+},Cl^-,HCO_3^-,CO_3^{2-},SO_4^{2-}。在油田水中以 NaCl 含量最高,其次是 $NaHCO_3$,Na_2CO_3,$MgCl_2$ 和 $CaCl_2$ 等。

相对于非油田水而言,油田水无论是陆相油田水和海相油田水都有明显的离子分异现象,它们的共同之处是 Cl^- 和 Na^+ 占优势,不同之处是海相油田相对富集 Ca^{2+},Mg^{2+},陆相油田相对富集 HCO_3^-,非油田水中 HCO_3^- 和 Ca^{2+} 占优势。

(3) 苯及其同系物的差异。

苯及其同系物是石油的主要组分之一,在水中易溶解,热力学稳定,与油气在成因上有密切关系,油田水中苯及其同系物的含量比大多数的非油田水中的苯及其同系物的含量高,并且苯的同系物的组成具有明显的规律性,是判断油田水和非油田水的主要指标之一。

在石油的形成、运移、聚集过程中,油气中的单环芳烃不断被地层水溶解,并通过地层水扩散、运移,形成含苯及其同系物比背景值高的油田水。某些非油田水也可能含有苯系物,但是油田水和非油田水中的苯系物的组成是不同的。在非油田水中,苯系物组成以苯为主,其次是甲苯或其他苯系物,而油田水中则以甲苯为主,其次是苯或其他苯系物,甚至有些油田水未检出苯。也可以通过甲苯与苯的比值来区分油田水和非油田水,甲苯与苯的比值大于 1 的水均为油田水,小于 1 的均为非油田水。

(4) 除了以上介绍的指标以外,油田水中还含有较多的其他有机组分,如二环及稠环芳烃、氨、环烷酸及其盐类等,也可以用来区分油田水和非油田水,并可以应用这些指标来开展油气运移及油气成因方面的研究。

8.5.2　油田水型与含油关系

油田水的地球化学分类,多是采用水中所溶解的各种组分的含量和比率来进行的,每一种水型一般能够代表或反映其水文地质环境。目前在石油地质学领域较多采用前苏联苏林的分类方案(表8.12)。

表8.12　油气田水水型与原生水型特性系数的关系　mmol/L

油田水水型	原生水型特性系数			环　境
	$\frac{C(Na^+)}{C(Cl^-)}$	$\frac{C(Na^+)-C(Cl^-)}{2C(SO_4^{2-})}$	$\frac{C(Na^+)-C(Cl^-)}{2C(Mg^{2+})}$	
氯化钙	<1	<0	>1	深部环境
氯化镁	<1	<0	<1	海洋环境
碳酸氢钠	>1	>1	<0	大陆环境
硫酸钠	>1	<1	<0	大陆环境

(据SY/T 5523—2006油气田水分析方法,略有改动)

苏林的分类方案也是按照油田水中所含主要离子含量及其比例关系来进行的,因为Na^+和Cl^-在所有油田水中均占优势,按照Na^+,Cl^-的摩尔比先形成NaCl后剩余离子与其他离子化合后生成的盐类来划分水型:

当$\frac{C(Na^+)}{C(Cl^-)}>1$时,即$C(Na^+)>C(Cl^-)$($C$表示离子的当量浓度),因此多余的$Na^+$就与$SO_4^{2-}$或$HCO_3^-$化合形成硫酸钠型水或重碳酸钠型水。

当$\frac{C(Na^+)}{C(Cl^-)}<1$时,即$C(Na^+)<C(Cl^-)$,因此多余的$Cl^-$就与$Mg^{2+}$或$Ca^{2+}$化合形成氯化镁型水或氯化钙型水。

因此,该方案将油田水分为4种类型(表8.12),每一种水型代表形成和存在的环境,即:$CaCl_2$型水形成和存在在深部环境,$MgCl_2$型水形成和存在在海洋环境,$NaHCO_3$型水形成和存在在大陆环境,Na_2SO_4型水形成和存在在大陆环境。

$CaCl_2$型水在油田水中较为常见。地质构造较稳定的油藏,顶层封闭好,隔层分隔也好,交换能力较差,有利于油气的保存,也有利于$CaCl_2$型水的出现。因此,$CaCl_2$型水是含油的直接标志。

$NaHCO_3$型水是半封闭油田水常见的水型,若水的总矿化度较高,而且水中Cl^-和HCO_3^-离子占优势,则是含油的直接标志。

Na_2SO_4型油田水较为少见,一般出现在该层封闭性差、有地表水向下渗透、敞开的水文地质带,水的交替作用比较强烈,一般仅在中、小型油藏中,偶见该水型,含油前景一般不够理想。$MgCl_2$型地层水通常不是含油标志,海水属于$MgCl_2$水型。

8.5.3　硫酸根与油气藏的关系

油田水的特性是没有或含有少量硫酸盐，因此 SO_4^{2-}/Cl^- 比值十分微小，其原因是在油气藏中，硫酸盐被还原的较为广泛和彻底，其结果不仅使硫酸盐从水中除去，而且有硫化氢在水中出现并富集于天然气中。

通常是采用脱硫系数[$r(SO_4) \times 100/r(Cl)$]来判断油气在构造中是否存在，越靠近油气田其值越小，该值越小说明油藏封闭性好，油气保存也好。

脱硫系数还与油田水的水型关系密切，在 $CaCl_2$ 型水中，其值一般小于2%，若大于5%，说明油藏受到破坏；在 $NaHCO_3$ 型水中，其值一般小于10%，如果大于15%，说明油藏受到破坏。因为 SO_4^{2-} 能与石油烃相互作用，使石油氧化脱氢叠合产生重质组分和胶质，同时产生 CO_2，硫酸盐被还原生成 H_2S，这种作用在还原环境强烈进行，反应结果使轻油变为重油，油藏不断受到破坏，生成的 H_2S 和 CO_2 一般滞留在水中，所以油田水常有 H_2S 气味，天然气中常有 CO_2。

8.5.4　微量元素溴、碘

油田水中碘、溴含量的变化与沉积环境、生油岩类型具有一定关系。油田水中碘、溴的含量的差别主要受沉积环境的控制和影响，海相油田水中碘、溴的含量可比陆相油田水中碘、溴含量高十几倍至几百倍。海相油田水中的碘、溴主要来源于海相生物残体，陆相油田水中碘、溴来源比较贫乏，仅在深湖和半深湖沉积中较为富集。此外，油田水中碘、溴的富集与生油岩的母质类型具有一定的关系，一般来说腐泥型的层段，其相应的油田水中碘、溴含量相对较高。在油气勘探领域，一般认为海相地层水溴的质量浓度高于陆相地层水，因此溴的质量浓度可作为区别海相与陆相沉积封存水的一个重要指标。同时，溴的质量浓度随着地层变老、蒸发浓缩作用的增强而具有增大的趋势，所以溴的质量浓度受沉积环境和蒸发浓缩程度的控制。

8.5.5　矿化度与油气藏的关系

如前所述，油田水的矿化度普遍高于一般地下水的矿化度，陆相油田水的矿化度普遍比海相油田水的矿化度要低一些，但变化幅度较大，而海相油田水的矿化度普遍较高，但变化幅度不大。油田水矿化度变化一般规律是封闭性好，水交替缓慢的还原环境中油田水的矿化度较高，且越接近盆地中心矿化度越高，而在渗入水补给的水交替良好的地区，矿化度明显降低。具体而言，处于水交替停滞带的盆地（或坳陷）中心附近，水的矿化度较高，对油气藏保存有利。一般在盆地的边缘地区，地层埋藏较浅，地表水补给充分，有较强的水交替作用，使地层水的矿化度较低，再往盆地内部方向延伸，地层水矿化度不断提高，先是不断改善的水交替停滞的环境，有利于油气的保存。在含油气盆地内地层水的矿化度沿着剖面也是变化的，一般剖面上部矿化度较低，下部较高。因此，一般来说，埋藏较深，水交替强度较弱，地层水矿化度较高，为油气藏保存的有利环境。

此外，深部这种矿化度较高的地层水，由于构造条件和离子扩散等因素的影响，可以使浅层地下水（或潜水）中形成化学异常。这种异常往往与深部油气藏存在的有利环境相对应，可以作为评价油气藏提供有价值的信息。

8.5.6　油田水化学特性系数的综合应用

油田水化学特性系数主要有6种:钠氯系数、变质系数、脱硫系数、碳酸盐平衡系数、油气藏封闭系数和油气藏指标系数。各系数的成因机理、变化规律、作用与油气关系见表8.13。

表 8.13　油气田水化学特性系数

系数 项目	钠氯系数	变质系数	脱硫系数	碳酸盐平衡系数	油气藏封闭系数	油气藏指标系数
系数	$\frac{r(Na)}{r(Cl)}$	$\frac{r(Cl)-r(Na)}{r(Mg)}$	$\frac{r(SO_4)\times 100}{r(Cl)}$	$\frac{r(HCO_3)+r(CO_3)}{r(Ca)}$	$\frac{r(NH_4)+r(H_2S)}{r(SO_4)}$	$\frac{\frac{r(H_2S)-r(NH_4)}{r(SO_4)}}{\frac{r(HCO_3)+r(CO_3)}{r(Ca)}}$
成因机理	浓缩变质作用	变质作用和阳离子吸附交换作用	脱硫作用及生物化学作用	脱碳酸作用	与油气的生成、运移、聚集和保存相伴生	与油气藏形成、保存和封闭程度相伴生
变化规律	油田水封闭越好、越浓缩、变质越深,其值越小	封闭越好、时间越长、变质越深,其值越大	封闭越好,其值越小,但零值只能说明封闭较好	越靠油气藏,油气性质越轻,其值相对越小	越靠近油气藏,其油气水化学特性系数越大	越靠近油气藏其值越大
系数的作用	说明浓缩变质程度,划分油田水类型	说明油田水变质、封闭程度	说明油气保存好坏,是判断油气在构造中存在的首要条件	判断油气性质	判断油气藏存在	判断油气藏性质
与油气的关系	间接	间接	间接	间接	间、直接	间、直接
综合用途	① 判断地层内流体移动方向,推断油源,预测油气藏和油气层; ② 判别油气层、油气藏、油气性质,结合苯、酚、碘、溴、铵、硫化氢等指标,区别地层水和油田水; ③ 判别构造区的相对稳定性、岩相区和油田水文地带					

注:采用离子的当量浓度计算特性系数。

8.5.7　油田水的化学特征在其他方面的应用

油田水分析的物理化学指标除了在油田勘探领域有重要的应用外,近年来还主要在如下领域发挥着越来越重要的作用:

(1) 对注水和污水处理项目中因注入水和地层水不配伍而可能引起的底层伤害进行预测,追踪注入水的运移路径;

(2) 预测地表和井下设备中的结垢趋势;

(3) 腐蚀监测和预测;

(4) 水处理系统效率的监测;

(5) 油田环境保护。

思考题

1. 名词解释：

油田水　　油田含油污水　　地层水

2. 与非油田水相比，油田水有哪些特点？

3. 简述苏林的油田水分类及其石油地质意义。

4. 简述碳酸根、重碳酸根、氢氧根离子含量测定的基本原理。

5. 简述硫酸根与油气藏的关系。

6. 在测量某油田水样矿化度的过程中，蒸发皿在恒重过程中采用分析天平称重的结果分别为：38.562 0 g，…，38.556 5 g，38.553 1 g，取经过预处理的油田水样 100 mL，置于上面的蒸发皿中，在水浴中蒸干，放入 105 ~ 110 ℃ 的烘箱中烘干，冷却，恒重，最后两次称量的结果分别为 38.681 3 g，38.681 2 g，试计算该油田水的矿化度。（答案：128 10 mg/L）

7. 某油田水样品，经测定其中氯化物（Cl^-）的质量浓度为 50 000 mg/L，硫酸盐（SO_4^{2-}）的质量浓度为 1 290 mg/L，重碳酸盐（HCO_3^-）的质量浓度为 204 mg/L，钙离子（Ca^{2+}）的质量浓度为 5 900 mg/L，镁离子的质量浓度（Mg^{2+}）为 2 000 mg/L，用计算法求出钠离子（Na^+）的质量浓度（mg/L）。（答案：22 471 mg/L）

8. 根据表 8.14 油田水分析资料提供的数据回答下列问题：

（1）计算表中各个油田水样品的矿化度；

（2）按照苏林的分类确定表中各个油田水的水型；

（3）分别计算古 7 井各个油田水样品的钠氯系数（$r(Na)/r(Cl)$）、脱硫系数、碳酸盐平衡系数；

（4）从剖面上分析古 7 井矿化度的变化规律，并结合水型、特性系数、碘和溴的含量预测有利于油气保存的深度范围。

表 8.14　油田水分析资料　　离子质量浓度单位：mg/L

序号	井号	深度/m	层位	K^++Na^+	K^+	Na^+	Ca^{2+}	Mg^{2+}	Cl^-	SO_4^{2-}	CO_3^{2-}	HCO_3^-	I^-	Br^-
1	古 7 井	610.5	K_2m^1	—	0.00	251.62	2.40	0.00	8.87	0.00	149.75	355.15	0.0	0.0
2	古 7 井	792.5	K_2s	—	0.00	246.56	2.41	0.00	7.09	5.76	99.63	439.34	0.0	0.0
3	古 7 井	1 260.5	K_1n^3	—	0.00	1 120.10	9.02	2.80	1 099.26	5.28	113.44	884.18	2.0	2.1
4	古 7 井	1 299	K_1n^3	—	0.00	2 572.55	27.25	6.93	3 465.92	32.66	63.02	390.73	3.5	3.7
5	古 7 井	1 528	K_1n^1	—	0.00	1 191.63	6.37	2.58	1 079.49	0.00	114.28	1 103.78	1.0	0.0
6	古 7 井	1 644.7	K_1y	—	0.00	2 779.32	24.85	6.93	3 900.60	32.66	63.02	602.07	2.0	4.2
7	古 7 井	1 775.2	K_1qn	—	0.00	2 699.05	30.30	3.06	3 422.84	30.26	14.17	1 310.45	14.0	7.4
8	川 3	1 384.5	K_1q^4	4 888.42	—	—	707.41	48.62	8 153.50	422.66	0.00	795.70	0.0	0.0
9	古 301	1 998.4	K_1qn^{2+3}	28 004.34	—	—	3 186.36	194.48	43 335.50	1 633.02	0.00	8 307.26	0.8	0.0
10	尚 9	1 552.6	K_1q^3	—	50.00	1 539.85	120.24	0.00	1 735.77	960.60	12.30	297.17	0.0	0.0

答案：

序号	1	2	3	4	5	6	7	8	9	10
井号	古7井	古7井	古7井	古7井	古7井	古7井	古7井	川3	古301	尚9
总矿化度	767.78	800.79	3 234.08	6 559.06	3 498.08	7 409.65	7 510.13	4 417.14	84 660.96	4 715.93
r_{Na}/r_{Cl}	43.72	53.6	1.57	1.14	1.70	1.10	1.22	0.92	1.00	1.37
$\frac{r_{SO_4}\times 100}{r_{Cl}}$	0	15	0.089	0.17	0	0.15	0.16	0.99	0.70	10.22
$\frac{r_{HCO_3}+r_{CO_3}}{r_{Ca}}$	235.67	266.64	136.94	20.35	239.21	33.47	57.03	1.48	3.42	3.31
水型	$NaHCO_3$	$NaHCO_3$	$NaHCO_3$	$NaHCO_3$	$NaHCO_3$	$NaHCO_3$	$NaHCO_3$	$CaCl_2$	$MgCl_2$	Na_2SO_4

附录1　石油地质实验国家和石油天然气行业规范

GB 11137—1989 深色石油产品运动黏度测定法（逆流法）和动力黏度计算法

GB/T 14505—2010 岩石和矿石化学分析方法总则及一般规定

GB/T 17282—1998 运动黏度确定石油分子量

GB/T 17359—1998 电子探针和扫描电镜X射线能谱定量分析通则

GB/T 17361—1998 沉积岩中自生黏土矿物扫描电子显微镜及X射线能谱鉴定方法

GB/T 17366—1998 矿物岩石的电子探针分析试样的制备方法

GB/T 17672—1999 岩石中铅、锶、钕同位素测定方法

GB/T 18295—2001 油气储层砂岩样品扫描电子显微镜分析方法

GB/T 18340.1—2010 地质样品有机地球化学分析方法 第1部分:轻质原油分析 气相色谱法

GB/T 18340.2—2010 地质样品有机地球化学分析方法 第2部分:有机质稳定碳同位素测定 同位素质谱法

GB/T 18340.5—2010 地质样品有机地球化学分析方法 第5部分:岩石提取物和原油中饱和烃分析 气相色谱法

GB/T 18602—2001 岩石热解分析

GB/T 18606—2001 原油中生物标志物

GB/T 1884—2000 原油和液体石油产品密度实验室测定法（密度计法）

GB/T 18907—2002 透射电子显微镜选区电子衍射分析方法

GB/T 19144—2010 沉积岩中干酪根分离方法

GB/T 19145—2003 沉积岩中总有机碳的测定

GB/T 1995—1998 石油产品黏度指数计算法

GB/T 265—1988 石油产品运动黏度测定法动力黏度计算法

GB/T 266—1988 石油产品恩氏黏度测定法

GB/T 267—1988 石油产品闪点与燃点测定法(开口杯法)
GB/T 510—1983 石油产品凝点测定法
GB/T 6040—2002 红外光谱分析方法通则
GB/T 6948—2008 煤的镜质体反射率显微镜测定方法
GB/T 8017—1987 石油产品蒸气压测定法(雷德法)
GB/T 8899—1998 煤的显微组分组和矿物测定方法
GB/T 8929—2006 原油水含量的测定 蒸馏法
SY 5121—1986 岩石有机质及原油红外光谱分析方法
SY 5237—1991 水中氢同位素分析方法 锌还原封管法
SY 5258—1991 生物标志物色谱 - 质谱分析鉴定方法
SY 5259—1991 岩屑罐顶气轻烃的气相色谱分析方法
SY 5395—1991 黏土阳离子交换容量及盐基分量测定方法
SY 5397—1991 生物标志物谱图
SY 5408—1991 沉积岩中黏土颗粒含量测定
SY 5522—1992 微体化石(介形 腹足 轮藻类)分析鉴定方法
SY 5614—1993 岩石荧光显微镜鉴定方法
SY/T 0521—2008 原油析蜡点测定 显微观测法
SY/T 0522—2008 原油析蜡点测定 旋转黏度计法
SY/T 0536—2008 原油盐含量的测定 电量法
SY/T 0537—2008 原油中蜡含量测定法
SY/T 0542—2008 稳定轻烃组分分析 气相色谱法
SY/T 0543—2009 稳定轻烃取样方法
SY/T 0545—1995 原油析蜡热特性参数的测定 差示扫描量热法
SY/T 5118—2005 岩石中氯仿沥青的测定
SY/T 5119—2008 岩石中可溶有机物及原油族组分分析
SY/T 5122—1999 岩石有机质中碳、氢、氧元素分析方法
SY/T 5124—1995 沉积岩中镜质组反射率测定方法
SY/T 5125—1996 透射光 - 荧光干酪根显微组分鉴定及类型划分方法
SY/T 5153—2007 油藏岩石润湿性测定方法
SY/T 5154—1999 油气藏流体取样方法
SY/T 5161—2002 岩石中金属元素原子吸收光谱测定方法
SY/T 5162—1997 岩石样品扫描电子显微镜分析方法

SY/T 5163—2010 沉积岩中黏土矿物和常见非黏土矿物 X 衍射分析方法

SY/T 5238—2008 有机物和碳酸盐岩碳、氧同位素分析方法

SY/T 5251—2010 油气井录井项目内容及质量基本要求

SY/T 5336—2006 岩心分析方法

SY/T 5345—2007 岩石中两相相对渗透率测定方法

SY/T 5346—2005 岩石毛管压力曲线的测定

SY/T 5358—2010 储层敏感性流动实验评价方法

SY/T 5368—2000 岩石薄片鉴定

SY/T 5370—1999 表面及界面张力测定方法

SY/T 5434—2009 碎屑岩粒度分析方法

SY/T 5434—2009 碎屑岩粒度分析方法

SY/T 5503—2009 岩石氯盐含量测定方法

SY/T 5516—2000 碳酸盐岩化学分析方法

SY/T 5523—2006 油田水分析方法

SY/T 5542—2009 油气藏流体物性分析方法

SY/T 5718—2004 试油成果报告编写规范

SY/T 5735—1995 陆相烃源岩地球化学评价方法

SY/T 5748—1995 岩石中气体突破压力测定

SY/T 5777—1995 岩石可溶有机物和原油的核磁共振氢谱与碳谱分析方法

SY/T 5778—2008 岩石热解录井规范

SY/T 5779—2008 石油和沉积有机质烃类气相色谱分析方法

SY/T 5815—2008 岩石孔隙体积压缩系数测试方法

SY/T 5912—2010 牙形石分析鉴定方法

SY/T 5913—2004 岩石制作方法

SY/T 5915—2000 孢粉分析鉴定

SY/T 5916—1994 岩石样品阴极发光鉴定方法

SY/T 5979—1994 石油天然气藏(田) 命名规范

SY/T 5981—2000 常规试油试采技术规程

SY/T 5982—1994 原子吸收光谱法测定油气田水中金属元素

SY/T 6009.1—2003 油气化探试样测定方法 第 1 部分:酸解烃测定气相色谱法

SY/T 6009.2—2003 油气化探试样测定方法 第2部分:溶解烃测定气相色谱法

SY/T 6009.3—2003 油气化探试样测定方法 第3部分:顶空间轻烃测定气相色谱法

SY/T 6009.4—2003 油气化探试样测定方法 第4部分:热释烃测定气相色谱法

SY/T 6009.5—2003 油气化探试样测定方法 第5部分:游离烃测定气相色谱法

SY/T 6009.6—2003 油气化探试样测定方法 第6部分:蚀变碳酸盐(ΔC)测定

SY/T 6009.7—2003 油气化探试样测定方法 第7部分:热释汞测定

SY/T 6009.8—2003 油气化探试样测定方法 第8部分:稠环芳烃测定荧光法

SY/T 6009.9—2003 油气化探试样测定方法 第9部分:芳烃及其衍生物总量测定 紫外光谱法

SY/T 6010—1994 沉积岩包裹体均一温度和盐度测定方法

SY/T 6013—2009 试油资料录取规范

SY/T 6027—1994 含氧矿物电子探针定量分析方法

SY/T 6028—1994 探井化验项目取样及成果要求

SY/T 6062—2008 石油与天然气地表地球化学勘探技术规范

SY/T 6103—2004 岩石孔隙结构特征的测定 图像分析法

SY/T 6103—2004 岩石孔隙结构特征的测定 图像分析法

SY/T 6107—2010 油藏热物性参数的测定方法

SY/T 6129—1995 岩石中烃类气体扩散系数测定

SY/T 6132—1995 煤岩中甲烷吸附量测定 容量法

SY/T 6154—1995 岩石比表面和孔径分布测定 静态氮吸附容量法

SY/T 6188—1996 岩石热解气相色谱分析方法

SY/T 6189—1996 岩石矿物能谱定量分析方法

SY/T 6281—1997 稠油油藏流体物性分析方法 原油松弛效应测试

SY/T 6282—1997 稠油油藏流体物性分析方法 原油渗流流变特性测试

SY/T 6294—2008 录井分析样品现场采样规范

SY/T 6315—2006 稠油油藏高温相对渗透率及驱油效率测定方法

SY/T 6316—1997 稠油油藏流体物性分析方法 原油黏度的测定

SY/T 6336—1997 沉积岩重矿物分离与鉴定方法

SY/T 6385—1999 覆压下岩石孔隙度和渗透率测定方法

SY/T 6403—1999 几丁石分析鉴定方法

SY/T 6404—1999 沉积岩中金属元素的电感耦合等离子体原子发射光谱分析方法

SY/T 6414—1999 全岩光片显微组分测定方法

SY/T 6439—2000 石油地质实验室样品管理及保存规范

SY/T 7549—2000 原油黏温曲线的确定 旋转黏度计法

SY/T 7550—2004 原油中蜡、胶质、沥青质含量测定法

附录2 附 图

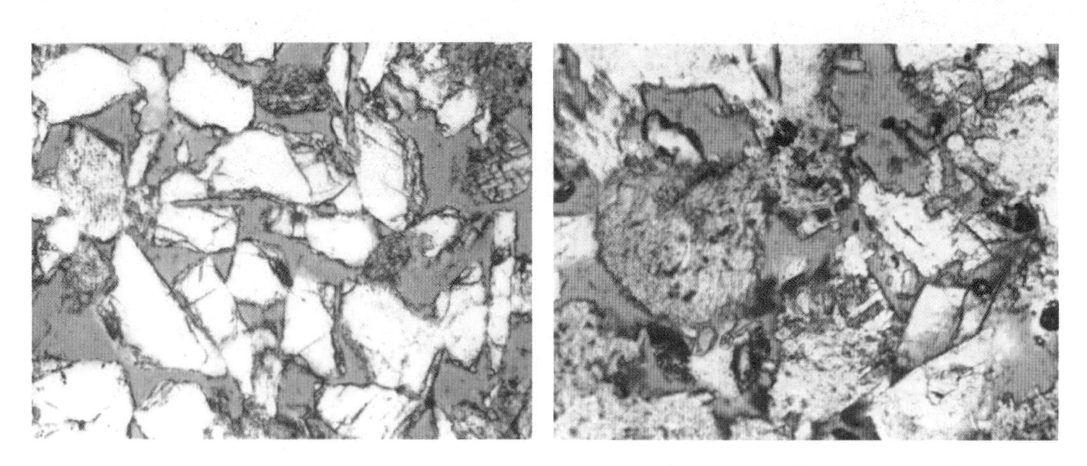

附图1 用于图像分析的砂岩铸体薄片图像

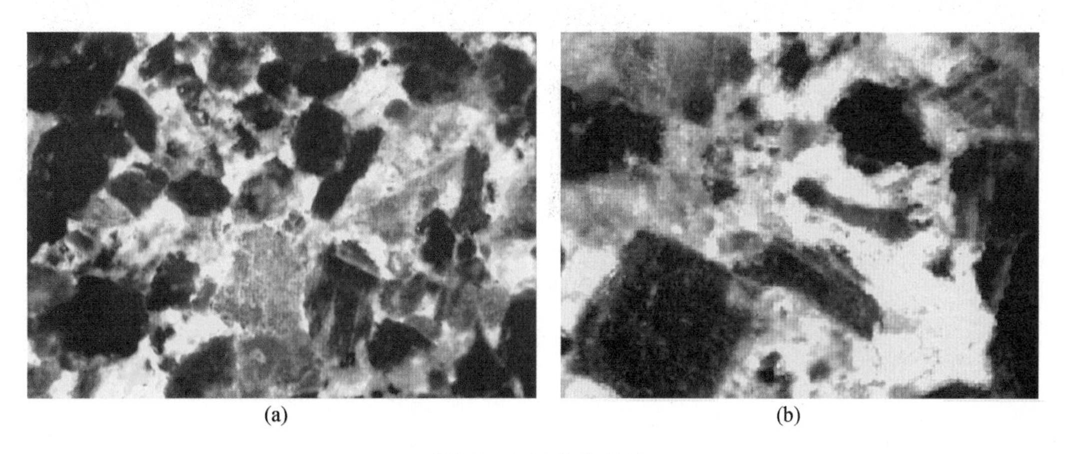

(a) (b)

附图2 油层荧光图像

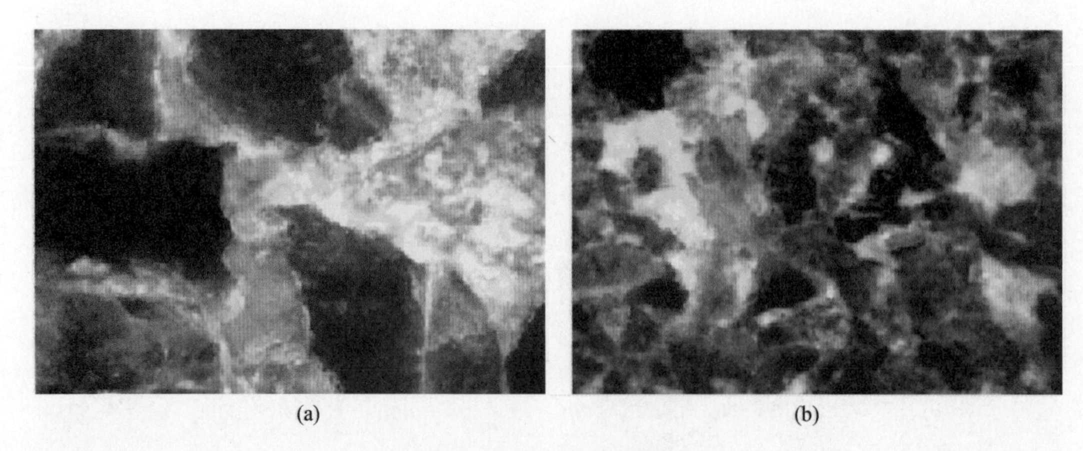

(a) (b)

附图 3　油水同层荧光图像

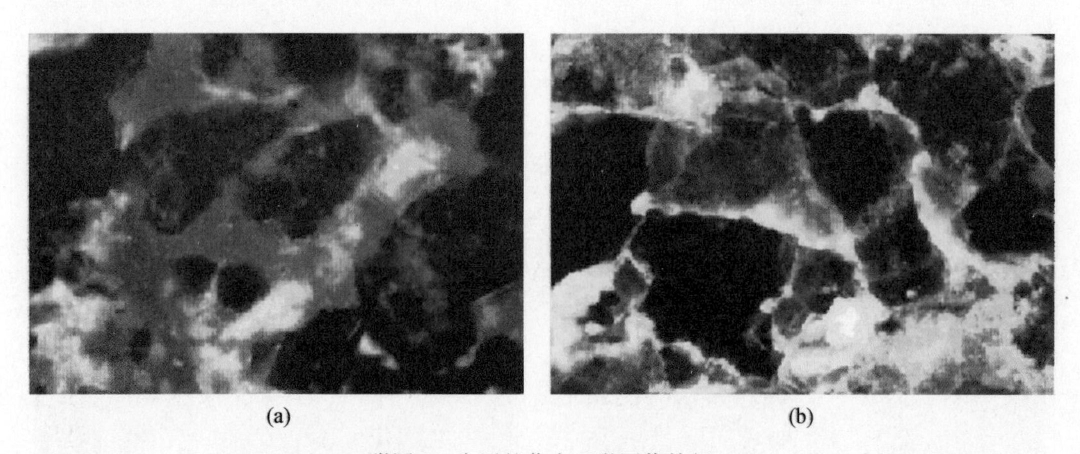

(a) (b)

附图 4　水层的荧光显微图像特征

参考文献

[1] FIRECHILD I J. Chemical controls of cathodoluminescence of natural dolomites and calcites:new data and view [J]. Sedimentology,1983,30(4):579-583.

[2] MARSHALL DJ, MARIANO AN. With a chapter, contributed by Anthony NM, Cathodoluminescence of geological materials[M]. Boston:Unwin Hyman,1988.

[3] MEYERS W J. Carbonate cement stratigraphy of the Lake Valley Formation(Mississippian),Sacramento to Mountains,New Mexico[J]. Journal of Sedimentary Petrology,1974,44(4):837-861.

[4] PETERS K E,MOLDOWAN J M. 生物标志化合物指南 —— 古代沉积物和石油中分子化石的解释[M]. 姜乃煌,译. 北京:石油工业出版社,1995.

[5] PHILP R P. 化石燃料生物标志物 —— 应用与图谱[M]. 傅家谟,盛国英,译. 北京:科学出版社,1987.

[6] PIERSON B J. The control of cathodoluminescence in dolomite by iron and manganese[J]. Sedimentology,1981,8(5):601-610.

[7] 曹寅,钱志浩. 油气地质实验分析技术发展趋势与展望[J]. 石油实验地质,2003,25:621-624.

[8] 陈国珍,黄贤智,郑年梓,等. 荧光分析法[M]. 2 版. 北京:科学出版社,1990.

[9] 陈康,赵新军. 确定储层含油饱和度的测井 —— 毛管资料综合法[J]. 江汉石油学院学报,1995,17(2):51-55.

[10] 陈丽华. 扫描电镜在石油地质上的应用[M]. 北京:石油工业出版社,1990.

[11] 陈丽华. 中国油气储层研究图集(第五卷) 自生矿物 显微荧光 阴极发光[M]. 北京:石油工业出版社,1994.

[12] 陈培榕,邓勃. 现代仪器分析实验技术[M]. 北京:清华大学出版社,1999.

[13] 陈耀祖,涂亚平. 有机质谱原理与应用[M]. 北京:科学出版社,2004.

[14] 戴树桂,李谦初,冯建兴,等. 仪器分析[M]. 北京:人民教育出版社,1978.

[15] 邓华兴. 磷灰石的阴极射线发光研究[J]. 地球化学,1980(4):368-373.

[16] 冯涛,吴光,张夏临. X 射线衍射分析技术在花岗岩物相分析上的应用[J]. 铁道建筑,2008(4):97-100.

[17] 冯泽. X 射线衍射物相分析在石油勘探开发中的应用[J]. 小型油气藏,2004,9(3):37-39.

[18] 付广,陈章明,姜振学. 盖层物性封闭能力的研究方法[J]. 中国海上油气(地质),1995,9(2):83-88

[19] 付广,冷鹏华,曹成润. 利用镜质体反射率计算泥岩排替压力[J]. 大庆石油地质与开发,1997,16(4):6-10.

[20] 付广,庞雄奇.岩石实测排替压力用于评价盖层封闭能力的局限性及其在实用中需要注意的几个问题[J].天然气地球科学,1995,5:17-24.
[21] 傅家谟,秦匡宗.干酪根地球化学[M].广州:广东科技出版社,1995.
[22] 傅若农,常永福.气相色谱和热分析技术[M].北京:国防工业出版社,1989.
[23] 高瑞祺,孔庆云,辛国强,等.石油地质实验手册[M].黑龙江科学技术出版社,1992.
[24] 郭公建,谷长春.核磁共振岩屑含油饱和度分析技术的实验研究[J].波谱学杂志,2005,22(1):67-72.
[25] 郭舜玲,孙玉善,尚李平,等.荧光显微镜技术[M].北京:石油工业出版社,1994.
[26] 郭舜玲、李晋超、尚慧芸.有机地球化学和荧光显微镜技术[M].石油工业出版社,1990.
[27] 黄福堂,蒋宗乐,张宏志,等.油田水的分析与应用[M].北京:石油工业出版社,1998.
[28] 黄福堂.松辽盆地油气水地球化学[M].北京:石油工业出版社,1999.
[29] 黄志龙,郝石生.盖层突破压力及排替压力的求取方法[J].新疆石油地质,1994,15(2):163-166.
[30] 焦玉国,李景坤,乔建华,等.伊利石结晶度指数在岩石变质程度研究中的应用[J].大庆石油地质与开发,2004,24(1):41-44.
[31] 郎东升,郭树生.储层含油饱和度的热解估算法[J].录井技术通讯,1994,5(3):2-23.
[32] 李汉瑜.关于石英的阴极发光特征及其在砂岩研究中的应用[J].沉积学报,1983,1(2):166-171.
[33] 李钜源.单分子烃碳同位素分析方法及影响因素探讨[J].地球学报,2004,25(2):109-113.
[34] 廖乾初.扫描电镜分析技术与应用[M].北京:机械工业出版社,1990.
[35] 林等忠.原油的红外谱线特征及其地质解释[J].石油与天然气地质,1980,1(3):191-204.
[36] 刘德汉,卢焕章,肖贤明.油气包裹体及其在石油勘探开发中的应用[M].广州:广东科技出版社,2007.
[37] 刘济民.油田水文地质勘探中水化学及其特性指标的综合应用[J].石油勘探与开发,1982,6:49-55.
[38] 刘洁,皇甫红英.碳酸盐矿物的阴极发光性与微量元素的关系[J].沉积与特提斯地质,2000,20(3):71-76.
[39] 刘文国,吴元燕,况军.准噶尔盆地区域盖层排替压力研究[J].江汉石油学院学报,2001,23(1):17-19.
[40] 刘新伟,把立强,张美珍,等.石油地质分析测试技术新进展[J].石油实验地质,2003,25(6):777-782.
[41] 刘岫峰.沉积岩实验室研究方法[M].北京:地质出版社,1991.
[42] 刘振海.热分析导论[M].北京:化学工业出版社,1991.
[43] 吕延防,陈章明,付广,等.盖岩排替压力研究[J].大庆石油学院学报,1993,17(4):1-8.

[44] 吕延防,陈章明,万龙贵. 利用声波时差计算盖岩排替压力[J]. 石油勘探与开发,1994,21(2):43-47.
[45] 卢双舫,张敏. 油气地球化学[M]. 北京:石油工业出版社,2008.
[46] 罗蛰潭,王允诚. 油气储集层的孔隙结构[M]. 北京:科学出版社,1986.
[47] 潘笃武,贾玉润,陈善华. 光学[M]. 上海:复旦大学出版社,1997.
[48] 庞小丽,刘晓晨,薛雍,等. 粉晶X射线衍射法在岩石学和矿物学研究中的应用[J]. 岩矿测试,2009,28(5):452-456.
[49] 宋志敏. 阴极发光地质学基础[M]. 武汉:中国地大学出版社,1993.
[50] 孙靖,黄小平,金振奎,等. 碳酸盐矿物阴极发光性的控制因素分析[J]. 沉积与特提斯地质,2009,29(1):102-107.
[51] 唐洪俊. 油层物理[M]. 北京:石油工业出版社,2007.
[52] 田洪均. 阴极发光技术在沉积学中的应用[J]. 岩相古地理,1989,5:63-38.
[53] 王彤. 仪器分析与实验[M]. 青岛:青岛出版社,2000.
[54] 王行信等. 松辽盆地黏土矿物研究[M]. 哈尔滨:黑龙江科学技术出版社,1990.
[55] 王衍琦,张绍平,应凤祥. 阴极发光显微镜在储层研究中的应用[M]. 北京:石油工业出版社,1995.
[56] 王英华,张绍平,潘荣胜. 阴极发光技术在地质学中的应用[M]. 北京:地质出版社,1990.
[57] 邬立言,顾信章,盛志伟,等. 生油岩热解快速定量评价[M]. 北京:科学出版社,1986.
[58] 吴彬,冯安生. X射线衍射法在鸡血石鉴定中的应用[J]. 矿产保护与利用,2009,12(6):56-57.
[59] 徐惠芬,崔京钢,邱小平. 阴极发光技术在岩石学和矿床学中的应用[M]. 北京:地质出版社,2006.
[60] 许怀先,陈丽华,万玉金,等. 石油地质实验测试技术与应用[M]. 石油工业出版社,2001.
[61] 杨胜来,魏俊之. 油层物理学[M]. 北京:石油工业出版社,2004.
[62] 杨绪充编. 油气田水文地质学[M]. 东营:石油大学出版社,1993.
[63] 叶大年,金成伟. X射线粉末法及其在岩石学中的应用[M]. 北京:科学出版社,1994.
[64] 于世林. 高效液相色谱法及应用[M]. 北京:化学工业出版社,2000.
[65] 于兴河. 碎屑岩系油气储层沉积学[M]. 北京:石油工业出版社,2002.
[66] 虞志光. 高聚物分子量及其分布的测定[M]. 上海:上海科技出版社,1984.
[67] 曾理,张天刚. 黏土矿物研究及其在石油天然气勘探开发中的应用[J]. 天然气勘探与开发,1998,21(2):11-14.
[68] 张本琪,余宏忠,姜在兴,等. 应用阴极发光技术研究母岩性质及成岩环境[J]. 石油勘探与开发,2003,3(3):117-120.
[69] 张厚福. 石油地质学[M]. 北京:石油工业出版社,2005.
[70] 张美珍. 石油地质实验新技术方法及其应用[M]. 北京:石油工业出版社,2007.

[71] 张汝藩.扫描电镜与微观地质研究[M].北京:学苑出版社,1999.
[72] 张瑞良,康威,郭志东,等.原油分析评价[M].北京:石油工业出版社,2000.
[73] 张绍槐,罗平亚.保护储集层技术[M].北京:石油工业出版社,1993.
[74] 张世君,周根先.油田水处理与检测技术[M].郑州:黄河水利出版社,2003.
[75] 赵杏媛,王行信,张有瑜,等.中国含油气盆地黏土矿物[M].武汉:中国地质大学出版社,1995.
[76] 赵杏媛.黏土矿物在石油工业中的应用[J],建材地质,1997,(S1):42-44.
[77] 赵杏媛,张有瑜.黏土矿物与黏土矿物分析[M].北京:石油工业出版社,1990.
[78] 郑浚茂.碎屑储集岩的成岩作用研究[M].北京:中国地质大学出版社,1989.
[79] 郑永飞,陈江峰.稳定同位素地球化学[M].北京:科学出版社,2000.
[80] 中国石油化工集团公司油气勘探开发继续教育无锡基地.石油地质样品分析测试技术及应用[M].北京:石油工业出版社,2006.
[81] 周光甲,张大江.石油地质实验仪器装备的现状分析[J].石油仪器,2000,15(4):5-8.
[82] 周光甲.石油地质实验分析仪器和应用研究[J].石油仪器,1998,12(6):1-6.
[83] 周玲棣,邓华兴.我国某些稀土矿床中方解石的阴极射线发光性质[J].矿物学报,1981,3:161-165.
[84] 朱晓明,徐岩,李琳,等.直接驱替法排替压力测量装置的改进研究[J].石油机械,2009,37(3):1-4.
[85] 朱筱敏.沉积岩石学[M].4版.北京:石油工业出版社,2008.